园冶图文新解

赵农◎编著

造园艺术品鉴

江苏凤凰科学技术出版社

图书在版编目(CIP)数据

图文新解园冶 / 赵农编著. — 南京 : 江苏凤凰科学技术出版社, 2018.10
ISBN 978-7-5537-9395-5

Ⅰ. ①图… Ⅱ. ①赵… Ⅲ. ①古典园林－造园林－中国－明代②《园冶》－研究 Ⅳ. ① TU986.2
② TU-098.42

中国版本图书馆CIP数据核字(2018)第146246号

图文新解园冶

编　　著　赵　农
项目策划　凤凰空间 / 翟永梅
责任编辑　刘屹立　赵　研
特约编辑　段梦瑶

出版发行　江苏凤凰科学技术出版社
出版社地址　南京市湖南路1号A楼，邮编：210009
出版社网址　http://www.pspress.cn
总　经　销　天津凤凰空间文化传媒有限公司
总经销网址　http://www.ifengspace.cn
印　　刷　北京博海升彩色印刷有限公司

开　　本　710 mm×1000 mm　1/16
印　　张　17
字　　数　257 000
版　　次　2018年10月第1版
印　　次　2018年10月第1次印刷

标准书号　ISBN 978-7-5537-9395-5
定　　价　69.80元

前言

计成与《园冶》

计成，字无否，号否道人，苏州吴江松陵人。出生于明万历十年（1582年），卒年不详，推测应活了60岁左右，即老年生活在明末时期。计成是明末清初著名的造园家，在园林营造上具有卓越的贡献。

计成在《园冶》中自署松陵人，松陵即吴江，位于苏州南面。其又名计无否，“否”字意应为《易经》卦象中的“否”。细读之下，发现“否”与计成的一生经历真有暗合形似的地方。《易经》上说，否卦是象征着由泰变否的过程，并非是人为的原因，也有天时的变化。君子要贞正自守，以德行约守自己以避免灾难，不可以妄求荣耀的财富。这里既包含了明清之际的裂变，也有计成与阮大铖的交往，导致《园冶》的近于湮没。

《园冶》是中国最早的专门以造园为内容的园林典籍，全书文字约1.8万字，各类插图共235帧。《园冶》全书分为三部分：卷一是兴造论，有园说、相地、立基、屋宇、装折；卷二是栏杆；卷三是门窗、墙垣、铺地、掇山、选石、借景等内容，是对明代造园技术经验全面而精辟的总结。其中的造园理念，对于理解明代中后期的园林艺术具有积极的辅助作用。

《园冶》最重要的是其完整深刻的造园思想。《园冶·兴造论》中开篇就有“世之兴造，专主鸠匠，独不闻三分匠、七分主人之谚乎？

非主人也，能主之人也”的说法，而这个“能主之人”既包含园林的主人，也包含设计造园的主要工匠。

天地万物，恒常有序，只有为人类所利用，才有积极的意义。同时，人类的造物意识形成，也是在对物化的不断认识中，改变事物的性质，即通过造物的方法，使物品为人所用，从而在造物中成为自然人化的结果，获得文化的价值和意义。因此，计成在“三分匠、七分主人”的立论基础上，提出了“能主之人”的观点，是对造园设计者的进一步的尊重，也是造园艺术的根本。

《园冶》在明代崇祯年间出版，前有阮大铖作序《冶叙》、郑元勋《题词》，称作“明版《园冶》”，后世尚存残卷。今北京图书馆藏有明刻本的第一卷，翻排的明刻本第一、二卷胶卷，以及明版一、二、三卷的日本抄本。

《园冶》因阮大铖的原因，在清代一度被列为禁书，后从民间书坊流入日本。而在日本前后大约出版过 5 种版本，日本书商曾改名为《夺天工》及《木经全书》。20 世纪 20 年代的日本学者大村西崖的《中国美术史》中就有“宋之《营造法式》与明崇祯四年计成所著之《夺天工》二书，今尚完整”的记载。日本现代学者对《园冶》一书的积极研究，逐渐引起了国内人士的关注。

1931 年中国营造学社的朱启钤先生等人从日本购回了《园冶》残本，进行补充校订，准备出版中国营造学社本的《园冶》。但是，陶兰泉先生在 1931 年先影印出版了《园冶》第一、二卷，以及第三卷的抄本，成为“喜咏轩丛书”之《园冶》，后称“喜本”，此版有开拓之力，但是，遗憾的是书中图式不甚理想。

当时的学者阚铎先生曾将“喜咏轩丛书”之《园冶》寄往日本学术界以求校正，很快就得到了日本学者村田治郎先生的帮助校对。阚铎先

生在随后出版的《园冶》中，说明了《园冶》图式的变化："第三卷各式，方门、合角至执圭六式，原本均作双钩。葫芦以下十四式，均作细线。菱花以下二十六式，均作双钩。"因此，《园冶》中的插图，均作单线形式。该书即为1932年出版的中国营造学社本《园冶》，后称"营造本"。

1933年当时还在日本人统治下的大连，相传还出版过一种右文阁铅印本的《园冶》，由于历史原因，流传范围非常有限，后来难以看到。

1956年中国城市建设出版社重新出版了中国营造学社本的《园冶》影印本，后称为"城建本"，成为新中国成立之后，第一次正式出版的《园冶》。因此，《园冶》一书才重新为学术界、建筑界、艺术界所重视，并对其进行了广泛意义上的研究。

日本学者上原敬二先生（1884—1981）曾在1972年出版《解说园冶》的学术著作，展示了日本学术界研究《园冶》的水平，也使《园冶》受到新的关注。而1981年中国建筑工业出版社出版的陈植先生的《园冶注释》，该书为竖排繁体字版本，曾于1988年再版，后称"陈本"。陈植先生致力于研究《园冶》多年，《园冶注释》校正了"营造本"和"城建本"《园冶》的许多漏字、误字、断句标点的失误，从而使国内学术界能够看到一部完整的《园冶》，使《园冶》得以积极传播。

由此，《园冶》一书在日本以上原敬二先生的《解说园冶》尤为引人注目，而在国内陈植先生的《园冶注释》影响最为广泛。

计成一生精通绘画，擅长诗文，并对造园独有心得。《园冶》一书中作者娴熟地引用大量的典故或作品，一方面展示了自身的知识才华；另一方面也体现了计成青少年时期饱读诗书、志存高远的精神生活。

《园冶》有着独特的文学语言价值。晚明江南文人的许多笔记

中，多以骈文对偶的文体方式，一叹三咏，感怀物事。因此《园冶》书中也多采取骈文的形式，深得中国古典文学语言雅致精炼的精髓，韵味无穷，使人阅读《园冶》之后，获得一种精神上的美感。

近年日本造园学著作《作庭记》被翻译引进，引起学术界和建筑界的广泛关注。《作庭记》成书于 12 世纪左右，初版的作者为橘俊纲（1028—1094），是日本藤原时代（894—1185）的贵族后裔，曾以园事日记的形式记载造园事物。《作庭记》被后人编辑为《山水抄》的版本流传，其中对“立石”“汀形”“岛姿”“立泷”“落泷”“谴水”等问题，进行了细致的论述，对日式造园技术具有重大意义。虽说日式园林的一个重要来源是中国盛唐文明，但是因地制宜地变化利用，也形成了日式自身园林文化的特色。

日本学者对《园冶》的重视与保存，也是我们应该汲取的教训和经验。国宝的损坏与流失又岂止《园冶》哉？《园冶》数百年来被湮没，流失国外，数十年来的研读，也多在建筑界的范围内，只是近年才逐渐走入社会生活。因此，还需要更多的人解读、体味其中的含义。计成是松陵的计成，也是中国的计成；是明代的计成，也是现代的计成。

长安夜晚，月光泻地。我翻阅着《园冶》，脑海中不断闪现着绿色温暖的江南水乡。由此想起汉唐时的丝绸，也多是从江南运往长安，再由长安运往西域。长安成为丝绸之路的起点，是因为有一条条从江南牵引过来的丝线。

“不到园林，怎知春色如许！”（《牡丹亭》）。

赵农

2018 年改于清凉山

目录

冶叙

余少负向禽[1]志，苦为小草所绁[2]。幸见放[3]，谓此志可遂。适四方多敌[4]，而又不能违两尊人菽水[5]，以从事逍遥游[6]；将鸡埘、豚栅、歌戚而国族[7]焉已乎？銮江[8]地近，偶问一艇于寤园[9]柳淀间，寓信宿，夷然乐之。乐其取佳丘壑，置诸篱落许；北垞南陔，可无易地，将嗤[10]彼云装烟驾者汗漫[11]耳！兹土有园，园有"冶[12]"，"冶"之者松陵[13]计无否[14]，而题之冶者，吾友姑孰[15]曹元甫[16]也。无否人最质直，臆绝灵奇，侬气客习，对之而尽。所为诗画，甚如其人，宜乎元甫深嗜之。予因剪蓬蒿瓯脱，资营拳勺，读书鼓琴其中。胜日，鸠杖板舆[17]，仙仙于止。予则着"五色衣[18]"，歌紫芝曲，进兕觥[19]为寿，忻然将终其身，甚哉，计子之能乐吾志也，亦引满以酌计子，于歌余月出，庭峰悄然时，以质元甫，元甫岂能已于言？

崇祯甲戌[20]清和[21]届期，园列敷荣好鸟如友，遂援笔其下。

石巢 阮大铖[22]

图文新解 园冶

1. **向禽**：向为向长，亦名尚长，字子平；禽为禽庆，字子夏。两人均为汉代隐士逸民。《后汉书·逸民列传》："（向子平）遂肆意，与同好北海禽庆俱游五岳名山，竟不知所终。"
2. **小草所绁**：古代小草有远志苗的称呼。《世说新语·排调》中有"处则为'远志'，出则为'小草'"。元人赵子昂《罪出》诗曰："在山为远志，出山为小草。古语已云然，见事苦不早。"这里阮氏引申为因早年出仕，略有懊悔之意。绁即绳索，为束缚的意思。
3. **见放**：指明崇祯二年（1629 年），因附逆阉党魏忠贤，被朝廷定为逆案，废斥削职为民。放，原意出于《楚辞·渔父》："屈原既放，游于江潭，行吟泽畔，颜色憔悴，形容枯槁。"这里阮氏自比被朝廷放逐的忠臣。
4. **四方多敌**：泛指明崇祯年间李自成、张献忠的农民起义；关外清人与明军作战。

5. **尊人菽水**：尊人为父母长辈。菽水为俸伺赡养，语出《礼记·檀弓下》："孔子曰：啜菽饮水，尽其欢，斯之谓'孝'。"
6. **逍遥游**：语出《庄子·逍遥游》，此意为无拘无束地四处漫游。
7. **国族**：聚集家族及宴乐欢歌，居丧祭祀。语出《礼记·檀弓下》："歌于斯，哭于斯，聚国族于斯。"
8. **銮江**：地名，在今江苏仪征境内。
9. **寤园**：江苏仪征銮江汪士衡私园，为计成规划构筑。
10. **嗤**：讥笑。
11. **汗漫**：不知目的地散游，杜甫诗曰"甘为汗漫游"。
12. **治**：原为铸造熔冶，延伸为精心营造。
13. **松陵**：即江苏吴江旧称，五代吴越时期建县治前为吴县的松陵镇。
14. **计无否**：计成，字无否。
15. **姑孰**：即安徽当涂旧称，因临姑孰溪水而得名。隋开皇九年设当涂县治于姑孰。
16. **曹元甫**：明万历四十四年（1616 年）进士，名履吉，字元甫，号根遂，有诗文集多卷传世。
17. **鸠杖板舆**：鸠杖为有鸠鸟装饰的手杖，因鸠鸟有不噎的习惯，多寓意祝福老人身体健康。板舆也称版舆，白居易《送唐州崔使君侍亲赴任》诗曰"乌府一抛霜简去，朱轮四从板舆行"，指可以抬起并推动的小型平板带轮车。
18. **五色衣**：相传春秋时期隐士老莱子年已七十，但是父母犹在，老莱子常常身着五彩衣，在父母面前故意跌倒啼哭，或捉鸟娱乐双亲，以示孝顺。又传老莱子曾在蒙山下耕作，楚王招贤而不出，与妻隐居江南。
19. **兕觥**：兕为雌性犀牛，觥原为青铜酒器的形制之一，兕觥即为用犀牛形装饰的酒杯，这里指酒杯。
20. **崇祯甲戌**：崇祯为明代最后一位皇帝朱由检的年号。甲戌为崇祯七年（1634 年）。
21. **清和**：汉魏时期以二月为清和，语出张衡《归田赋》"仲春令月，时和气清"。宋元以后多指四月份，如司马光《客中初夏诗》"四月清和雨乍晴"。这里的清和与下文的"敷荣"同义，为花开之时，推论应在四月份。
22. **阮大铖**：生卒：1587—1646 年，字集之，号圆海、石巢、百子山樵，安徽怀宁人。明代万历朝进士，天启年间曾任给事中，传有诗集《咏怀堂诗》等。

译文

我年少的时候就有隐逸山林之志，苦恼于走上仕途之路而身不由己。幸蒙朝廷罢官放逐还乡，心想我的志趣可以实现了，但是遇到四方战乱，又不能放弃奉养父母的责任，独自去自由自在地遨游，难道就此在家中养鸡、养猪，同家人厮守终了吗？

仪征距离这里很近，偶然雇了一只小船，到寤园花柳水淀之畔，很愉快地住了两天。喜爱这里美丽的景色，虽在人工篱落之间，却有自然山水的意境，使我游历山水的愿望和侍奉双亲的职责都能实现，可笑那些疲于爬山涉壑、不知目的的游人了！有了这里的园林，就有园林的营造。著写造园的学者，是吴江的计无否，而为此书题名《园冶》的人，是我的朋友——当涂县的曹元甫。无否为人质朴爽直，且聪颖脱俗，毫无庸俗虚伪的习气。他的书画也如其人，难怪元甫喜爱他了。

因此，我把故乡的一块荒废之地，清除杂草，叠山理水，建造成一座园林，作为读书弹琴之所。良辰佳节，奉迎双亲，或者扶杖或者驱车，欢歌笑语于园林之中。我会效仿老莱子穿上“五彩衣”，唱着“紫芝曲”，为老人奉酒祝寿，闲乐地终了此生。诚然，计成以他的才能实现了我年少的愿望，我也要斟酒满杯感谢计君。在歌停月出、庭静峰寂的时候，以此询元甫，元甫怎么会默不作声呢？

时值崇祯七年四月，满园树木欣欣向荣，鸟儿鸣叫如好友作伴，遂提笔书于这美景之中。

石巢 阮大铖

明代版刻《渔歌图》

江南私人园林艺术的兴盛与明清社会生活有着密切的关系，一方面是个人经济的富裕带来生活水平和文化意识的提高；另一方面，也是个人意志的拓展与国家政权的专制相互冲突，最终产生了独善其身的息政退居的思想。如苏州的拙政园、留园、狮子林、网师园、沧浪亭、环秀山庄、退思园、艺圃等，扬州个园、寄啸山庄、片石山房等，以及无锡寄畅园、上海豫园、杭州西湖周围的郭庄等私家园林的出现，几乎都和这种生存的现实有关。

江南园林融汇了住宅和娱乐的许多功能，寄寓着造园者的人文理想和生活意识，也表达了园主人的哲学、文学、艺术、人生的诸多观念，从而使古典园林成为了中国哲学思想的最高体现。《道德经》中的“人法地，地法天，天法道，道法自然”、《庄子》中“天地与我并生，万物与我为一”的观点，以及后来又融进了禅释的“芥子纳须弥”的思想，说明了园林的存在成为“人即宇宙，宇宙即人”的意境写照。

明代版刻《渔歌图》

《论语》中的“仁者乐山，知者乐水”，是中国古典文化中固有的山水情怀，在园林中得以实现。实以园林安家，居、游、观、思，也是个人精神上的一种反思和激励。陶渊明诗中“望云惭高鸟，临水愧游鱼”，以及范仲淹《岳阳楼记》中“处江湖之远，则忧其君”，不仅是对国家制度的某种期望，也包含了个人生命意识的觉醒，以及在现实社会中的矛盾和无奈。

作为文化园林的基点，庄子、陶渊明、王羲之、李白、王维、白居易、周敦颐、司马光、苏轼等先贤的文化思想，积极影响着园林构筑的行为，并使园林超越了物质本身的意义，具有一种超越现实的文化风范。

《渔歌图》作为一种绘画题材在宋元以后大量出现，如宋代马远、元代吴镇、倪云林等人的绘制，寄托着文人雅士逍遥江湖、得大自在的精神理想。

承德避暑山庄烟雨楼

明清时期的园林繁荣成为人们生活品质的一个闪光点。这其中除了江南私家园林的繁盛，北方的皇家园林也有着密集性的发展。

中国皇家园林有周代池沼、秦代阿房宫、汉代上林苑、唐代华清宫、宋代艮岳等沿革流传的形式。明代初期朱元璋崇尚简朴，使皇家园林遽减。朱棣立都北京时，也仅以元代太液池为西苑。然而清代的康乾盛世，成为清代皇家园林大肆修建的特殊时期，帝王借助国家的财政力量，挖湖堆山，起屋架梁，广置名木瑞石，博采异草奇花，聚天下园林之精华，荟萃一园，而成为蔚为大观的景致。

清代的皇家园林虽屡遭毁灭，但所幸的是还有许多皇家园林被保存了下来，成为了古典园林艺术的范本。如北京北海、颐和园、香山、故宫乾隆花园、河北承德避暑山庄等。

避暑山庄地处河北省承德市，境内因有“热河”，又称热河行宫。历经康熙、雍正、乾隆三朝，是中国古代规模最大的皇家宫苑。避暑山庄地处燕山深处，山峦起伏，草木幽深，风光旎丽，是皇室秋季行猎的地方，也是帝王后妃避暑的离宫。

园中以山地居多，辅之水面，有七十二景之说。宫殿区主要在南部，有澹泊敬诚殿、烟波致爽殿、万壑松风殿等建筑，多为皇帝理政读书之处。

风景区分湖泊、平原、山地三部分。湖泊风景中有小金山、水心榭、如意洲、烟雨楼等；平原风景为草原风光、白杨成林，点缀有蒙古包和驯养的鹿群，并有万树园、文津阁、永佑寺等；山地风景有梨树峪、松树峪、榛子峪等密林幽谷，并在山头上建有亭楼，以备瞭望。在避暑山庄的东北方向坐落着著名的外八庙，东面还有高耸入云的奇景磬锤峰。

避暑山庄的烟雨楼在山庄中的青莲岛上，是仿浙江嘉兴南湖烟雨楼的样式，楼高两层五间，周围设有环廊，真是读山览湖的好地方，尤其是云气翻飞、山雨迷蒙之际，登楼远眺，更有一番韵味。

“百尺起空蒙碧涵莲岛，八方临渺弥澄印鸳湖”，如今物是人非、人去楼空，是否还能够有一种别样的情怀？

承德避暑山庄烟雨楼

绛州古园

有一年深秋，到山西绛州考察，特地去寻找绛守居园池。知其为遗留下来的最早的一处园林，是隋开皇十六年（596 年）的遗存古园，所以俗称隋代花园。其门、亭、堂、轩、桥、池、梁、塘，屡坏屡修，但是位置未变，地形尚全。因此一处园林的变革，也是中国造园史上的奇迹。

古园流传，历代多有记载。唐时绛州刺史的《绛守居园池记》流传至今，故知其大概方位。宋范仲淹有《居园池》诗：“鲜花相倚笑，垂柳自由舞。静境合通仙，清阴不知暑。”古园不同于江南园林的秀美，而是北方园林的古拙，鸟鸣林幽，风静叶凝。园中小径是用花岗石的碎片铺成，不甚平坦，有些硌脚。树干多是黑黝黝的，似顽铁一般坚硬，树叶泛着凝重的墨色，遇风只是微微地晃一晃，一两片黄叶不情愿地落下。池塘的水面上布满浮萍，残荷密布，横斜地插在池塘中，有些阴森，只是两只浮鸭看到有人来了，欢快地游了起来，相互追逐，发出嘎嘎嘎的叫声。

记得旁临一中学校园，正是满院学子，读书朗朗，朝气勃勃，与古朴幽静的园池产生了强烈的对比，尤其是古绿色的树丛中飘扬着一面红旗，倒是非常鲜艳夺目。

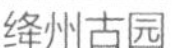
绛州古园

绛州古园游鸭

题词

古人百艺，皆传之于书，独无传造园[1]者何？曰：“园有异宜，无成法，不可得而传也。”异宜奈何？简文[2]之贵也，则华林；季伦[3]

之富也，则金谷[4]；仲子[5]之贫也，则止于陵片畦；此人之有异宜，贵贱贫富，勿容倒置者也。若本无崇山茂林之幽，而徒假其曲水；绝少“鹿柴[6]”“文杏[7]”之胜，而冒托于“辋川[8]”，不如嫫母[9]傅粉涂朱，只益之陋乎？此又地有异宜，所当审者。是惟主人胸有丘壑，则工丽可，简率亦可。否则强为造作，仅一委之工师、陶氏，水不得潆带之情，山不领回接之势，草与木不适掩映之容，安能日涉成趣哉？所苦者，主人有丘壑矣，而意不能喻之工，工人能守，不能创，拘牵绳墨，以屈主人，不得不尽贬其丘壑以徇，岂不大可惜乎？此计无否之变化，从心不从法，为不可及，而更能指挥运斤，使顽者巧，滞者通，尤足快也。予与无否交最久，常以剩山残水，不足穷其底蕴，妄欲罗十岳为一区[10]，驱五丁[11]为众役，悉致琪华、瑶草、古木、仙禽，供其点缀，使大地焕然改观，是亦快事，恨无此大主人耳！然则无否能大不能小乎？是又不然。所谓地与人俱有异宜，善于用因，莫无否若也。即予卜筑城南[12]，芦汀柳岸之间，仅广十笏[13]经无否略为区画，别现灵幽。予自负少解结构，质之无否，愧如拙鸠[14]。宇内不少名流韵士，小筑卧游[15]，何可不问途无否？但恐未能分身四应，庶几以《园冶》一编代之。然予终恨无否之智巧不可传，而所传者只其成法，犹之乎未传也。但变而通，通已有其本，则无传，终不如有传之足述，今日之“国能[16]”即他日之“规矩”，安知不与《考工记》[17]并为脍炙乎？

崇祯乙亥[18]午月朔友弟郑元勋[19]书于影园[20]

1. **造园：**营造园林，今有“造园学”。此语应为最早出现的“造园”一词。
2. **简文：**东晋简文帝司马昱，天资聪颖，才华过人，在政治上受权臣桓温牵制。《世说新语·言语》中记载：“简文入华林园，顾谓左右曰：‘会心处不必在远。翳然林水，便自有濠濮间想也，觉鸟兽禽鱼，自来亲人。’”华林园地处南京鸡鸣山南，为三国吴时修筑，后南朝时期历代不断扩建。

3. **季伦**：石崇，字季伦，西晋时期的富豪，曾任荆州刺史，劫持商旅，暴富不仁，在洛阳构筑了金谷园。

4. **金谷**：石崇在《金谷诗序》中介绍了金谷园中的设置："有别庐在河南县界金谷涧中。或高或下，有清泉茂林，众果、竹、柏、草药之属，莫不毕备。又有水碓、鱼池、土窑，其为娱目欢心之物备矣"，基本上是从"众果""草药""水碓"的经济需要"物备"，达到"娱目欢心"的目的。河南指洛阳洛河之南。

5. **仲子**：姓陈，战国时期齐国贵族，后为刻意安贫乐道的廉士，居山东长山县南於陵。孟子在书中多有议论，并予以批评，见《孟子·滕文公下》。

6. **鹿柴**：唐代诗人、音乐家、画家王维的辋川别墅中的一景。王维《鹿柴》诗："空山不见人，但闻人语响。返景入深林，复照青苔上。"

7. **文杏**：本义为杏树的异种，木质纹理紧密。相传西汉修筑上林苑时，地方群臣贡献的名果异树中有文杏。这里有暗指上林苑筑园富丽别致的意思。

8. **辋川**：陕西蓝田终南山下的地名，为唐代王维的别墅之地。其地诸水汇流如辋形，山重水复，富于变化，有辋川二十景。辋川之水后流入灞水。王维诗中多吟咏"辋川别墅"。

9. **嫫母**：嫫为丑陋的意思。嫫母相传为古代黄帝的第四位妻子，长相奇丑无比。后人多以丑女视之。

10. **十岳为一区**：除泰山、恒山、嵩山、衡山、华山五岳之外的五座大山，与五岳合称为十岳。一区是一处的意思。

11. **五丁**：传说中的古代大力士。《水经注》中有"蜀令五丁引之成道，因曰'五牛道'"。

12. **城南**：即扬州城南郑元勋的影园。

13. **十笏**：笏为古代大臣上朝时手持的记事板，也称为"朝板"，多为玉石、象牙、竹木制成，长约一尺。十笏是指地方狭小。乾隆《咏纳翠轩》诗："十笏不为仄，诸峰无尽奇"。

14. **拙鸠**：拙笨的鸠。鸠因不擅长垒巢，喜欢占据鹊巢，有成语"鸠占鹊巢"。这里为郑元勋的自谦，意即自己不擅长营构。

15. **卧游**：原指欣赏卷轴山水画。《宋书·宗炳传》："炳好山水，爱远游，西陟荆巫，南登衡岳，因而结宇衡山，欲怀尚平之志。有疾还江陵，叹曰：'老疾俱至，名山恐难遍睹，唯当澄怀观道，卧以游之。'凡所游履，皆图之于室，谓人曰：'抚

琴动操，欲令众山皆响。’”这里延伸为构园叠山，作卧游之乐。引文中的“尚平”即东汉向子平。

16. 国能：闻名于当世的特殊技能，语出《庄子·秋水》“未得国能”。

17.《考工记》：战国时期齐国手工业官书，在汉代被补入《周礼》，成为《周礼·冬官考工记六》。“考工”辞出汉代少府制作兵器等手工业的属官，因而亦称为《考工记》。

18. 崇祯乙亥：即明崇祯八年（1635 年）。

19. 郑元勋：生卒：1603—1644 年，字超宗，号惠东，安徽歙县人。明崇祯十六年（1643 年）进士，有诗集《媚幽阁文娱》，筑有扬州“影园”。郑元勋是明末扬州的名士，曾邀约江楚之间的诸多名流诗人，雅集“影园”参加“黄牡丹”诗会，吟咏黄牡丹，并匿名评出诗作的第一名，由郑元勋用黄金铸成一对酒觥予以奖赏，一时轰动江左，传为佳话。

20. 影园：为郑元勋的扬州私园，据记载为明崇祯五年（1632 年）开始构园，由我国造园名家计成规划设计，明代书画家董其昌为此园题额，是明末扬州名园之一，有《影园记》《影园自记》等文流传。

译 文

古人的各种技艺，都在著述中把它们记载下来传于后世，为什么唯独没有造园的著作传下来呢？有人说：“营造园林要因人、因地制宜，并无定法可循，因此不能把建造园林的规范写成著作流传下来。”什么是“异宜”呢？梁代简文帝尊贵，建造了富丽堂皇的华林园；西晋季伦富有，建造了奢侈华美的金谷园；战国陈仲子贫苦，只能在于陵建一片小菜园。这就是人有“异宜”，其贵贱贫富，与之相符合的园林规模和风格也不同，这是不能随意颠倒的。如果没有崇山茂林的幽境，而假借“流觞曲水”的美名；如果没有“鹿柴”“文杏”那样的景致，而假冒王维“辋川别业”的名号，不是正如丑妇嫫母涂脂抹粉，只会更丑陋吗？这又是地有“异宜”，造园者要慎重考虑环境地理的差异性，因地制宜地营造园林。

只要园主人胸有丘壑，则园林的营造，既可以工巧华丽，也可以质朴简略。否则，造园只是一味地依赖工匠来负责，任他们营造的话，园中的山石理水无回引的气势与情趣，草木也不能形成葱茂掩映的姿态，怎么使园主人有“日涉成趣”的快乐呢？所苦恼的是，园主人胸中本来有丘壑的美好构想，而不能让工匠理解他的意趣，工匠恪守成规，却不知如何创新变化，更拘泥于定法定则，以此使园主人委曲求全而迁就工匠，岂不太可惜了吗？这正是计无否的造园思想为一般工匠所不能企及的，其创意变化从心而不拘成法，更有丰富的经验，能自如地指挥现场的工匠实际操作，能把那些顽石变得灵奇，使沉闷乏味的空间变得灵动，这是令人满意和欣赏的。我与计无否交游最久，常常感到小园林的营造不能充分发挥他的才智，不能充分反映其内在的能力。因此总是幻想将天下名山胜景都罗列在一处，让古代的五个大力士都为计无否所驱使，搜尽世间所有的花草树木和奇禽仙鸟，供他布置点缀园林，使大地旧貌能够焕然一新，这真是一件称人心意的事情。只是遗憾没有这样大气魄的主人啊！那么，计无否是不是只能建造大型园林，而不能建造小型的园林呢？这也不是。正如前面所说，善于利用场地环境和园主人的优越条件，没有谁能比得上计无否。就我定居的城南园林来说，地处芦汀柳岸之间，面积狭小，经计无否略加规划，便别有一番空灵幽奇的意境。我也自认为稍稍懂得一点园林艺术，但与计无否谈论这方面的问题，就深感自己像不会营巢的笨鸠了。世间不少名流雅士，要想小筑园林以供游玩，怎能不去请教计无否呢？但恐怕计无否分身乏术，难应四面八方的邀请，只能用他所著的《园冶》来代劳。但我最终还是遗憾计无否造园的智慧思想不能真正得到传承，所能流传的只不过是他造园的技术方法，几乎等于没有流传。不过后人可以依据其中的成法变通，加以变化，运用到实际中，这样有此书流传，就可供人们借鉴了。计无否堪称今日造园的国之能手，其著作也必将是后世造园参照的准则，又怎知《园冶》不会与《考工记》一样，为后世所传颂呢？

崇祯八年五月初一，友弟郑元勋写于影园

宋代郭忠恕《仿辋川图》

相传唐代王维将自己隐居的蓝田辋川别墅景致绘制成了《辋川图》，后因流失，被演绎成《雪溪图》一类的面貌，而无法看到真实画面。因而后人常读诗，揣摩辋川景象。其实，人们热衷于描绘辋川之景，是对王维艺术思想的崇慕景仰。

王维是唐代一流的音乐家、画家、诗人、佛学家。王维先有终南别业一所，后宦海沉浮，奉孝事母，又购买诗人宋之问的辋川别墅。他利用八年的时间，因地敷形，临水构筑，建成了一片颇具规模的山景园林，而且沉溺其中，吟咏辋川，与友人裴迪和唱《辋川集》共40首。“味摩诘之诗，诗中有画；观摩诘之画，画中有诗”（苏轼语），可见“诗画一体”的优美画面。

“湖上一回首，青山卷白云。”其间的鹿柴、栾家濑、竹里馆等景物，成为了一种幽深静湛、情景交融的雅致，感染着后来的许多士人，如《鹿柴》诗：“空山不见人，但闻人语响。近景入深林，复照青苔上”，空寂静湛，林木悠闲，折射出诗人别致的情怀。

“当轩对樽酒，四面芙蓉开”，宋代画家郭忠恕的《仿辋川图》恐怕与王维的平远山水图式相差太远，但是也说明了王维的《辋川图卷》以其美好的山水文化风格，深深地影响着中国绘画艺术。

宋代郭忠恕《仿辋川图》

北京颐和园

北京颐和园以东宫门内仁寿殿为中心，形成了寝宫乐寿堂、戏楼德和园等居住娱乐的建筑群。此处以院落式的布局，用瑞石花木点缀其间，获得了宁静封闭的空间效果。穿越宫殿区之后到达湖区，只见湖面开阔，岸柳婆娑。北面的万寿山、排云殿、佛香阁、智慧海尽收眼前，亭台楼阁，山石叠翠。万寿山下为沿湖达728米长的彩画长廊，东起邀月门，西至石丈亭，中间的“留佳”“寄澜”“秋水”“清遥”四座亭子，成为了游湖画卷的观赏点。

颐和园的昆明湖借意于西汉昆明湖，湖东小岛是以无锡惠山黄埠墩为原型，风雅别致。南为知春亭，十七孔桥将八角重檐的廓如亭与龙王庙连接，龙王庙上林木葱茏，庙堂环绕，实为湖中仙岛。眺望湖西有柳堤隐隐，西堤六桥实仿杭州西湖苏堤。其玉桥衔泥，蒹葭扬风，一波三折。远处是玉泉宝塔，云兴霞蔚，西山绵绵。

颐和园的设计中运用了许多造园的技巧，尤其是谐趣园和后山后湖。谐趣园依仿江苏无锡寄畅园的手法，以水面造景，山合水围，幽静闲雅。而万寿山北部后山，林幽草茂，又以后湖曲折变幻，置为江南水市，将皇家富贵与江南逸韵融为一体。花掩幽径，路断桥复，忽见飞檐挑旗，市井熙熙。

颐和园整体设计是大处着眼、气象宏大，而在细部装饰上巧夺天工、精益求精。因而，华丽富贵，精雅巧妙，终成为古典皇家园林的集大成者。从后山看前湖，也多了一些新的感慨。

颐和园是清代修建最晚的大型皇家园林，其前身是乾隆年间的清漪园，清漪园原为金元时期的皇家行宫，在明代为一座“好山园”。乾隆六下江南，搜罗园景样式，在此大肆修复构筑，极力扩建湖面水域，并改原先的瓮山为万寿山，建成了风光旎丽、珍宝荟萃的清漪园。1860 年英法联军入侵北京，清漪园与圆明园同时被掠夺毁灭。那拉氏在 1893 年将其修复后又改称为颐和园，结果 1900 年八国联军再次毁坏了此园。因此，今日的颐和园的规模和样式，基本上是 1905 年清政府又重新修复的结果。

北京颐和园

北京颐和园谐趣园

谐趣园被称为颐和园的园中之园。谐趣园原名为“惠山园”，是乾隆从无锡惠山寄畅园带回的样稿，仿寄畅园知鱼槛的格局复制出的一个园林。风流逍遥的乾隆，饱游江南，仍不满足，带领画工，收罗江南名园，荟萃北京，仅乾隆年间修筑的皇家园林已达 1600 公顷。只是颐和园的惠山园（谐趣园），看起来总有些过于小巧玲珑。

惠山园在万寿山东麓，南近宫殿区。因此北依山势，有山林之趣；南浚湖泊，堆土成丘。以幽水曲池联结澹碧斋、就云楼、水乐亭、知鱼桥、载时堂、妙墨轩等临水建筑，并于北部建有八六亭，成为早期的惠山园的雏形。然而到了嘉庆时期，增添廊厅楼堂，改换园制并更名“谐趣园”，谐趣园除了知鱼桥未改名称，其余几乎换为今名。拥挤热闹，华美富丽，少了山林野趣，多的是富贵格调，物是人非，景随情迁。待晚清重修颐和园时，将北地山林与南部湖区分割，各自独立，却更显园中路径的局促。

郑元勋说：“予与无否交最久，常以剩山残水，不足穷其底蕴，妄欲罗十岳为一区，驱五丁为众役，悉致琪华、瑶草、古木、仙禽，供其点缀，使大地焕然改观，是亦快事，恨无此大主人耳！”恐怕也只有像修筑颐和园这样的“十岳为一区”“五丁为众役”的机会，才能尽情展示其才智。从这个意义上说，仅仅于晚明造园“剩山残水”的计成多少有些生不逢时。

北京颐和园谐趣园

北京颐和园谐趣园知鱼桥

北京圆明园遗址

1860 年英法联军入侵北京，一把火烧毁了中国最精美的古典园林。

这座占地 5200 亩的皇家园苑，历经雍正、乾隆两朝“盛世”，在湖山、亭台、花木、桥岛等园林建筑基础上精心修筑，豪华奢侈，为人间仙境，“实天宝地灵之区，帝王豫游之地，无以逾此”（乾隆语），并与畅春园、清漪园万寿山、静明园玉泉山、静宜园香山构成了“三山五园”的格局。圆明园完成于乾隆之手，有正大光明、九州清晏、山高水长、福海、长春园及西洋楼等建筑群，皇帝的热情加上国家财政的支撑，造就了无法想象的辉煌。法国作家雨果激动地说：“圆明园是规模巨大的幻想的原型，如果幻想也可能有原型的话。只要想象出一种无法描绘的建筑物，一种如同月宫似的仙境，那就是圆明园。”

圆明园的具体营造者是历代工艺相传的雷家，俗称“样式雷”的传统营造，随后的西洋楼主要是由郎世宁等人完成的。事实上，圆明园超越了历史，也超越了时代，较之秦之阿房宫、汉之上林苑、唐之华清宫、宋之艮岳，圆明园是独领风骚。乾隆皇帝六次游历江南各大名园，携带画工，摹写画本，然后模仿重建，将万园精华集于一园，并集萃天下奇珍异宝、名画古玩，来满足帝王膨胀的虚荣心。因此，圆明园的营造，不但释放了这位风流皇帝的热情、耗损了国家钱财，也使大清帝国随之走到了暮云密布的夕阳中。

北京圆明园遗址

19 世纪的中国社会危机四伏，外敌当前，民不聊生，主要原因还是清朝统治者的昏庸自大、腐败无能。于是圆明园成为了近代政治与战争的牺牲品，也成为了中国人铭刻百年的伤痛。雨果得知圆明园被毁灭、珍宝被掠夺，激烈地谴责道：“统治者犯下的罪行同被统治者是不相干的，政府有时会是强盗，可是人民永远不会。法兰西帝国从这次胜利中获得了一半赃物，现在它又天真得仿佛自己就是真正的物主似的，将圆明园辉煌的掠夺物拿出来展览。我渴望有朝一日法国能摆脱重负、清洗罪恶，把这些财物归还被劫的中国。”但是，历史没有假如，也不会倒退，只是给人们留下一些教训罢了。“残碑没尽宫人老，空向蒿莱拨劫灰。”除了哀痛的教训，就是振兴的自觉。

圆明园，中国古典园林的一次悲惨终结。

自序

不佞[1]少以绘名，性好搜奇，最喜关仝、荆浩[2]笔意，每宗之。游燕[3]及楚[4]，中岁归吴[5]，择居润州[6]。环润皆佳山水，润之好事者，取石巧者置竹木间为假山，予偶观之，为发一笑。或问曰：“何笑？”予曰：“世所闻有真斯有假，胡不假真山形，而假迎勾芒[7]者之拳磊乎？”或曰：“君能之乎？”遂偶成为“壁”，睹观者俱称：“俨然佳山也”，遂播名于远近。适晋陵[8]方伯吴又于[9]公闻而招之。公得基于城东，乃元朝温相[10]故园，仅十五亩。公示予曰：“斯十亩为宅，余五亩，可效司马温公‘独乐[11]’制。”予观其基形最高，而穷其源最深，乔木参天，虬枝拂地。予曰：“此制不第宜掇石而高，且宜搜土而下，令乔木参差山腰，蟠根嵌石，宛若画意；依水而上，构亭台错落池面，篆壑飞廊，想出意外。”落成，公喜曰：“从进而出，计步仅四百，自得谓江南之胜，惟吾独收矣。”别有小筑，片山斗室，予胸中所蕴奇，亦觉发抒略尽，益复自喜。时汪士衡中翰[12]，延予銮江西筑，似为合志，与又于公所构，并骋南北江焉。暇草式所制，名《园牧》[13]尔。姑孰曹元甫先生游于兹，主人偕予盘桓信宿。先生称赞不已，以为荆关之绘也，何能成于笔底？予遂出其式视先生。先生曰：“斯千古未闻见者，何以云‘牧’？斯乃君之开辟，改之曰‘冶’可矣。”

时崇祯辛未[14]之秋杪否道人[15]暇于扈冶堂[16]中题

1. **不佞：** 佞的原意有二：一为有才智；二为习惯以花言巧语谄媚人。这里取其一，不佞即不才，是古人多用的自谦语。
2. **关仝、荆浩：** 在美术史上一般将荆浩、关仝并称为“荆关”，为五代至北宋初期北方山水画派的创立者。荆浩，字浩然，河南沁阳人，生活在五代后梁时期，长期隐居在太行山洪谷，自称洪谷子，相传有荆浩的作品《匡庐图》和绘画理论著作《笔法记》流传于世。关仝，长安人，生活在五代后期，投奔于荆浩门下，喜画秦岭关中山水，有《关山行旅图》等传世。荆浩、关仝与南方山水画风的董源、巨然并列为五代至北宋初年的山水画大家。
3. **燕：** 旧指河北北部，文中大约指北京及河北一带。
4. **楚：** 泛指湖北、湖南一带。
5. **吴：** 泛指江苏地区。
6. **润州：** 为江苏镇江的旧称。隋唐时期曾在镇江设置润州，宋徽宗时改设镇江府。
7. **假迎勾芒：** 勾芒亦称句萌，句为拳曲状的草木；萌为挺直的草木，多指春天草木生长的状态。与下文连接，意即为什么偏偏要假借成拳头状及挺直状的样子堆积出山石呢？
8. **晋陵：** 古县名，今江苏武进。东晋时期在江苏常州地区设晋陵郡，明代洪武初年曾归入武进县。
9. **方伯吴又于：** 方伯为布政使的俗称，布政使为各省管理财政民政的主要官员，别称藩司，尊称藩台。吴又于，名玄，字又于，明代万历年间进士，曾任江西布政司参政，参政为布政司下属，有左右之分，并常因事设职。此处称呼吴玄为方伯以表示尊敬。
10. **温相：** 温国罕达，元代集庆路官员。
11. **独乐：** 指宋代政治家、学者司马光在洛阳构筑私家园林“独乐园”，司马光逝世后被封温国公，谥文正。司马光有《独乐园记》，一反古人“与众乐乐”的观点，提出“自乐恐不足，安能及人？”的观点。这是宋人在现实境遇中自我情怀的体现。
12. **汪士衡中翰：** 汪士衡，江苏仪征人，事迹无甚考。中翰即中书，明代政府废除丞相制，内阁官员仅保留中书舍人职务，属中书科。汪士衡可能担任过中书职务。后邀请计成构筑了“寤园”。
13. **《园牧》：** 《园冶》的原书名。

14. 崇祯辛未： 即明崇祯四年（1631 年）。

15. 否道人： 计成，字无否，号否道人。

16. 扈冶堂： 为寤园的主要建筑物。关于扈冶堂于何地所筑，有三说：一为汪氏寤园说，一为阮氏家堂说，一为计成书斋说。《淮南子》中曾有“储与扈冶，浩浩瀚瀚，不可隐仪揆度而通光耀者”，本有“广大无边，通向无形”之意。文中“否道人暇于扈冶堂中题”，时在“崇祯辛未”的公元 1631 年，是年计成 39 岁，正在汪家筑园，并与“姑孰曹元甫先生游于兹，主人偕予盘桓信宿”，相互磋商，“改之曰‘冶’”，而“暇于扈冶堂中题”之“中”未可虚指，当有实物。今园已无存，堂何以立？名又何为？

译 文

我在少年的时候，就以擅长书画而名闻乡里，而本性上又喜好探索奇异的事物。最爱关仝和荆浩的山水笔意，作画时常常模仿他们的风格。我游历了北方燕京和两湖等地，到中年时返回家乡江苏，后选择定居润州。润州四面环山，风景优美，当地爱好园林的人用奇怪的石头放置点缀在竹树之间当作假山。我偶然看见，不觉为之一笑。有人问我：“你笑什么？”我回答说：“听说世上有真的就有假的，为什么不借鉴真山的形象，而要弄出像迎春神时用拳头大的石头堆砌成的石堆呢？”有人就说：“你能用石头叠山吗？”于是借此偶然的机遇，我为他们叠了一座峭壁山，旁边看到的人都赞美说：“竟然像一座真山！”于是，我的叠山技术就远近闻名了。

恰巧常州有位做过布政使的吴又于公来邀请我为他造园。吴公在城东购得一块地基，原是元朝温国罕达的旧园，面积仅有十五亩。吴公对我说：“其中十亩用来建造住宅，余下的五亩地用来造园，可仿效宋代司马光独乐园的遗制。”我观察了园基的情况，发现园基的地势很低，而临近的水源很深，地基上乔木高耸，虬枝低垂。我说：“根据这里的地形来看，造园的时候不仅要叠石，以增加地势的高度，还要下挖泥土使洼地更深，使乔木都错落有致地分布于山腰上，在外露的盘曲交错的树根间隙镶嵌石头，就像山水画的意境了；再沿着池边修筑亭台，使亭台倒影于水面，泛起一些高低错落的影子，用曲篆的笔画之法修筑回环的沟壑，加上飞渡的长廊，其境界将出乎人的意料之外。”园林建成以后，吴公高兴地说：“从进园子到出园子，虽然只有四百步，但是自以为江南胜景，我们尽收眼底了。”另外，我还营造了一些小工程，虽然只是片山斗室，但自觉发挥出了多年积蓄的造园构思，自己也格外高兴。那时有内阁中书汪士衡，邀请我到江苏仪征县的銮江之西，为他主持建造寤园，园林建成以后很合我们的志趣，寤园与吴又于公的园林一起闻名于大江南北。

在造寤园的空闲时间，我整理出图式和文稿，题名为《园牧》。安徽当涂县的曹元甫先生到寤园游览，主人与我陪他在园中参观，并留他住了几晚。曹先生对园林赞不绝口，认为看到的是一幅幅荆浩、关仝的山水画，问我能不能把这些建造方法写成文字著述呢？我当即将文稿图式拿给他看。曹先生说：“这是自古以来都没有听到和见过的著作，为什么要叫作园‘牧’呢？这是你的艺术创造，要改称为‘冶’才好。”

时崇祯四年秋末，否道人闲暇时记于扈冶堂中

《芥子园画传·仿荆浩山水》

荆浩所著的《笔法记》中说“太行山有洪谷，其间数亩之田，吾常耕而食之”，这是五代大画家荆浩的生活状况，自食其力，耕作山间，知白云悠悠，聆谷水汩汩，如果仅仅是隐士，也就是一段佳话。但是荆浩致力于绘画，乐此不疲。荆浩对太行山洪谷中的山水“遍而赏之，携笔复就而写之，凡数万本，方知其真”“画者，画也，度物象而取其真”，于士林中名声大震，长安关仝负笈北上，求教于荆门。于是师徒二人，创立了北方山水高古大气的模式，与南方山水画派的董源、巨然并列为五代时期的山水大家。

荆关的创作思想脱胎于唐代张璪“外师造化，中得心源”的理论，其孜孜不倦的实践成就，以及“凡数万本，方知其真”的经验，为后人树立了写生的榜样，在真山水中寻找绘画模式，清代石涛的“搜尽奇峰打草稿”的理论，无疑是这种艺术思想的流脉。

计成有“少以绘名，性好搜奇，最喜关仝、荆浩笔意，每宗之。游燕及楚，中岁归吴”的经历，是以荆浩关仝为学习的对象，在“游燕”中，增加了对北方真山水的见识，印证了荆关山水的本质意义，因此在“偶然成‘壁’”时，使“睹观者俱称：‘俨

然佳山也’，遂播名于远近”。

《芥子园画传 · 仿荆浩山水》

所传荆浩有一幅山水画轴《匡庐图》，高山巍峨，飞流直下，山谷幽居，草木葱郁，水环山绕，路径蜿蜒，既有真山水的严谨，也有画家的艺术创造，高妙峻逸，浑然一体。后人仿荆，多取其意，揣度描摹，亦见荆浩的魅力。

镇江金山寺

唐代诗人杜牧长期生活在江南，其《江南春绝句》诗曰：“千里莺啼绿映红，水村山郭酒旗风。南朝四百八十寺，多少楼台烟雨中。”这“四百八十寺”中也应有镇江“金山寺”吧。

镇江旧称润州，隋唐时期设置润州，为计成中年归吴的“择居”之地，而“环润皆佳山水，润之好事者，取石巧者置竹木间为假山，予偶观之，为发一笑”，引发了计成开始园林设计的职业劳动，也就有了后来《园冶》成书的可能。在《园冶 · 屋宇》中计成提及了“予见润之甘露寺数间高下廊，传说鲁班所造”，体现了他对镇江山水的精细观察。

镇江中最著名的当属金山寺，金山寺创建于东晋，初称泽心寺，唐时赐名金山寺。金山寺在镇江西北长江边的孤岛金山上，金山原在长江中，清代末期长江水道淤积，金山逐渐与南岸连为一体。

宋代苏轼有多首《题金山寺》诗，其中最妙的一首是："潮随暗浪雪山倾，远浦渔舟钓月明。桥对寺门松径小，槛当泉眼石波清。迢迢绿树江天晓，霭霭红霞晚日晴。遥望四边云接水，碧峰点千数鸥轻。"这是一首著名的回文诗，即倒读也可以读出佳句来。苏轼与金山寺的和尚关系融洽，禅机迭出，使金山寺声誉远扬。宋代沈括《夜登金山》的诗句"楼台两岸水相连，江北江南镜里天"，是众多诗人吟句中的佳联。大江之上，孤岛耸立，重楼层台，天影高塔，树木繁茂，水荷连连，为天下佛门圣地。

镇江金山寺

无锡惠山云起楼

江南园林以亭台楼阁、岛桥路廊、墙窗木石、山水花草，通过借聚隐透、曲幽疏漏的方法，利用有限的空间，表现隐逸的文化趣味。

江南私家园林原本是明清官宦巨商退养之地，斥资修筑，却不能张扬。如"网师"即渔父，"拙政"即无心于政事。诗书琴棋茶，风月云雨花。安居乐业、独善其身，是个人对社会生活的一种清醒的认识。

江南私家园林的装饰不是富贵的张扬，而是内敛的自尊。灰瓦白墙，碧树绿池，将装饰的色彩、纹饰、图案规范到中国哲学的观念中，亦如水墨画一般，成为一种智慧的生命。

无锡惠山云起楼是在山林环绕、云气翻飞的气氛中，营造出人隐音稀的闲逸。登临读景，想起李白《独坐敬亭山》诗：“众鸟高飞尽，孤云独去闲。相看两不厌，只有敬亭山。”这种诗意引发出物我相融、对景成影的心境，是经历了人生诸多磨砺之后的感言，足以引起后人的共鸣。

无锡惠山云起楼

卷壹

兴造论

世之兴造，专主鸠匠[1]，独不闻三分匠、七分主人之谚乎？非主人也，能主之人也。古公输[2]巧，陆云[3]精艺，其人岂执斧斤者哉？若匠惟雕镂是巧，排架是精，一梁一柱，定不可移，俗以“无窍之人[4]”呼之，其确也。故凡造作，必先相地立基，然后定其间进，量其广狭，随曲合方，是在主者，能妙于得体合宜，未可拘率。假如基地偏缺，邻嵌何必欲求其齐，其屋架何必拘三、五间，为进多少？半间一广，自然雅称，斯所谓“主人之七分”也。第园筑之主，犹须什九，而用匠什一，何也？园林巧于“因”“借”，精在“体”“宜”，愈非匠作可为，亦非主人所能自主者，须得求人，当要节用。“因”者：随基势之高下，体形之端正，碍木删桠，泉流石注，互相借资；宜亭斯亭，宜榭斯榭，不妨偏径，顿置婉转，斯谓“精而合宜”者也。“借”者：园虽别内外，得景则无拘远近，晴峦耸秀，绀宇[5]凌空，极目所至，俗则屏之，嘉则收之，不分町畽，尽为烟景，斯所谓“巧而得体”者也。体、宜、因、借，匪得其人，兼之惜费，则前工并弃，即有后起之输、云，何传于世？予亦恐浸失其源，聊绘式于后，为好事者[6]公焉。

1. **专主鸠匠**：专主指园主。鸠匠指工匠。
2. **公输**：公输即鲁班，春秋时期鲁国人，又称公输般，大约与先秦思想家、设计家墨子生活在同一时代，在《墨子》一书的《鲁问》《公输》篇章中，多有公输般的记载。鲁班是中国民间工匠传说中的神话人物和土木工匠的始祖。
3. **陆云**：字士龙，上海松江人，三国吴名将陆逊之后。为西晋时期的文学家，与其兄陆机并称“二陆”。陆云著有《登台赋》等名文，对建筑刻画生动、华丽细腻，虽为纸上描述，但充满想象色彩。
4. **无窍之人**：无窍，即无缝隙，原指笨拙，有调侃之意。这里指仅仅能够老实操作、缺乏心机的工匠。

5. 绀宇：绀为天青色，一种深青带红的颜色，为古建筑常用颜色之一。绀宇，指寺庙。
6. 好事者：指爱好园林的人们。与今人常用的略带贬义的词语不同。

译文

如今世人兴造建筑，都是以工匠为主，难道没有听说过“三分工匠、七分主人”这句谚语吗？这里所说的“主人”，并不是指园林的主人，而是指主持营造园林的人。古时候鲁班有灵巧的匠心，陆云能够用精湛的文字刻画亭台楼阁之美，他们难道只是操持斧锯的匠人？如果工匠只以精雕细刻为技巧，以按图组装建造构架为精湛，一根屋梁一根柱子的定规都不可以更改，那么用“没有心计的人”来称呼他们非常贴切。

所以凡是营造工程，必须先考察选择地形位置，以确立地基的位置与朝向，然后确定建筑的开间和进数；测量地形地基的宽窄，根据地形的曲直，以安排方整的庭院，这就在于营造工程的主持者，能够得体合宜地设计，既不可拘泥于形制，只顾“得体”，也不可不顾法式，只追求“合宜”。假如地形不规整，可根据地形进行合理的设计布局，何必非要求其方正整齐呢？房屋的架构何必拘泥于三间或五间的定制，非要建造多少进、多少间不可呢？哪怕是半间的披厦，只要自然高雅就行。这就是所说的“七分主人”之意。但园林的营建者，其作用还必须占到十分之九，而工匠的作用只占十分之一，这是什么原因呢？因为园林讲求因地制宜、互相借助的巧妙，布局得体、分寸合宜，这不是凭工匠的水平可以做到的，也不是园主凭自己的主观意愿所能够实现的，必须依靠得当的营造主持者，能够掌管这个重要位置，才能起到事半功倍的效果。

所谓“因”，就是说要按照地势的高低错落、地形的端正方直，如果有遮掩的树木可剪掉一些枝丫，还有涌泉的流水，则可规划引导流入石间，各处的优秀景点互相借助衬托；适合建亭台的地方就建造亭台，适合建楼榭的地方就建造楼榭，园林内的路径可以选在偏僻幽静的地方，意在曲折自然而幽深高致。这就是“精而合宜”的意思。所谓“借”，就是指园林虽然内外有别，但眼能看得见的景色则不拘远近。蓝天下的高峰叠翠也好，古刹凌空也好，凡是眼睛所能看到的地方，俗气的景物就要加以遮挡，优美的景物则要尽收眼中。不论在田野还是村庄，都变为优雅的烟云景色。这些“巧而得体”的思想，能够达到得体适度、因地制宜、互为借用的效果，如果没有合适的营造工程的主持设计者，加上又舍不得花费的话，那么必然前功尽弃，即使有像鲁班、陆云这样的人，又如何流芳传承于后世？我也担心园林建造艺术渐渐失传，姑且把图式绘制于后，向园林爱好者展示。

鲁班

鲁班是春秋时期鲁国人，姬姓，公输氏，名般，又称鲁般。因“般”和“班”同音，古时通用，故人们常称其为鲁班。鲁班的故事家喻户晓，他是中国民间工匠传说中的重要人物，亦成为了土木工匠的始祖。

鲁班像

《墨子·鲁问》里有关于公输般制木鹊的事情，而《墨子·公输》是记述墨子去阻止公输般制云梯攻打宋国的故事。墨子是讲自己“非攻”和“兼爱”的人生道理，而从中也可以看到公输般智敏的才干。与墨子比较，公输般似乎只有实践，而缺少理论总结。明代曾出现的关于木工技术的《鲁班经》，也与公输般本人没有什么关系。公输般在当时仍然受到社会的好评，《孟子·离娄》中有“公输子之巧，不以规矩，不能成方圆”的说法，特别对于公输般的“巧”，给予高度的评价。传说中木工们使用的锯子、刨子、钻子、量斗、曲尺等工具，以及石磨、门轴、雨伞等生活用品，都是公输般的设计和发明。

任何设计成就的出现都是生活的需求，而民间传说中的公输般，是一个集大成的智慧人物。事实上，在春秋战国的生活变革时代，知识传播，文化交流，而作为能工巧匠的公输般，是依靠个人的智慧设计发明了一些便利生活的器具，并向社会大众予以推广，受到了百姓的爱戴。土木工匠对于鲁班的崇敬，也说明大匠之作的神奇。

明代文徵明《拙政园图·倚玉轩》

苏州，原为吴州，春秋时期为吴国伍子胥建构的阖闾城。隋代开皇年间因城西姑苏山得名苏州。在宋代称为平江府，在南宋曾立为陪都。因此苏州在宋元以后一直是繁华之地。

苏州临近太湖，物产富饶，大运河从城西穿过，交通便利，具有水陆并行、河街相邻的特点。后经唐宋时期的不断经营，成为富饶昌盛的鱼米之乡，尤其以盛产丝绸而天下闻名。流传至今的南宋《平江图》碑刻，反映了宋代苏州城市的基本格局。城市为南北略长的方形，街巷纵横，河流密布，官府与民宅、园林与寺观、石桥与绿水、粉墙与黛瓦，布局合理严密，真是星罗棋布，春风秋月，天上人间。

拙政园是苏州园林中著名的四大名园（拙政园、留园、网师园、狮子林）之一，拙政园是明代中期御史王献臣因得罪了朝廷，离京返乡购置闲地，约请画家文徵明规划修筑的一所园林。其间文徵明绘制出 31 幅《拙政园图》，并著文《拙政园记》。

“拙政”是出自西晋文学家潘岳的《闲居赋》，“灌园鬻蔬，以供朝夕之膳，是亦拙者之为政也”。拙政即无意于政事，休闲颐养。因而文徵明的《拙政园图》，记载了减疏萧瑟的园景特色，开挖湖池，堆土为山，往往是因地制宜，“高方欲就亭台，低凹可开池沼”（《园冶》），所存的《拙政园图·倚玉轩》，景物清雅，人情澹泊，“玉”指翠竹，倚玉是一种“独坐幽篁里，弹琴复长啸。深林人不知，明月来相照”（王维《竹里馆》）的雅意。而后来到了清代末期，拙政园因改建而繁茂，一反当初造园的意图，别出心裁，也于豪放中见出典雅。

明代文徵明《拙政园图·倚玉轩》

苏州拙政园四面荷风亭

文徵明的《拙政园记》对园景的简朴疏淡的描述，是明代造园风格的体现。如文徵明的后人文震亨的《长物志》中也有“宁古勿时，宁朴勿巧，宁俭勿俗”的建构思想，从而达到“令居之者忘忧，寓之者忘归，游之者忘倦”（文震亨语）的园艺目的。

拙政园四面荷风亭的构置，是在诸多的雅意中，以观荷为对象，体味雅致的人事趣味。这与临近的倚玉轩、远香堂构成了拙政园中部对景。

宋代周敦颐的《爱莲说》中有“予独爱莲之出淤泥而不染，濯清涟而不妖，中通外直，不蔓不枝，香远益清，亭亭净植，可远观而不可亵玩焉”的感叹，是人生高洁的象征，置身亭中，环碧四顾，清香荡漾，临风观荷，默语沉吟，的确能够“令居之者忘忧，寓之者忘归，游之者忘倦”。这也是计成期望的“极目所至，俗则屏之，嘉则收之”的观赏意义。

苏州拙政园四面荷风亭

夏日观荷，秋日听雨。“秋阴不散霜飞晚，留得枯荷听雨声”（李商隐《宿骆氏亭寄怀崔雍崔衮》）是一种人生的惨淡，而李商隐的《安定城楼》诗中“永忆江湖归白发，欲回天地入扁舟”的回顾，也有着士人许多无奈的痛楚。

园说

凡结园林，无分村郭，地偏为胜，开林择剪蓬蒿；景到随机，在涧共修兰芷。径缘三益[1]，业拟千秋，围墙隐约于萝间，架屋蜿蜒于木末。

山楼凭远，纵目皆然；竹坞寻幽，醉心即是。轩楹高爽，窗户虚邻；纳千倾之汪洋，收四时[2]之烂漫。梧阴匝地，槐荫当庭；插柳沿堤，栽梅绕屋；结茅竹里，浚[3]一派之长源；障锦山屏，列千寻[4]之耸翠，虽由人作，宛自天开[5]。刹宇隐环窗，仿佛片图小李[6]；岩峦堆劈石，参差半壁大痴[7]。萧寺[8]可以卜[9]邻，梵音[10]到耳；远峰偏宜借景，秀色堪餐。紫气青霞，鹤声送来枕上；白苹红蓼，鸥盟同结矶边。看山上个篮舆[11]，问水拖条枥杖；斜飞堞雉，横跨长虹；不羡摩诘[12]辋川，何数季伦金谷。一湾仅于消夏，百亩岂为藏春，养鹿堪游，种鱼可捕。凉亭浮白[13]，冰调竹树风生；暖阁偎红，雪煮炉铛涛沸。渴吻消尽，烦顿开除。夜雨芭蕉，似杂鲛人[14]之泣泪；晓风杨柳，若翻蛮女[15]之纤腰。移风当窗，分梨为院；溶溶月色，瑟瑟风声；静扰一榻琴书，动涵半轮秋水，清气觉来几席，凡尘顿远襟怀；窗牖无拘，随宜合用；栏杆信画，因境而成。制式新番，裁除旧套；大观不足，小筑允宜。

1. **三益：**古人对梅、竹、石有“三益之友”的称呼。
2. **四时：**四季。
3. **浚：**疏浚。指开挖河道或水井。《孟子·万章上》：“使浚井”。
4. **千寻：**寻为古代的长度单位，《诗经·鲁颂》：“是断是度，是寻是尺”，其《笺》释：“八尺曰寻”，古代计量物体的长、宽、高都以寻为单位。千寻为夸张的高度。
5. **虽由人作，宛自天开：**是计成《园冶》中的名言。意即虽然是设计家的人力营造，但是如同天然形成的一般。
6. **小李：**唐代画家李昭道，与其父李思训合称“大小李将军”。李思训以青绿山水画著称，唐时被称为“国朝山水第一”。李昭道继承父业，父子传承，被称为“小李将军”，唐代张彦远的《历代名画记》有“变父之势，妙又过之”的说法。
7. **大痴：**元代画家黄公望，生卒：1269—1354年，字子久，号大痴，江苏常熟人。中年因仕途受挫，加入道教，并专心从事绘画，与倪云林、王蒙、吴镇并称为“元四家”。晚年隐居杭州，曾到富春江写生，长卷《富春山居图》是其一生最具有代表性的作品，有“画中兰亭”之誉。

8. 萧寺：佛寺。因南朝梁武帝萧衍大修佛寺，后以萧姓称佛寺为萧寺。唐代李贺《马诗》：“萧寺驮经马，元从竺国来。”

9. 卜：选择。陶渊明《移居》诗：“昔欲居南村，非为卜其宅。”

10. 梵音：从佛寺传出的声音。梵为古印度语言，佛教中常常用梵表示与佛教有关的事物。

11. 篮舆：指竹藤编成的轿椅，便于在游山时乘坐。后来蜀地有滑竿一类的乘物。

12. 摩诘：王维，生卒：701—761年，字摩诘，唐代著名的诗人、音乐家、画家，开元年间进士，晚年官至尚书右丞，后称“王右丞”。构筑有终南别业、辋川别墅等山地园林。其诗画并誉于当时，后来苏轼对其有“诗中有画，画中有诗”的赞誉。传有《王右丞集》。

13. 浮白：浮原意是罚。白在此处指杯酒。语出《说苑•善说》有“饮不釂者，浮以大白”，浮白初为罚饮酒，后为饮酒小酌的别称。

14. 鲛人：为水居之人，古代传说鲛人居水而生，不废编织，而眼中泣泪，即成珍珠。实际上是沿海渔民中，以捕捞、养殖蚌为生的人们。

15. 蛮女：形容窈窕淑女。语出唐代白居易的诗：“樱桃樊素口，杨柳小蛮腰。”樊素、小蛮皆为白居易的家养歌妓，姿色过人。樊素小口艳如樱桃，歌声轻柔；小蛮腰肢柔软，纤如杨柳，长于跳舞。

译文

但凡园林的建造，不论乡村还是城郊，都以偏僻幽静的地方为最好，开垦林间荒地，剪掉杂木荒草；根据自然环境，借势营造景观，并在水边栽植兰花、香草。园林的路旁可栽松、竹、梅，规划幽雅的园中道路，造景如同壶中日月，建成可传千秋的基业。围墙要掩藏在藤萝中，隐约可见，屋架要高置于树梢之间，有蜿蜒隐约之感。

依山远眺，登楼凭栏，放眼皆是优美的风景；漫步竹林，幽静可寻，陶醉其间。高大的房屋气宇轩昂，宽敞的窗户明亮开阔，这样便能接纳千里汪洋的波光，采集四季烂漫的花信。梧桐树影遮蔽大地，槐树绿荫铺满院庭；在河堤边栽种柳树，在房屋外种植梅花；在竹林里修建茅屋，凿引出涓涓细流绕过园中；远处的山峦叠嶂，犹如锦绣屏风，门前的高耸山景，虽然出自人工营造，但宛如自然天成。

向窗外看去，古刹庙宇若隐若现，犹如唐代李昭道的青绿金碧山水画；园林中的斧劈状山岩，又如元代画家黄公望所绘的山水画。可选择佛教寺庙为邻，耳边就能时常听到诵经声；远峰最适合用于借景，满目苍翠，饱览美景。道观中紫气青霞缭绕，睡枕上仙鹤声音清亮，近水处漂浮着白蘋红蓼，在矶石上可与鸥鸟结伴为友，游山时乘坐竹制轿子，玩水时手持栎木手杖。城墙斜飞于半空，拱桥横跨于水上，不必羡慕王维的辋川别墅，又何必攀比石崇的金谷园?

一池清水也能够消夏避暑，百亩园林也不只是为了藏春；驯养鹿群可以游猎，养殖鱼虾可以垂钓。夏天在凉亭里饮酒，竹丛中凉气袭来；冬天在阁楼里炉火取暖，雪水煮沸，冲茶的水波四溢。口渴唇干的感觉消除，心烦气闷顿时消失。在雨打芭蕉的夜晚，叶上有像鲛人泪般的水珠；清晨在微风吹拂中，杨柳飘舞，仿佛窈窕淑女舞动的腰姿。种植几丛修竹在窗前，栽上几棵梨树于庭院。月色当空，细碎的影子搅乱了床上铺陈的琴书；秋风荡漾，吹皱了倒映在秋水中的半轮明月。在低矮的床榻上睡觉，清风徐来，心胸开阔，凡尘远离。

天窗与窗户的图案不需要定式，只要符合心意并且适用就行；栏杆可以随意设计，与具体的环境协调即可。设计的图案有所创新，陈旧的俗套样式必须裁除，既不影响园林的大观，也适合园林的局部环境。

北京北海

皇家园林风格的真正形成是因为清代“康乾盛世”的大肆营造。乾隆时期在中、南、北三海周围广置屋舍，精心构筑，以亭、台、楼、阁的巧制，使皇家西苑呈现出千姿百态。春风秋月，旖旎娇娆，极具江南园林风光。

乾隆时期的北海琼华岛上修筑了大量的楼、廊、殿、馆，特别是在岛北面的海边，建造了碧照楼和远帆阁之间的长廊，白塔置身于水天之间，琼华岛成为玉宇琼华的仙境。

清代北海的营造以东岸的濠濮间、画舫斋和北岸的静心斋，均为园林雅制佳构。画舫斋是富丽精巧的一组雅舍，以水面映出屋宇，环回曲折，成为了幽中取静的范例。

尤其是北岸的静心斋，在规范的对称布局中，寻求空间的变化，将水面、古木、奇石、游廊巧妙地穿插，组成了幽雅秀丽的园中之园。

其实，计成的《园冶》有着某种理想化的意义。只有到了乾隆这样的时代，才有机会尽情展示其中的精华。计成的《园冶·园说》中“轩楹高爽，窗户虚邻；纳千倾之汪洋，收四时之烂漫。梧阴匝地，槐荫当庭；插柳沿堤，栽梅绕屋；结茅竹里，浚一派之长源；障锦山屏，列千寻之耸翠，虽由人作，宛自天开。刹宇隐环窗，仿佛片图小李；岩峦堆劈石，参差半壁大痴。萧寺可以卜邻，梵音到耳；远峰偏宜借景，秀色堪餐。紫气青霞，鹤声送来枕上；白苹红蓼，鸥盟同结矶边”的铺陈，这种“虽由人作，宛自天开”的想法，也是像北海的景物萃集，能够将富贵与雅致集于一园。临湖东望，可远借景山诸亭，化入园意；中秋赏月，亦望玉盆高悬，嵌于画中。因此，虽非自然造化，实为巧夺天工。

北京北海公园一角

北京北海濠濮间

北海东岸有园景濠濮间。这是借助《庄子·秋水》中“游于濠梁之上”的故事，以高超的造园手法，利用土山怪石和幽深小径，逐渐推出石坊、曲桥、池水、水榭，使清雅别致的“濠濮间”风貌徐徐展现，使人身在此处能够游心忘尘、感物避俗。

《庄子·秋水》中有一个对话：“庄子与惠子游于濠梁之上。庄子曰：‘倏鱼从容是鱼之乐也’，惠子曰：‘子非鱼，安知鱼之乐。’庄子曰：‘子非我，安知我不知鱼之乐。’”其实庄子和惠子都没有错，“鱼”“子”“我”三者一体时，化物游于己心，御杂念而物外。自知而知，实为妄想，得意忘形。亦为人生之大快乐也！

庄子的这个故事为后世造园留下了丰富的想象空间。相传，“简文入华林园，顾谓左右曰：‘会心处不必在远。翳然林水，便自有濠、濮间想也，觉鸟兽禽鱼，自来亲人。’”（《世说新语·言语》）

濠濮间观鱼也成为明清时期园林的话题。如苏州留园的濠濮亭、无锡寄畅园的知鱼槛等，都暗喻着一种“哲学园林”的玄机。

北京北海濠濮间

承德避暑山庄澹泊敬诚殿

避暑山庄的北面有木兰围场，是清代皇帝的行猎场所。因此，每年夏季皇帝都要来此避暑。承德避暑山庄经康熙、乾隆的不断修筑，形成了占地面积达8000余亩、宫墙近20里的园林。其正门在南门，称为“丽正门”，出于“日月丽于天”（《周易》）的训辞。

承德避暑山庄澹泊敬诚殿

避暑山庄为清代皇帝的修养理政之地。澹泊敬诚殿为其中的办公场所，同时也接待前来朝拜的其他民族首领及外国使节。澹泊敬诚殿为楠木构制，气象庄严，殿外古松苍郁，屋宇比邻，灰瓦素墙，环境典雅。殿后的烟波致爽殿是皇帝居住山庄时的寝宫。

唐代李昭道《明皇幸蜀图》

唐代李昭道《明皇幸蜀图》局部

唐代李昭道与其父李思训合称“大小李将军”。李思训是唐王朝的宗室，曾任左羽林卫大将军，因此，被后世称为“大李将军”。李思训以青绿山水画著称，唐时被誉为“国朝山水第一”。

李昭道继承父业，被称为“小李将军”，唐代张彦远的《历代名画记》，有“变父之势，妙又过之”的说法。李昭道所绘制的《明皇幸蜀图》，表现了安史之乱时唐玄宗李隆基从长安逃亡蜀地的情景。崇山峻岭，深涧幽谷，皇室大队人马在山间穿行，相传当时李思训也在逃亡途中。因此，在表现山水画的细节中，体现了唐代细密严谨的绘画风格。

唐代山水画的情况是“山水之变，始于吴，成于二李”，对于南北朝至隋时期的绘画风格演变起到了积极的推动作用。后世以小李山水视之，计成《园冶》中“刹宇隐环窗，仿佛片图小李；岩峦堆劈石，参差半壁大痴”的例举，是将李昭道和元代画家黄公望并立。

元代黄公望《富春山居图》局部

元代黄公望《富春山居图》局部

元代画家黄公望，字子久，号大痴，江苏常熟人。中年因仕途受挫，加入道教，在江南一带云游，并专心从事绘画，常与倪云林、王蒙、吴镇等人交流绘画经验。晚年隐居杭州，曾到富春江写生，《富春山居图》是其一生最具有代表性的作品。《富春山居图》为长卷，纵 33 厘米，长 637 厘米，山水开朗，笔墨苍润，树石屋舍，重峦叠嶂，足见画家的心机。

南朝宋画家宗炳在《画山水序》中将画家作画的状态描述为：“闲居理气，拂觞鸣琴，披图幽对，坐穷四荒，不违天励之丛，独应无人之野”，即画家的神情专注，畏人敬天，达到一种物我两忘的境地。画家黄公望绘制出许多的江南景物，其心高远，不违前贤，《富春山居图》被后人誉为“画中兰亭”。

苏州网师园

每去苏州，我多在网师园旁边的馆舍居住，于是朝夕闲暇，总喜欢到网师园中走一走。站在引静桥上，射鸭廊、竹外一枝轩、看松读画轩、月到风来亭、濯缨水阁、小山丛桂轩，犹如一幅卷轴画，慢慢地展开，随着视觉感受而生发出不同的意味，于是画境心生，高潮迭起。昂首挺立的松树、曲折变化的石桥、高低起伏的曲廊，就这样将人带进了似梦似醒的画意中。于是深入其间，还有五峰书屋、集虚斋、万卷楼以及西院殿春簃的格局，奇妙多姿，恬静舒适。

网师园是清代宋宗元在南宋史正志万卷堂的原址上辟建而成，是一座典型的前宅后园式的私家园林。网师园中心辟有小水池，名“彩霞池”，建筑主要临池而建，其间山石堆叠，树木参差林立，布局精妙，景致多姿，气氛幽然。

苏州网师园月到风来亭

西院的殿春簃、冷泉亭、寒碧泉、虎冢，云天清闲，花丛相映，晚春时分“尚留芍药殿春风”。室外的芭蕉叶散落在窗户上，若在雨天，屋檐的流水打在芭蕉上，再滴到地面的水缸中，连成一串串似碎玉般的声音，微风轻拂，花枝摇曳，舒卷自如。

当年张大千居住于此，饲养稚虎，往来风流，为网师园增添了诸多佳话。

美国纽约大都会博物馆曾以“殿春簃”为模本，复制了一座室内的园林样式。青砖铺地的朴素、红木家具的幽香，异国文化与中国古典园林文化相碰撞，亦是一种别样的趣味。

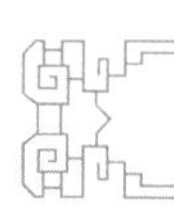

相地

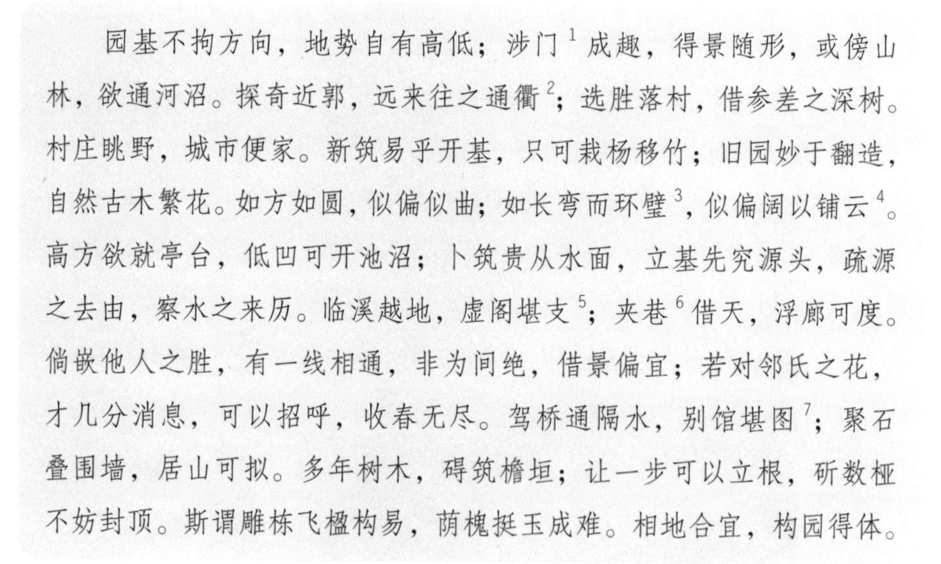

园基不拘方向，地势自有高低；涉门[1]成趣，得景随形，或傍山林，欲通河沼。探奇近郭，远来往之通衢[2]；选胜落村，借参差之深树。村庄眺野，城市便家。新筑易乎开基，只可栽杨移竹；旧园妙于翻造，自然古木繁花。如方如圆，似偏似曲；如长弯而环璧[3]，似偏阔以铺云[4]。高方欲就亭台，低凹可开池沼；卜筑贵从水面，立基先究源头，疏源之去由，察水之来历。临溪越地，虚阁堪支[5]；夹巷[6]借天，浮廊可度。倘嵌他人之胜，有一线相通，非为间绝，借景偏宜；若对邻氏之花，才几分消息，可以招呼，收春无尽。驾桥通隔水，别馆堪图[7]；聚石叠围墙，居山可拟。多年树木，碍筑檐垣；让一步可以立根，斫数桠不妨封顶。斯谓雕栋飞楹构易，荫槐挺玉成难。相地合宜，构园得体。

1. **涉门**：涉，涉足。进入园门即兴趣盎然。东晋陶渊明《归去来兮辞》：“园日涉以成趣，门虽设而常关。”
2. **通衢**：四通八达的大道。汉代班昭《东征赋》：“尊通衢之大道兮，求捷径欲从谁？”
3. **环璧**：环形的玉璧，形容地势的幽雅曲折。
4. **铺云**：如云形的地势。
5. **堪支**：堪，能，可以。堪支，可以支架。
6. **夹巷**：指两墙之间的巷道。
7. **堪图**：可以规划。

译文

营造园林地基时方位没有限制，地势可以任其高低不同。但是进入园林大门，就应有自然山水的意趣，园中景观都是随地形自然形成，或者山林相依，或者河沼相连。要想在临近城郭之处达到幽深，应远离四通八达的大道；要想在乡村田野中营造园林寻得幽静，可利用高低起伏的林木。

在村庄建造园林要开阔远眺，在城市建造园林要便于生活。新建的园林，易于建立基础和规划布局，可移栽杨树和竹丛；若是旧有的园林改造，应该巧妙地进行翻新，并利用原有的古树和繁花。园林的布局，要利用天然的地势环境，适合方的就建成方形，适合圆的就建成圆形，适合偏的就要顺坡势偏斜而建，适合曲的就根据地势曲折而建。如果遇到狭长弯曲的地形就可设计成圆环碧玉形状，开阔铺张的斜坡则可设计成错落有致的铺云状。高的地势应修筑亭台，低凹之处则应开掘池塘；园林建筑的位置以靠近水边为最好，确定地基时，要先察探水源，疏通下水的出口。临近溪流的地方，适宜架设虚阁；借照天光的夹巷，应有房廊连接通度。

如果要借取别处的胜景，只要有一线相通，就不应隔绝，有利于借景便可；对面邻居庭院中的花草，只露出几分，也足以引介园中，迎进无限春光。架设小桥通引水流，可在桥边僻静处构筑馆舍；用石头垒砌坚实的围墙，也能比拟山居。假如原有多年的古树，对房屋垒砌有所妨碍，不妨让房屋退一步以保护古木，或适当修剪，砍去几根枝丫，不会妨碍树身的生长，还可以顺势建造房檐。这是因为雕栋飞楹的建筑容易搭建，但挺拔玉立的槐荫古树却很难长成。总的来说，规划选地如能合宜，造出的园子也会自然得体。

《太保相宅图》

《周易·系辞》中有“天尊地卑，乾坤定矣”，《周易·说卦》中有“天地定位，山泽通气”的论断，由此，产生了建筑形式的最初概念。

相地，是建筑家寻找适宜建构的条件和环境，追求人与自然的和谐，并根据自然实际条件，完成诸多的建筑样式，满足人们的生活需要和目的。中国先秦文献中对相地的选择，已经有了明确的认识。如《诗经・斯干》有“秩秩斯干，幽幽南山。如竹苞矣，如松茂矣”“似续妣祖，筑室百堵，西南其户，爰居爰处，爰笑爰语”的咏唱，就是相地择居的过程和结果。

《诗经・公刘》中“既溥既长，既景乃冈，相其阴阳，观其流泉”，是因势利导，利用地形的向背，形成建筑方位。还有《诗经・定之方中》的“定之方中，作于楚宫。揆之以日，作于楚室”，即测绘地形，选定地址。

由于中国社会很早就进入了农耕文明的定居生活，相地含有着积极的生存意识，大到王朝宫室的建筑，小到普通百姓的住宅，相地不只是一种仪式，还包含着对自然条件的合理利用。背山临水，坐北向南，几乎是基本的生活条件。北半球的生存条件基础是面向南方接受太阳的照射，“万物生长靠太阳”“雨露滋润禾苗壮”，也基本说明了这种原理。

《太保相宅图》

《太保相宅图》是周代选择“洛邑”时的过程记录，有着“体国经野，辩方正位”的立本意义。

计成在《园冶・相地》中讲求“园基不拘方向，地势自有高低；涉门成趣，得景随形，或傍山林，欲通河沼。探奇近郭，远来往之通衢；选胜落村，借参差之深树。村庄眺野，城市便家”，即利用不同的自然地理条件，构造合理巧妙的建筑布局。

北京摄王府曲廊

清代北京修筑了许多王府花园，其中著名的有恭王府花园、摄王府花园等，后来基本保存完好。

过去读《红楼梦》，看到第十七回《大观园试才题对额　荣国府归省庆元宵》时，对其中贾宝玉题大观园的名言记忆颇深：“编新不如述旧，刻古终胜雕今。”

题撰园林的匾额和对联如此，于造园来说，翻建更是一种审美和情感上的选择。尤其是古园、名园或托名的园林，只适宜“述旧、刻古”这样的认识，游园凭吊，回味徘徊，其实都有一个基本的情感流向问题。如步入翻建后的绍兴沈园，决不想看到青瓦朱栏的簇新，若是粉墙露痕，斑斑驳驳的旧影，似乎能够给人深刻的眷恋之感。

这也是计成所说的“旧园妙于翻造，自然古木繁花。如方如圆，似偏似曲；如长弯而环璧，似偏阔以铺云”（《园冶·相地》）的道理。

当然，像北京的清代皇家园林中有许多旧地新用，如中南海、钓鱼台、摄政王府花园、恭王府花园等成为国家机关办公的场地，革故鼎新，另当别论。

北京摄王府曲廊

南京瞻园

江南园林，得山水之便利，置奇异之景物，聚珠荟萃，构筑造园，亦成蔚然大观的景象，也成为了天下造园的范本。或者因时翻新，添景加物，终须是小心翼翼。宁可锦上添花，不可狗尾续貂。

尤其是树木，人生百年，苍生浮云。而古树百年，多为难求，计成说“多年树木，碍筑檐垣；让一步可以立根，斫数桠不妨封顶。斯谓雕栋飞楹构易，荫槐挺玉成难。相地合宜，构园得体”。这与苏轼“台榭如富贵，时至则有；草木如名节，久而后成”

所论述的道理基本相同。

南京瞻园

南京瞻园在明代为徐达王府，在清代为藩署，在太平天国时期为东王府，后多次重修，以山石为主，临水架桥，环池修廊，也大有新意。

清人沈复《浮生六记·卷二》中有“园亭楼阁，套室回廊，叠石成山，栽花取势，又在大中见小，小中见大，虚中有实，实中有虚，或藏或露，或深或浅。不仅在“周回曲折”四字，又不在地广石多徒烦工费”的描述，对瞻园的景物有着贴切的对应。

扬州瘦西湖

三月，是游览扬州瘦西湖的好季节！是日阳光和煦，微风轻扬，步入园门，一片花红柳绿扑面而来。定睛细看，原来是“长堤春柳”的景致。扬州真是妖娆娇媚，此时是香风阵阵，花语绵绵，树是一片的绿，水是一色的碧，记得右边的湖中有一鸟岛，一时白鸟高翔，欢歌翻飞，能生于其地，又生于其时，何其幸也！

于是沿着长堤慢行，花好风和，草长莺飞，走过徐园，见梅岭春深，踱过小金山，只见这一路上花枝招展，柳絮拂面，飞檐高挑，秀石环立，抚草茸茸，繁花团团，把人间富贵描尽，若不是还有天地变易，永得长久，岂不是人人向往的天堂。

走到五亭桥上，举目四望，近处的凫庄、钓鱼台、白塔晴云，若隐若现，浮动在霭气烟岚的迷蒙中，远处的熙春台、二十四桥，虚虚实实，勾连出一幕幕的并非如烟的往事。升平富贵之时，扬州有“富甲天下”之誉，李白曾有着“烟花三月下扬州”的寄语，杜牧也陶醉在“二十四桥明月夜”的风流之中。然而衰落战乱之时，既有“四海兵戈尚未宁”（罗隐诗）的叹谓，也有“独上危亭俯落晖”（苏舜钦诗）的孤独。当然最惨烈的还是清初的“扬州十日”，史阁部从容就义，数十万扬州人被屠杀。血染的风采，不只是草绿花红的富贵，还有百姓痛苦的呻吟。

“天下三分明月夜，二分无赖是扬州”（徐凝诗），是日夜与友人饮酒，望皓空明月，静湛灿烂，心情尚好，“月来满地水，云去一天山”，得平生欣慰，也知古人的教训。

扬州瘦西湖

扬州瘦西湖小虹桥

（一）山林地

园林惟山林最胜[1]，有高有凹，有曲有深，有峻而悬，有平而坦，自成天然之趣，不烦人事之工。入奥疏源，就低凿水，搜土开其穴麓，培山接以房廊。杂树参天，楼阁碍云霞而出没；繁花覆地，亭台突池沼而参差。绝涧安其梁，飞岩假其栈；闲闲即景，寂寂探春。好鸟要朋，群麋偕侣。槛逗[2]几番花信，门湾一带溪流，竹里通幽，松寮隐僻，送涛声而郁郁，起鹤舞而翩翩。阶前自扫云，岭上谁锄月[3]。千峦环翠，万壑流青。欲藉陶舆[4]，何缘谢屐[5]。

1. **胜：**优胜、胜出。
2. **逗：**招引、吸引。
3. **阶前自扫云，岭上谁锄月：**云为云影，月为月光。意为高人雅士避绝凡尘，独自修行。扫云、锄月常为古诗中的意象。
4. **陶舆：**指陶渊明晚年游山时乘坐的用竹藤编制的篮舆。
5. **谢屐：**俗称谢公屐，相传为南朝宋时诗人谢灵运登山时穿的带齿木屐。《南史・谢灵运传》：“登蹑常着木屐，上山则去其前齿，下山去其后齿。”李白《梦游天姥吟留别》：“脚著谢公屐，身登青云梯。”

译 文

园林地理位置选择应以山林之地为最佳，这些山林之地高低错落，幽深曲折，有些是峻峭的悬崖，有些是宽畅的平地，形成自然和谐的雅趣，不需要太费人力进行改造。

可以在隐蔽处疏浚出水源流，可以将低洼的地势开凿成池塘；掘土开辟出幽静洞穴与用来点缀的山脚，堆土成山连接房屋和长廊。园林中的杂树高大，楼阁高耸，仿佛阻碍了云霞的出没；繁花遍地，亭台突出，与池塘参差错落。在水涧绝径处架设桥梁，在飞岩悬崖处修铺栈道。从容休闲的时候处处皆是景色，孤寂落寞时随处可得春光。

可与美丽的鸟儿成为好朋友，欢快的鹿群便是一起郊游的伙伴。栏杆外有许多花信，园门外还环绕着一湾溪流；清幽的小径通往竹丛的深处，松林中藏有雅静的房舍，风吹过松林，发出阵阵涛声，仙鹤翩翩起舞。庭阶中云来云去，山岭上谁在耕耘？千座山峰环绕园子，如青翠的屏障，万条溪流静静流淌，似青色的碧玉。可以借陶渊明的坐轿游山玩水，何必穿着谢灵运的木屐辛苦跋涉。

苏州虎丘

到苏州不到虎丘，不算来过苏州。过去从阊门出发，乘上七里山塘的木船，在船娘的吴语熟软的歌声中，摇摇晃晃地坐到了虎丘前的码头。两岸风光旖旎，数首好诗已藏胸中，对着山僧闲话，吟哦自如。如今的汽车一溜烟地驰过，瞬间便到了山门。拾阶漫步，心绪还未安宁，大好景致已在面前。

顺着山麓缓步而行，先看到拥翠山庄，往上走，便见到了憨憨泉、桃石、试剑石、真娘墓，这些还算是序曲。待神情稍缓，坡尽风来，只见一片平缓的巨石铺陈开来，当为气势磅礴的“千人坐”。千人坐旁有生公讲法的“石点头”。石连石、树连树，渐渐地拥起了一座高山。

虎丘原名“海涌山”，最初是吴王阖闾的行宫，死后其便葬于此地，而时见白虎盘踞其上，俗称“虎丘”。东晋时期，王珣兄弟在此经营别业，后舍业为寺，有“虎丘山寺”“云岩禅寺”的不同名称。因此虎丘勾连着吴越之地的诸多故事。山上有五代时期砖砌的云岩寺塔，塔型结实，朴素雍雅，无论是远望还是近观，都不失为一道优美的风景线。

与其相连的拥翠山庄，为晚清构筑，是文人雅集之地。山庄利用山坡台地的气势，逐级而上，坐山势而得大气，以巧构而见玲珑。在有限的空间中，将抱瓮轩、问泉亭、拥翠阁、月驾轩、灵澜精舍、送青簃连为一体，花筑竹砌，松挺石闲，朴素而高雅，曲折见幽静，实为山居敞轩的华章。

苏州虎丘

虎丘拥翠山庄

清代版刻《避暑山庄·南山积雪》

清代版刻《避暑山庄·南山积雪》

避暑山庄有康熙三十六景、乾隆三十六景的说法，山庄胜于城市，步步是景，处处入画。南山积雪是避暑山庄东北部山地中的方亭，为南山积雪亭，山上常有积雪皑皑，可与北枕双峰亭遥相呼应，山峦起伏，松涛阵阵，幽谷山涧，成为“明月松间，清泉石上”的雅意所在。

清代《古今图书集成》中有版刻的《避暑山庄·南山积雪》，充分展现了山地胜景。山石巍峨，登高四望，吐纳云气，空亭翼然。

《芥子园画传·仿黄鹤山樵》

山林造园，以东晋陶渊明《桃花源记》所营造的“文学园林”最为引人注目。藏山于身，读山于神，化隐逸入丘樊，得清气于自然。陶渊明在《归园田居》中反复咏叹山林之趣，“少无适俗韵，性本爱丘山”“羁鸟恋旧林，池鱼思故渊”“久在樊笼里，复得返自然”，这种对于山水的热爱，实际上是对自然的向往之情。由此形成的隐逸文化的风范，对于中国山水画和园林构筑的繁盛有着明显的作用。

中国山水画在元明清时期通过诸多文人画家的营造，呈现出奇异的景象。元四家（黄公望、吴镇、倪云林、王蒙）、浙派（戴进等）、明四家（沈周、文徵明、唐寅、仇英）、董其昌、四僧（八大山人、石涛、弘仁、石谿）、四王（王时敏、王鉴、王石谷、王原祁）等画家的努力，提高了山水画的艺术品质，山水画成为了一种艺术潮流。文人画家在山水画中经营着自己的精神家园，看花临水，啸志歌怀。

《芥子园画传·仿黄鹤山樵》

元代画家王蒙，字叔明，号黄鹤山樵，浙江吴兴人，为元代画家赵孟頫的外孙。王蒙才思敏捷，少年即有画名，中年隐居黄鹤山中。王蒙的山水画有着繁密细腻的风格，所画山林树石、飞泉云雾，苍茫细润，变化多端。王蒙诗吟：“我于白云中，未尝忘青山。”后投靠元末农民起义军，成为了明初的地方官员。但是，受胡惟庸一案牵连，被捕入狱，后死于牢中。其外公赵孟頫诗曰“在山为清泉，出山为小草”，也是饱览湖山之后的肺腑之言。真可谓“后人哀之而不鉴之，亦使后人复哀后人也”（杜牧语）。

（二）城市地

市井[1]不可园也；如园之，必向幽偏可筑，邻虽近俗[2]，门掩无哗。开径逶迤，竹木遥飞叠雉；临濠蜿蜒，柴荆横引长虹。院广堪梧[3]，堤湾宜柳；别难成墅，兹易为林。架屋随基，浚水坚之石麓；安亭得景，莳[4]花笑以春风。虚阁荫桐，清池涵月。洗出千家[5]烟雨，移将四壁图书。素入镜中飞练，青来郭外环屏。芍药宜栏，蔷薇未架；不妨凭石，最厌编屏[6]；未久重修，安垂不朽？片山多致，寸石生情；窗虚蕉影玲珑，岩曲松根盘礴。足征市隐[7]，犹胜巢居[8]，能为闹处寻幽，胡舍近方图远；得闲即诣，随兴携游。

1. **市井**：闹市。
2. **近俗**：接近世俗社会。
3. **堪梧**：可以栽种梧桐。
4. **莳**：栽种。
5. **千家**：指人间。
6. **编屏**：用竹藤类编出花屏，隔离出花圃。
7. **市隐**：在城市中隐居。晋王康琚的《反招隐》诗：“小隐隐陵薮，大隐隐朝市”。白居易《中隐》诗：“大隐住朝市，小隐入丘樊”。
8. **巢居**：远古时原始先民在树干上搭棚居住。后泛指在山林中的隐居生活。

译 文

市井中并不适合建造园林。如果要在城中建造，就必须选择安静偏僻的地方，虽然邻近尘俗的喧闹，但是关上门就可隔绝喧哗的声音。

开辟的路径曲折逶迤，竹林中隐现斜依的城墙；挖出曲折的池沼，在柴门之内横接长桥。宽敞的庭院可栽植梧桐树，弯曲的河堤栽植杨柳树；虽然有些地方难以修建别墅，但是可变为林地修建亭子。

构筑房间要按园基的布局来建设，靠水的地方可以用石头砌成岸堤；安置亭台是为观景增添意境，栽种的花卉含笑春风。凌空的高阁隐蔽在梧桐树影中，绿荫映影四壁图书；明月折射清澈的池水，烟雨洗涤一片天空。银色的瀑布倒映在池中，青翠的山峦屏立城外。芍药花适宜用作围栏，不妨凭借岩石构筑；蔷薇花未必非要搭架，最忌编织成花屏。花木如果不经常剪叶修枝，怎么能保持鲜艳和茂盛？一片山色富于情致，一方寸石足以生情。窗户虚掩，透着玲珑的芭蕉树影；山岩缝隙，嵌入盘结的松柏树根。有此佳境，闹市中也可以隐居，也胜于山林中居住。能在闹市中寻幽，何必非得舍近景而求远处；悠闲中能达到此种境界，兴致好时邀友同游。

苏州艺圃浴鸥池

艺圃中有一妙联：“无风荷叶摇，知有游鳞聚”，生动形象地描绘了艺圃的特点。

苏州艺圃位于文衙弄，原名为药圃，为明代文人文震孟的住宅。文震孟是大画家文徵明的曾孙，文家数代艺事流韵，书画精湛，画人如林，家风雅闲。

艺圃的造园技巧主要以水园为主，视野开阔，临水依山，高堂阔榭，有博雅堂、延光阁、乳鱼亭等建筑，多为明代古韵遗风。尤其是艺圃的西南处有“浴鸥池”一地，由“芹庐”“南斋”“香草居”组成的园中园，以红枫、青藤、白石、圆门诸物点缀，形成了雅致幽静的小园景物，其以小见大、疏朗明快，实为江南园林之佳构。

“结庐在人境，而无车马喧。问君何能尔，心远地自偏。采菊东篱下，悠然见南山。山气日夕佳，飞鸟相与还。此中有真意，欲辨已忘言。”陶渊明诗里的雅闲居所是文人雅士的向往之地。真正达到“结庐在人境，而无车马喧”的造园水平，只有“架屋随基，浚水坚之石麓；安亭得景，莳花笑以春风。虚阁荫桐，清池涵月。洗出千家烟雨，移将四壁图书”（《园冶》），得其书卷之雅气，才能有艺圃之韵致。

此后读到白居易的《池上篇》：“十亩之宅，五亩之园。有水一池，有竹千竿。勿谓土狭，勿谓地偏。足以容膝，足以息肩。有堂有庭，有桥有船。有书有酒，有歌有弦。有叟在中，白须飘然。识分知足，外无求焉。如鸟择木，姑务巢安。如龟居坎，不知海宽。灵鹤怪石，紫菱白莲。皆吾所好，尽在吾前。时饮一杯，或吟一篇。妻孥熙熙，鸡犬闲闲。优哉游哉，吾将终老乎其间。”知其古今人士遭遇的问题，都有相似的地方，而其心愿也有惊人的相同之处。

苏州艺圃浴鸥池

苏州艺圃一隅

苏州拙政园水廊

拙政园的西部水廊，南起别有洞天，北连倒影楼，水廊斜枕，漏窗乍泻，透出园林四季变化。

南北朝文学家庾信的《小园赋》：“一寸二寸之鱼，三杆两杆之竹，云气荫于丛著，金精养于秋菊。”见其临水架廊，倒影婆娑，有游鱼三二，浮萍聚散，得“落叶半床，狂花满屋”(庾信语)的雅景。

苏州拙政园水廊

明代中期造园风气大盛，造园成为了一项职业，造园者常常被称为“花园子”“山子”。造园者熟谙画理，将其灵活地运用于实践中。如叠山堆土中皴法的利用，使山石获得了“远观其势，近观其质”的效果，同时合理地解决了悬挑的问题，廊桥飞渡，虹影流光，蜿蜒曲折，风光无限。

南京煦园

南京煦园

参观南京总统府时，进入煦园中。后来得知煦园初为明代王府，在清代为江宁织造署花园，随后成为清帝南巡的行宫，再后来就是两江总督的花园。一度又是太平天国天王府的花园，并随着太平天国运动的失败而一同毁灭。辛亥革命成功后，煦园成为了临时大总统府，直至新中国成立，成为地方政府的办公地。在江南园林中，承担着如此的历史负重的，可谓绝无仅有。游人身临其境，一会儿询明，一会儿问清，一会儿感叹洪秀全，一会儿追思孙中山。游走之间，一半的近现代史，也读得差不多了，虽然感觉上有些错乱，但实则收获颇丰。

进入园门时就见假山密布，粉墙漏窗，上部以腾龙起伏，成为一道云墙的布置。进入湖池就见石舫，似乎船浅身沉，吃力负重，水迫船沿，人立其上，危危乎哉？其后的亭台楼阁，散落布局，虽呈园林气象，但似乎是政治格局的需要，而非单纯的休闲场所。园中各景虚实相映，层次分明，小巧玲珑而秀丽雅静。煦园中这一点是皇家气象，那一处便是两广风格；这边有些西洋建筑，那厢竟还是江南风格了。因此看煦园，就像参观空荡荡的豪华舞台，名角们早已经谢幕，风流也随风吹雨打去了，但是沉重的余音还在绕梁，又岂止是三日不绝。

（三）村庄地

古之乐田园者，居于畎亩[1]之中；今耽[2]丘壑者，选村庄之胜，团团篱落，处处桑麻；凿水为濠，挑堤种柳；门楼知稼，廊庑连芸。

约十亩之基，须开池者三，曲折有情，疏源正可；余七分之地，为垒土者四，高卑无论，栽竹相宜。堂虚绿野犹开，花隐重门若掩。掇石莫知山假，到桥若谓津通。桃李成蹊；楼台入画。围墙编棘，窦留[3]山犬迎人；曲径绕篱，苔破[4]家童扫叶。秋老蜂房未割；西成鹤廪[5]先支。安闲莫管稻粱谋，沽酒不辞风雪路；归林得意，老圃[6]有余。

1. **畎亩：**畎，田间小沟。畎亩为耕作之地。
2. **耽：**沉迷、迷恋。
3. **窦留：**窦为小洞穴，窦留指在篱笆墙中留出山犬出入的洞穴。
4. **苔破：**绿色苔藓因为家中仆童扫地而踩破。唐代刘禹锡《陋室铭》：“苔痕上阶绿，草色入帘青。谈笑有鸿儒，往来无白丁。”
5. **西成鹤廪：**西成，秋主西，指秋收。《尚书•尧典》：“秩西成”。鹤廪指古人养鹤时，安放鹤食的仓廪。
6. **老圃：**老菜农。《论语•子路》：“樊迟请学稼，子曰：‘吾不如老农。’请学为圃，曰：‘吾不如老圃。’”

译文

古代喜欢田园风光的人，会在乡野中安居乐业；而如今喜好丘壑山林的人，会选择在风景优美的村庄建造别馆，周围是柴门篱笆，四处是桑树苎麻。开凿河渠，修筑濠沟，培土筑堤栽上杨柳。站在门楼上欣赏遍野庄稼，而知一年四季的变化，通过堂屋穿过走廊，进入书斋便可观赏书画。

如果有十亩的园林地基，可用十分之三的面积开挖水池，水池曲折幽深，还可以疏浚源流；剩下十分之七的地基，再用十分之四的面积堆垒土山，人工的山地不论高低，应以栽植竹林为宜。厅堂轩敞，面对开阔的绿野；花木繁盛，掩映着庭院深深的重门。垒石成山，要让人不知真假；断处架桥，道路应有渡口可以通往。桃李满园，树下自成小径；楼阁亭台，皆可入画。用荆棘编织成篱墙，留出洞孔可使山中小犬出入，迎接宾客；绕开篱笆开辟出曲径，童仆打扫落叶时，踏破了苔藓。虽然深秋时节还没有收割蜂房的蜂蜜，但成熟的庄稼和俸禄可以享用了。安闲无忧不需为衣食操心，买酒自乐不怕道路的风雪。归隐山林怡然如愿，甘愿做个种菜的老农，安享田园生活，自得其乐。

《芥子园画传·老树土墙》

“堂虚绿野犹开，花隐重门若掩。掇石莫知山假，到桥若谓津通。桃李成蹊；楼台入画。围墙编棘，窦留山犬迎人；曲径绕篱，苔破家童扫叶。秋老蜂房未割；西成鹤廪先支。”（《园冶》）

篱笆土墙，老树柴门，新篁迎风。总见冬雪夏云，还是秋实春华。村庄地造园有其野逸之风的便利，风物远眺，绿水青山，真正体现了“不设樊篱，恐风月被他拘束；大开户牖，放江山入我襟怀”的壮美情怀。

《芥子园画传·老树土墙》

（四）郊野地

郊野择地，依乎[1]平冈曲坞，叠陇乔林，水浚通源，桥横跨水，去城不数里，而往来可以任意，若为快也。谅[2]地势之崎岖，得基局[3]之大小；围知版筑，构拟习池[4]。开荒欲引长流，摘景[5]全留杂树。搜根带水，理顽石而堪支；引蔓通津，缘飞梁而可度。风生寒峭，溪湾柳间栽桃；月隐清微，屋绕梅余种竹；似多幽趣，更入深情。两三间曲尽春藏，一二处堪为暑避，隔林鸠唤雨，断岸马嘶风；花落呼童，竹深留客；任看主人何必问[6]，还要姓字不须题。须陈风月清音，休犯山林罪过[7]。韵人安亵[8]，俗笔偏涂。

1. **依乎：** 依靠。
2. **谅：** 预料。
3. **基局：** 房屋地基的格局。
4. **习池：** 地处湖北岘山南面，又名“习家池”。相传汉代名士习郁开凿鱼池，种植翠竹、芙蓉，为游乐胜景。西晋山简出守襄阳，于当地豪族习氏家园饮酒作乐，常常醉卧池上，取汉初郦食其高阳酒徒之意。因此习家园池亦名高阳池。杜甫《从驿次草堂复至东屯茅屋》诗：“非寻戴安道，似向习家池。”
5. **摘景：** 选择景点。
6. **任看主人何必问：** 语出白居易诗：“看园何须问主人”。原典故为东晋王献之路过苏州游玩，听说有一处名园，径直而入，而与园主顾辟疆并不认识。当时顾氏正在园中宴请客人，王献之游兴未尽，随意评说、旁若无人，气得顾氏大发脾气。但是，王献之仍然兴致勃勃。见《世说新语·简傲》。
7. **罪过：** 意即破坏树木山林环境的行为。
8. **安亵：** 安，怎能。亵，轻慢、亵渎。

译 文

选择在郊野建造园林，要依照平坦的山冈和曲折有致的山坞进行规划，利用不同地形的山势以及不同姿态的树林，连接水源，沟通河流，在河水之上架构桥梁，此处距城中不过数里，可以随时往来，真是随心所愿了。

规划布局，要衡量地势高低的不同程度，取得地基面积的大小；最好用土筑围墙，构造的池塘可效仿闻名的习家池。开辟荒地要注意疏导长流，创造景观要保留原有的杂树。绕开水流，开挖假山的基底，用坚硬的石头建构基础；疏导水源，使涓涓细流流入池中，架设桥梁使行人通过。初春刮寒风的时候，在溪水岸的柳林中栽种桃树，使人悦目；夜晚月色朦胧时，绕屋外梅花间再种植几株修竹，令人赏心。桃红柳绿之间多了几许雅趣，疏影横斜处更具浓浓诗意。两三间曲折的书斋画室藏进春色，一两处风雅的亭榭更能避暑。隔着葱郁的树林倾听鸠鸟啼叫唤雨，断岸处静闻马儿嘶鸣。呼唤童仆打扫满院的落花，留住客人观赏幽竹。客人随意观赏，无须经主人同意，也无须向主人通报姓名。一定要呈现出郊野风清月明的好风光，造园切莫破坏山林的风景。风雅高士怎会亵渎自然风光，庸俗之人才会信笔涂鸦。

绍兴沈园凉亭

《世说新语·言语》中记载了一段文字：“顾长康从会稽还。人问山川之美，顾曰：千岩竞秀，万壑争流，草木蒙笼其上，若云兴霞蔚。”这里记载的会稽山位于浙江绍兴境内。会稽山还包括嵊县、诸暨、东阳之间的山区。绍兴因会稽山而成为人杰地灵、物宝天华之地，东晋时期的王谢等家族，在会稽置山购地，建造别馆，得其草木葱郁、繁花似锦的地理形势。

从大禹、勾践、谢安、王羲之等历史人物与绍兴的渊源关系看，绍兴从东晋时期就成为名园荟萃的园林胜地。但是，绍兴沈园却以其特殊的爱情故事，感染着后来的无数游览者。

绍兴沈园凉亭

园林，广义上是住宅和园囿的结合，在不同时期又呈现为平民和贵族之间交叉平行的发展状态。《诗经·葛覃》中“葛之覃兮，施与谷中，维叶萋萋；黄鸟于飞，集于灌木，其鸣喈喈”的美妙景象，成为园主人向往的园林意境。到了南宋，园林更是趋以精致巧妙，而当时人们的游园意识浓郁，使得许多私家园林定期向公众开放，扩大自身的社会影响。于是后人才能感叹在绍兴沈园发生的陆、唐之间悲欢离合的爱情故事。

绍兴沈园井亭

沈园中流传着陆游与唐婉的爱情悲剧故事，因是悲剧，更加感人肺腑。

绍兴沈园井亭

陆游出生于1125年，20岁左右与唐婉结婚，两人感情深厚，水乳交融。但因陆母不喜欢儿媳，两人最终被迫离异。此后，唐婉改嫁，陆游另娶，心中虽存遗憾，而表面上也相安无事。不料，1152年左右，陆、唐两人在沈园相遇。这个时间是推算出来的。因为陆游后来在1192年重游沈园时，留有诗序：“禹迹寺南有沈氏小园，四十年前尝题小词壁间，偶复一到，园已三易主，读之怅然。”

陆游见到唐婉后在沈园的墙壁上题有一首《钗头凤》，这大约应是后来陆游说的“四十年前尝题小词壁间”的事情吧，当时的陆游大约27岁，是在他应试进士（1153年）前后，心情颇有寂寞寥寥之感。于是，一挥而就，陆著的《钗头凤》列于壁上：

“红酥手，黄滕酒，满城春色宫墙柳。东风恶，欢情薄，一杯愁绪，几年离索。错！错！错！春如旧，人空瘦，泪痕红浥鲛绡透。桃花落，闲池阁，山盟虽在，锦书难托。莫！莫！莫！”

陆游写完，大约离去不久，唐婉看见壁词，心痛不已，于是在墙壁上和了一首《钗头凤》词：

“世情薄，人情恶，雨过黄昏花易落。晓风干，泪痕残，欲笺心事，独语斜阑。难！难！难！人成各，今非昨，病魂常似秋千索。角声寒，夜阑珊，怕人寻问，咽泪装欢。

瞒！瞒！瞒！”

相传唐婉不久便伤痛去世。40年后陆游67岁时重游沈园，有“七律”诗感怀，其中中间的四句是：“林亭旧感空回首，泉路凭谁说断肠。坏壁醉题尘漠漠，断云幽梦事茫茫”，一种哀痛之音，恐怕不仅仅是爱情的感伤，还有人事的消磨。

（五）傍宅地

宅傍与后有隙地可葺[1]园，不第[2]便于乐闲，斯谓护宅之佳境也。开池浚壑，理石挑山，设门有待来宾，留径可通尔室。竹修林茂，柳暗花明；五亩何拘，且效温公之独乐；四时不谢，宜偕小玉[3]以同游。日竟花朝，宵分月夕，家庭侍酒，须开锦幛之藏；客集征诗，量罚金谷之数[4]。多方题咏，薄[5]有洞天；常余半榻琴书，不尽数竿烟雨。涧户若为止静，家山何必求深；宅遗谢眺[6]之高风，岭划孙登[7]之长啸。探梅虚蹇[8]，煮雪当姬[9]。轻身尚寄玄黄[10]，具眼胡分青白[11]。固作千年事，宁知百岁人；足矣乐闲，悠然护宅。

1. **葺**：修缮。
2. **不第**：不但。
3. **小玉**：美丽动人的女子，为唐代侍女的别称。李贺诗：“眼前便有千里愁，小玉开屏见山色。”白居易诗：“金阕西厢叩玉扃，转教小玉报双成。”
4. **金谷之数**：见唐代李白《春夜宴从弟桃花园序》诗：“开琼筵以坐花，飞羽觞而醉月，不有佳咏，何伸雅怀？如诗不成，罚依金谷酒数。”
5. **薄**：靠近。
6. **谢眺**：南朝齐著名山水诗人，字玄晖，曾任宣城太守，与谢灵运对应，有“小谢”之称。有《谢宣城集》传世，其诗深受李白推崇。
7. **孙登**：魏晋时期的隐士，字公和，生活在河南汲县一带的山区，阮籍与嵇康曾跟从孙登云游，请教养生气功问题，孙登却避而不答，最终阮籍长啸一声离开孙登。阮籍下山走到半山腰，突然听到了一声洪亮悦耳的长啸，如凤鸣山谷，原是孙登发出的啸声。阮籍的《大人先生传》即以孙登为原型。见《晋书·孙登传》《晋书·阮籍传》。

8. **虚蹇**：蹇，指驴。此句意为不需要骑驴寻访梅花。

9. **当姬**：语出宋代初年名臣陶穀家事。陶氏曾买回党太尉的家姬，在雪天用雪水煮茶，问及党太尉的情趣，家姬回答：党太尉是粗人，只会在销金帐中饮酒吃肉。事见宋代陶穀著《清异录》。

10. **玄黄**：为天地之意，《千字文》："天地玄黄，宇宙洪荒"。原出《周易·坤卦》："夫玄黄者，天地之杂也，天玄而地黄。"

11. **青白**：本指人的眼球的黑白。意出魏晋名士阮籍的故事，阮籍能为青白眼，见不喜欢的人，以白眼对之；见喜欢的人，以青眼对之。事见《晋书·阮籍传》。

译 文

住宅四周的空地都可以用来建造园林，不仅便于园主人行乐消闲，而且也营造了保护住宅的优美环境。开凿池塘，疏浚沟壑，叠石成峰，挑土造山。开设园林的边门，方便接待前来观赏的宾客，留出便道供家人通向住宅的内室。

修竹茂林，柳暗花明，交错生趣，自然清静而幽深；即使只有五亩园地也无妨，可以仿效司马温公精巧的"独乐园"；一年四季花开不断，最宜偕妙龄侍女一同游玩。花朝节宜整日尽情观赏，明月夜可通宵欢聚团圆。家庭举办酒宴，女眷不必用锦帐遮藏；宾客宴饮吟诗，酒力不胜者可依照金谷园的酒令罚酒。多处题咏诗文，小有洞天之境。一张卧榻常堆半床琴书，数丛修竹透出不尽烟雨。水涧筑室只是求得幽静，家园造山又何必高深？住宅保存着谢眺高风亮节的品质，造山昭示着孙登弃世长啸的睿智。探寻梅香无须骑驴远行，煮雪品茶当有美人相伴。无官归隐，生活在天地之间，何以对人好恶分明。文章流传固然名垂千古，人生在世也不过百年；知足常乐悠闲度日，护宅园林，怡然自得。

苏州留园明瑟楼

留园为苏州著名园林，始建于明万历二十一年（1593 年），是中国大型古典私家园林。

留园以山林野趣为主，用游廊连接了涵碧山房、闻木樨香轩、远翠阁、清风池馆、五峰仙馆、林泉耆硕之馆、冠云峰等主要景点。其间假山池树，藤木交错，绿幕如天，园中设园，园景丰富，名胜繁多。

从入口曲廊开始，步移景迁，曲径通幽。借助透窗逐渐展示园中景致，明瑟楼、涵碧山房、闻木樨香轩、清风池馆、西楼等构成了中部景区。而东部则以五峰仙馆、还读我书斋、林泉耆硕之馆、冠云楼等组成，冠云楼前的冠云峰，高达6.5米，相传为北宋的花石纲遗石，亦为江南园林的名石。西部有“活泼泼地”等建筑。

苏州留园明瑟楼

而北部多为田园风物，广置木石，茂林修竹，清风回荡，实为清雅退养之地。计成在《园冶》中有“开池浚壑，理石挑山，设门有待来宾，留径可通尔室”的描述，以其宅傍地的构制，形成了安逸修养的境地。

留园的特点在于以游廊为导引，曲折反复，园中套园，构筑了亭台楼榭，为游览留园的景色变化提供了不同的视点，实现了游与观的和谐统一。

明瑟楼为留园进入时的第一座主楼。与涵碧山房比肩相连，楼前平台，登上斯楼，观荷品茗，望云听鱼，自有视野开阔、涤荡心扉的感慨。

上海嘉定秋霞圃丛桂轩

上海嘉定的秋霞圃是一座具有独特风格的明代私家园林，多取陶渊明的诗文寓意，因而有桃花潭、步趣桥等景致，并以自然风貌为特色，成为一处仿制的山水园林。其中以桃花潭为中心，南、北山对峙，又用湖石和黄石造山，以玲珑剔透与坚挺峭拔形成了不同的山体风格。

园中有池上草堂，取意白居易《池上篇》；而丛桂轩，却是从《楚辞》中“桂树丛生兮山之幽”诗句化出，多以竹梅湖石点缀其间，高古澹泊、雅致温润。

退休的官宦多有丰富的人事经验，以退为守、化实为虚，使其个人在明清时期社会压力冲击下，逐渐退守到个人化的精神追求之中，并加深了私家园林建筑的“壶中天地”的意义。这也成为了园林繁荣景象的一个理由。

“壶中天地”是《后汉书·方术传》中记载的故事，费长房大约是一位市场管理人员，市中有老翁卖药，悬一壶于肆头，及市罢，辄跳入壶中，市人莫之见，惟长房于楼上睹之，异焉，后来费长房被老翁邀入壶中，惟见玉堂严丽，旨酒甘胥盈衍其中，共饮毕而出。翁约不与人言之。老翁为神仙类人物，有其高妙的法术，混迹于闹市，而目的是在寻找传人。“壶中”一词后来消解了神话的内涵，更多成为了人们躲避现实困境的精神场所。因此，“壶中天地”的园林建构，有了追求个人精神生活的文化意趣。

上海嘉定秋霞圃丛桂轩

（六）江湖地

江干湖畔，深柳疏芦之际，略成小筑，足征大观[1]也。悠悠烟水，澹澹云山，泛泛鱼舟，闲闲鸥鸟，漏[2]层阴而藏阁，迎先月以登台。拍起云流，觞飞霞伫。何如缑岭[3]，堪谐子晋[4]吹箫？欲拟瑶池[5]，若待穆王[6]侍宴。寻闲是福，知享即仙。

1. **大观**：洋洋大观，即指大的景观。
2. **漏**：透出。

3. **缑岭**：河南偃师缑氏山。相传周灵王太子晋，喜好吹笙，作凤鸣。在洛河一带游玩时遇仙人指点，后在嵩山修炼，学成道术，传语七月七日乘白鹤伫立在缑氏山头，与人们相望招手而去。事见《后汉书·王乔传》。
4. **子晋**：即周灵王太子晋。
5. **瑶池**：相传为西王母所居住的昆仑山的池名。原出《史记·大宛列传》，后《穆天子传》中也有记载。
6. **穆王**：即周穆王，亦穆天子。原出《穆天子传》，该书为晋人从战国魏墓中发现的先秦古书《汲冢书》之一，记载了周穆王驾八骏游西域之事，其中有周穆王和西王母饮宴的故事。唐代李商隐《瑶池》诗："瑶池阿母绮窗开，黄竹歌声动地哀。八骏日行三万里，穆王何事不重来。"

译 文

在江边湖畔、柳林芦苇交际之处，稍加构筑，足以形成大观之境。园外烟波浩渺，云霞缥缈；渔舟飘逸清泛，江鸥从容飞翔。层层树荫里掩映着亭台楼阁，登上楼台迎赏初升的月亮；敲起檀板，歌声清凉，流云起舞，开怀举杯，留驻几许霞光。何必非如缑氏山，定要偕同王子晋骑鹤升仙？又何必自比西王母的瑶池，一定要周穆王驾马赴宴？人生于忙碌中获得悠闲就是福气，懂得品味生活乐趣的人即是神仙。

无锡鼋头渚"包孕吴越"

鼋头渚位于无锡市西南，为惠山山脉深入太湖的小岛，景色奇异，草木茂密。鼋头渚峭壁险峻，登高临下，万顷太湖水面上风帆点点，波光粼粼，水天一色，浩瀚无边，惊涛拍岸，的确有"包孕吴越"的雄姿。鼋头渚上曲径通幽，山回路转，巧置楼阁亭台，信步环顾，听松望云，白鸟高远。

近日游览太湖鼋头渚，见樱花灿烂，如雪如絮，轻柔淡雅，也似佳人窈窕，漫歌轻舞于春风之中。樱花旧称山樱，为观赏乔木，樱花娇艳轻柔，据说这里栽种了20余种、上万株樱花。"小园新种红樱树，闲绕花行便当游。"（白居易诗）"赖有春风嫌寂寞，吹香渡水报人知。"（王安石诗）远观粉白轻红，云蒸霞蔚，玉树琼花；近看风拂花扬，

落英缤纷，一片光明。

一路走过，花絮飘舞，香风阵阵，以樱花衬于山水之间，曲桥斜折，闲草卧伏，花木于水际间繁密，幽径从山石中延伸，花间杯酒，草上嗅香。见山花烂漫，堆云叠玉，延绵无尽，人间乐事付与春光之中。

无锡鼋头渚“包孕吴越”

无锡鼋头渚

鼋头渚的造园，充分利用自然条件，将富贵融于山林，在湖边营造了一系列精巧小品，推出曲桥、回廊、古木、奇石、池水、水榭，并在小巧玲珑的长春桥两面，将湖池水面分割，展现了“长春花漪”“鼋头春涛”“万浪卷雪”的景致，湖岸在寻求空间的变化中巧妙地穿插，组成了幽雅秀丽的园中之园。是为“太湖绝佳处”。

计成在《园冶》中论“江湖地”时说：“悠悠烟水，澹澹云山，泛泛鱼舟，闲闲鸥鸟，漏层阴而藏阁，迎先月以登台。拍起云流，觞飞霞伫”，大概就是指的这一类的风光。

镇江焦山羲之岩

天下胜景，多有文人墨客游览，并因留下丰富墨宝题迹而闻名。若是有人间不可复制的绝迹，更为奇特。天下摩崖书法虽多，但是三大名胜尤为著名：汉中石门之汉及北魏“二石门”、泰山经石峪之北齐“金刚经”、镇江焦山之南梁“瘗鹤铭”，均为山野明珠、人间极品，亦为文人雅士所推崇。

我少年时赴泰山，曾流连经石峪，山是天下第一，书也为榜书之祖。后读《金刚经》，亦有“应无所住，而生其心”（《金刚经》语）的感悟。后来又临习《瘗鹤铭》，试图补缺残字，敷衍成帖而自娱。近年曾赴江南游览，专程到焦山寻访《瘗鹤铭》，但见残石五粒，存 70 余字，其立意高古，行文流畅，极得长江浩淼之壮阔，而化东南灵秀之风气。随后在山上徘徊，得知《瘗鹤铭》相传为王羲之所书，摹刻《瘗鹤铭》

的原处，便称为“羲之岩”，于是顺山麓慢行，于西南折拐处，摩崖巨石扑面而来，多年妄想，化入眼前。其《瘗鹤铭》字迹虽已入华室珍藏，但是遗存的风貌尚在。

在北宋景德年间，《瘗鹤铭》石刻崩裂落入水中，后世之人，从水中打捞出残石，不断考订，众说纷纭，摩崖所在之石为石灰岩，风化非常严重，其临江面水，加之暑天烈日暴晒、冬季寒风劲吹，后人思慕，以致竞相摹刻甚至伪刻，造成了研究的困难。因而对《瘗鹤铭》的作者广有争议，主要有王羲之说、陶弘景说等多种推测，而明清以来以陶说为多数认可。江山无限，风流多被风雨吹打，后来凭吊，也多是以自己的妄念而推想。正是“开卷神游千载上，垂帘心在万山中”。

镇江焦山羲之岩

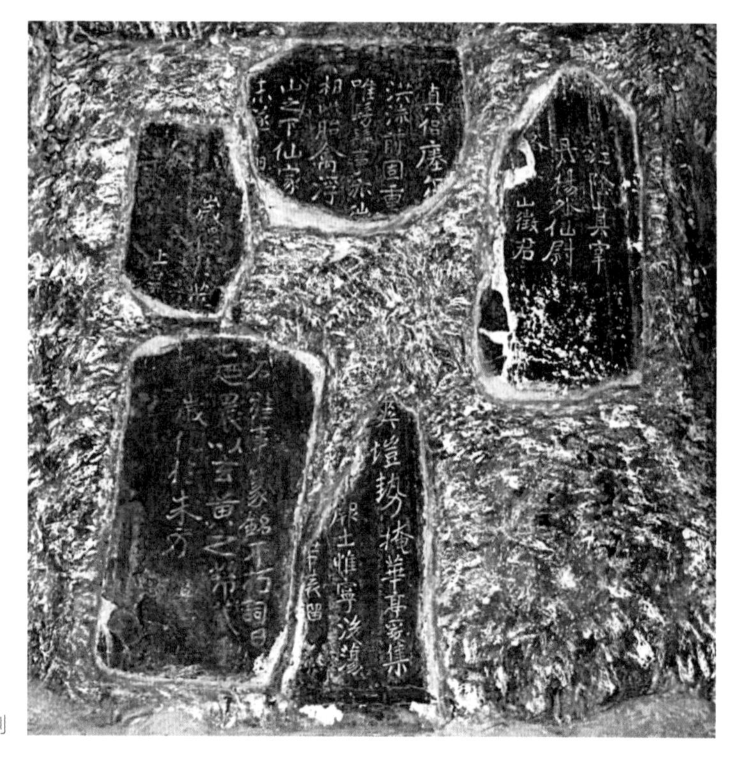

镇江《瘗鹤铭》石刻

大明湖辛弃疾祠

知道大明湖，先是少时读《老残游记》：“正在叹赏不绝，忽听一声渔唱。低头看去，谁知那明湖业已澄净的同镜子一般，那千佛山的倒影映在湖里，显得明明白白。”后来到大明湖游览，只觉得湖面辽阔，莲花映人，是为“四面荷花三面柳，一城山色半城湖”的神奇所在。大明湖历代延传，名胜古迹颇多，其中历下亭的名联：“海右此亭古，济南名士多”，是诗圣杜甫为李邕所赠，当为不刊之论，亦见历下人文的盛景。

环湖游览，青松古藤，清泉芳草，闲荷蔓蔓，柳荫习习。我独爱湖西南岸的辛弃疾祠，朴素自如，幽静安然，亦想起辛词中的“闲愁最苦，休去倚危栏，斜阳正在，烟柳断肠处”（《摸鱼儿》）“长安故人问我，道愁肠殢酒只依然。目断秋霄落雁，醉来时响空弦”（《木兰花慢》）。平时读辛词，总有一种“闲愁”的印象，本是慷慨纵横、不可一世的人物，却竟然英雄无用武之地。这也是多为衰世之象，一世英雄，只好陶醉于苦酒之中。然而开阔流畅的大明湖，正是有了杜诗、辛词，才更有凭吊的意味。

济南大明湖

济南大明湖辛弃疾祠

立基

凡园圃立基，定厅堂为主。先乎取景，妙在朝南，倘有乔木数株，仅就中庭一二。筑垣须广，空地多存，任意为持，听从排布，择成馆舍，余构亭台；格式随宜，栽培得致。选向非拘[1]宅相，安门须合厅方。开土堆山，沿池驳岸；曲曲一湾柳月，濯魄[2]清波；遥遥十里荷风，递香幽室。编篱种菊，因之陶令[3]当年；锄岭栽梅，可并庾公[4]故迹。

寻幽移竹，对景莳花；桃李不言，似通津信；池塘倒影，拟入鲛宫[5]。一派涵秋[6]，重阴结夏；疏水若为无尽，断处通桥，开林须酌有因，按时架屋。房廊蜒蜿，楼阁崔巍，动“江流天地外”之情，合“山色有无中”之句[7]。适兴平芜眺远，壮观乔岳[8]瞻遥；高阜可培，低方宜挖。

1. **非拘**：不拘泥。
2. **濯魄**：濯，濯洗。魄，精神。意即清波使精神清爽，如得到濯洗一般。
3. **陶令**：东晋文学家陶渊明，一名潜，字元亮，江西九江人。因做过彭泽令 80 余日，后人多称陶令。弃官归隐，气节高尚。其文学思想对后世有极大的影响，有《陶渊明集》传世。因有“采菊东篱下，悠然见南山”等句，后世以菊与陶渊明相连。宋代周敦颐《爱莲说》：“晋陶渊明独爱莲”。
4. **庾公**：西汉将军庾胜。汉武帝时派庾胜伐南粤，在五岭之一筑城防守，后称大庾岭，因在岭上种梅，亦称梅岭。此典故意在说明在园中栽种梅菊之人，亦和陶渊明、庾胜一样气节高尚，具有风雅情怀。
5. **鲛宫**：水中的宫殿。相传为鲛人出没的地方。
6. **涵秋**：涵，包容、沉浸。意即沉浸在秋意之中。
7. **动“江流天地外”之情，合“山色有无中”之句**：唐代王维《汉江临眺》诗：“楚塞三湘接，荆门九派通。江流天地外，山色有无中。郡邑浮前浦，波澜动远空。襄阳好风日，留醉与山翁。”此处借王维诗句，形容在园中遥望远处景物。
8. **乔岳**：高山。

译 文

规划园林的地基时，以确定厅堂位置为主。首先要取景，最好是朝南方来定方位。假如厅堂外面生长着几株乔木，只需在中庭保留一两株就行了。筑建围墙，要尽量扩大空间范围，要多留些空地，以便建造屋宇、安排景物，保持园林的立意构思，合理布局景观；选择适当的位置建造馆舍，剩余的地方布置亭台；建筑样式要与整座园林的布局和风格相适应，各种花木的栽培富有情趣。

屋宇的方向不受房宅风水的约束，但是园林大门的位置要与厅堂的方位一致。采用开凿池塘的土堆垒成山，在池水边用石头砌成堤岸。曲折的池水倒映明月与柳影，月光与微波交相辉映；清风吹过十里荷塘，把荷花的清香吹进幽静的居室。编篱种菊，效法当年陶渊明的做法；开路种梅，可比古时庾将军的雅事。移植竹林形成幽境，种植花丛观赏景物，桃李不言，下自成蹊。树林中蜿蜒的小径，可引人通向渡口；清澈的池水倒映楼阁，似乎可引人进入鲛宫。流水蕴含着秋色，层层树荫遮掩着夏日的骄阳。建园时疏通水流要加入无尽的韵味，在断水的地方架设桥梁；种植花木时要考虑季节和意趣，构建与之呼应的亭台楼阁。园林中的房廊要曲折蜿蜒，楼阁高耸，有凌空之势，使人生发“江流天地外”的情思，也有“山色有无中”的意境。远眺无边无际的山野，可以怡情，仰望高峻的山峰，可以壮阔胸怀。地势高的地方可以培土使之更高，地势低洼之处可以适宜深挖使之更深。

苏州拙政园远香堂

苏州拙政园分为中、西、东三部分，共占地约 72 亩，为明清时期最大的苏州私人园林。

中部以远香堂为中心，倚玉轩、小飞虹、香洲、见山楼、雪香云蔚亭、梧竹幽居、绿漪亭等组成了不同的景区。中间有荷风四面亭，以绿荷摇曳、清香四溢而闻名。中部的东南方还有枇杷园，以绣绮亭、海棠春坞、玲珑馆、听雨轩等构筑出庭院深深的小型建筑群，巧制幽静，显出朴素清新的小园风格。

拙政园西部穿过别有洞天，有宜两亭、卅六鸳鸯馆、留听阁、浮翠阁、倒影楼、水廊等景物，其中又以“与谁同坐轩”为点景，聚游、停、坐、思于一体，环视绿云，心旷神怡。东部曾有山冈草地，亭阁相间，多少留有一些最初的萧瑟荒芜的景致。

在《红楼梦》中，曹雪芹造景大观园时，局部仿制了拙政园的构造布局，用来细致地刻画大观园的园林形象。《红楼梦》第十七回中，以贾政、贾宝玉父子及门客游园题词为线索，穿花度柳，抚石依泉，使大观园凸现在读者面前，也使大观园的造园水准达到了“有趣，有趣，真搜神夺巧之至”（《红楼梦》中语）的地步。

拙政园远香堂取意于周敦颐《爱莲说》中“香远益清，亭亭净植”的佳句，是中部的主要建筑，宽敞明亮、华堂雅净，与旁边的倚玉轩相互辉映。合乎《园冶》中“凡园圃立基，定厅堂为主。先乎取景，妙在朝南，倘有乔木数株，仅就中庭一二”的基本要求。

苏州拙政园远香堂

北京故宫乾隆花园古华轩

北京故宫乾隆花园古华轩

北京故宫乾隆花园是指紫禁城东北角的宁寿宫花园，原为乾隆退养之地。其是在故宫殿堂林立之间，修筑而成的一座狭长空间的袖珍园林。

乾隆花园前后花费了六年时间修筑完成，花园占地长 160 米、宽 37 米，本是一个难以规划的区域。但是，经过精心设计，被分割成四个不同的院落，分别设有古华轩、禊赏亭、遂初堂、耸秀亭、萃赏楼、符望阁等许多著名的建筑，将园中树石花木、亭台楼阁巧妙地融为一体，虚实相间，高低错落，使全园既有观赏性，又有适用性。

古华轩是第一座院落的主厅，正北面南，阔拓古雅，气象安然。携天风而汇华章，借古逸以聚云气，乾隆之好，最终成就了一座华贵雅致的宫中花园。

（一）厅堂基

厅堂立基，古以五间三间为率[1]；须量地广窄，四间亦可，四间半亦可，再不能展舒，三间半亦可。深奥曲折，通前达后，全在斯半间中，生出幻境[2]也。凡立园林，必当如式。

1. **率：**标准、原则。
2. **幻境：**身临其境而不知何处。

译文

建立厅堂的地基，古时是以三间或者五间为标准。建造园林的厅堂与住宅不同，则须依据地基的面积大小来确定，用地宽阔的可以造四间或四间半；而用地狭窄的造三间半也行。园林庭院的深幽曲折、通前达后，全在这半间通廊中，产生出往复无尽的空间幻境。凡是设计建造园林，必须掌握这种原则。

淮南民居

老子《道德经》有“凿户牖以为室，当其无，有室之用”的言论，当是中国古代建筑的哲理名言。

淮南民居全然处于一种古朴雅素的气氛之中。白墙黑柱，方砖铺地，花窗隔扇，竖架横梁，桌椅相间，呈现一片祥和气氛。三省吾身，养气铸魂；四望风云，立异标新。读书做事，恪勤在朝夕，怀抱观古今。

淮南民居

上海豫园卷雨楼

上海豫园是明代中后期曾任四川布政使的潘允端为其父修筑的园林，“豫”即安泰，有“娱亲安老”之意。

由于潘氏父子拥有的社会地位，加上豫园地处闹市，往来方便，一时书画名流雅集，如董其昌、王世贞、莫是龙等人常常出入其园，题字书额，绘画赋诗，从而使豫园与其他园林有着明显的区分，即书画流风、雅聚流连，直至晚清民国初期钱慧安、高邕、吴昌硕、蒲作英等画家不断往来。其中的点春堂，取意温庭筠“丝飘弱柳平桥晚，雪点寒梅小苑春”的意境，也包含苏轼“翠点春妍”的词意。

豫园着一联：“莺莺燕燕，翠翠红红，处处融融洽洽；风风雨雨，花花草草，年年暮暮朝朝”，洋洋洒洒的文字之中，生动地描摹了豫园的旖旎风光。

豫园虽处闹市之中，却有山林之趣。豫园大假山出自明代掇山名家张南阳之手，山石以黄石堆积，山峦起伏，采取了曲折幽深的山涧，使山体分合变化，水尽石起，径曲道环，盘转高嵬，飞梁危石，峭岩幽涧，演绎出自然造化的鬼斧神工之美。

卷雨楼有上下两层，下为仰山堂，上为卷雨楼，檐口翘如彩凤，高扬翻飞。若风雨天仰视，可见雨水从高翻的翘角檐口飞溅而下，珠溅玉飞，极为壮观。而从卷雨楼北隔水见黄石大假山，亦睹其全貌。

上海豫园卷雨楼

（二）楼阁基

楼阁之基，依次序定在厅堂之后，何不立半山半水之间，有二层三层之说，下望上是楼，山半拟为平屋，更上一层，可穷千里目[1]也。

1. **穷千里目**：取自唐代王之涣《登鹳雀楼》中的诗句："欲穷千里目，更上一层楼。"指登上越高的阁楼，就可以看到越远的风景。

译文

按照传统的空间次序，楼阁的位置应在厅堂之后，这已成为定制。造园何不把楼阁基址确立在半山半水之间呢？这是二层变一层的说法。从山下望去，它是二层楼阁；走到半山腰看去，却感觉是一层平房；待走进去，却已到楼上，大有"欲穷千里目，更上一层楼"的奇妙。

延伸阅读

承德避暑山庄文津阁

《四库全书》是乾隆年间清政府组织著名学者花了十年时间纂修完成的丛书，收书 3503 种、79 330 卷，分为经、史、子、集，因而称为四库。另存有书目 6819 部、94 034 卷。

承德避暑山庄文津阁

全书共抄录了 7 部，分别收藏在北京故宫文渊阁、北京圆明园文源阁、沈阳文溯阁、承德文津阁、扬州文汇阁、镇江文宗阁、杭州文澜阁。其中文汇阁、文宗阁藏书毁于后来的战火，文源阁藏书被英法联军在入侵圆明园时焚毁，文澜阁的藏书多有散失，后重新抄录补齐。

承德避暑山庄文津阁的藏书楼是仿宁波天一阁样式修建。其藏书在 1915 年运至北京收藏。文津阁在避暑山庄中部的山脚下，负丘面河，山映书楼，古松亭亭，清风荡漾，真有“景翳翳以将入，抚孤松而盘桓”（陶渊明语）的儒雅氛围。

苏州沧浪亭看山楼

沧浪亭是苏州最古老的园林，为宋代文人苏舜钦修筑。取自上古歌谣“沧浪之水

清兮，可以濯吾缨。沧浪之水浊兮，可以濯吾足”的寓意，据说当年孔子听了歌谣之后，对身边的弟子说：“小子听之，清斯濯缨，浊斯濯足，自取之也”，意即水清时可以洗头上的簪缨，表示政事清明；而水混浊时，只能清洗足履，以示朝纲混乱，退隐自娱。“沧浪”成为了隐逸山水的心理象征，这种例证还有网师园的濯缨水阁。

沧浪亭在南宋被韩世忠改为“韩园”，在元代为僧寺“大云庵”，明代文学家归有光也撰有《沧浪亭记》，清代复建为沧浪亭。

苏州沧浪亭看山楼

沧浪亭古树参天，绿竹摇风，因临园之清流导入，利用葑河来构筑了临水长廊。而园内以山为主，林木苍郁，幽径曲折，山顶上有“沧浪亭”，高筑四望，借景园外，以郊野山水为衬托，秀色遥遥。除沧浪亭外，还有面水轩、看山楼、明道堂、翠玲珑等名胜，自然闲雅，气质古朴。北宋苏舜钦《沧浪亭记》中“形骸既适，则神不烦；观听无邪，则道以明”的言论，是明清时期造园意识有了明显提升的表现。

（三）门楼基

园林屋宇，虽无方向，惟门楼基[1]，要依厅堂方向，合宜则立。

1. 门楼基：构筑楼门的基础。

译文

园林中的房屋建筑，虽然没有明确的方位朝向规定，但园林门楼的方位必须与园林厅堂的方位保持一致，合乎总体布局的需要，才可以确立。

苏州拙政园门

苏州拙政园的第二道门，即拙政园的砖磨腰门，上有贴金隶书大字“拙政园”。拙政园古朴文雅，不事张扬，从外向内望去，竹影婆娑，清风掠过。拙政园采用的是一种进深广亮大门样式，有抱鼓石、门簪等装饰，宽敞明亮，气派大方。从大门进去，绕过假山，就是远香堂。

苏州拙政园门

拙政园的西门有明代画家文徵明手植紫藤旧物一株，高古盘旋，叶清花香，极具文人画意。手抚古藤，推想文氏一门振兴“吴门画派”，提升了苏州书画文化的雅意。我多次流连于藤下，小坐歇息，闻花香飘散，看藤蔓纠缠，人事的反复既有自然的规律，也有生命的昭示。

江南戏楼

在江南行走时，常常可以看到戏楼。有水乡的、有集镇的，往往在节假日，成为一个热闹的场所。现在文化传播快速广泛，戏曲已经不仅仅是舞台的营生。戏曲音乐随着广播、电视等形式已经飞入了千家万户。然而，有一天我在苏州的一家园林漫步，周围寂静，人迹寥寥。穿过回廊，转过假山，竟看到了戏楼上有一位演员，身着戏装认真地唱着戏曲，大约是昆曲，委婉哀艳，幽远绵长。一招一式，表演生动，然而台下几乎没有什么人。“梦回莺啭，乱煞年光遍，人立小庭深院。”（《牡丹亭》）

江南明清戏曲的繁盛，以昆曲的演变，逐渐形成了清柔婉折、圆润流畅的声腔特色，在悠扬回旋的“水磨腔”中，吸引着众多的观众。于是家班竞演，宴客赛神，形成了一种持久不衰的社会文化风气。

我静静地站在园中，“旧时王谢堂前燕”，长期以来传统文化被忽视，人们仅把戏楼当作一件古旧建筑或者文物，前来看它的雕梁画栋，却已经无法体味出戏楼的美丽。然而，如今的戏曲盛景已不再现，表演只是成为园林旅游节目中的一种消遣。等我离开的时候，空荡荡的园子里，演员还在认真地表演着。“则为你如花美眷，似水流年。是答儿闲寻遍，在幽闺自怜。”（《牡丹亭》）

江南戏楼

（四）书房基

书房之基，立于园林者，无拘内外，择偏僻处，随便通园，令游人莫知有此。内构斋、馆、房、室，借外景，自然幽雅，深得山林之趣。如另筑，先相基形：方、圆、长、扁、广、阔、曲、狭，势如前庭堂基余半间中，自然深奥。或楼或屋，或廊或榭，按基形式，临机[1]应变而立。

1. **临机**：因不同的情况而灵活地应变。也可为随机应变。此处指依据不同的自然地理条件，因地制宜地建造房屋。

译文

园林中书房的位置，应该建造在偏僻幽静的地方，无论是在园内还是园外，都应选择既僻静又方便的地方，使游者不知有书房坐落园中。书房可以建成斋、馆、房、室等形式，借助周围的景观，使之自然幽雅，大有山林的乐趣。如果建造在园林外面，应先观察地基的形状：是方形还是圆形，是长扁形还是宽阔形，是曲折形还是狭窄形，书房的构置要依照前面“厅堂基”中所说的“余半间”来建造，才能形成自然幽雅的空间。书房可建造成楼阁或房屋、房廊或亭榭等形式，要根据地基的形状，随机应变地进行规划。

苏州曲园小竹里馆

苏州曲园为清代学者俞樾的读书之地。

苏州曲园小竹里馆

俞樾在《曲园记》中这样描述曲园的特色：“山不甚高，且乏透、瘦、漏之妙，然山径亦小有曲折。自其东南入山，由山洞西行，小折而南，即有梯级可登”。因此，一条盘山小道，绕来绕去，便成就了“曲径”“曲洞”“曲水”“曲池”的曲园。

文人筑园，目的是为了安心读书，因而园不在大，石不在多，曲径通幽，人迹罕至。因而多为私园。

北宋学者司马光在洛阳构筑独乐园时，就一反古人“与众乐乐”的观点，认为“自乐恐不足，安能及人”（司马光《独乐园记》），其独乐园是“志倦体疲，则投竿取鱼，执衽采药，决渠灌花，操斧剖竹，濯热盥手，临高纵目，逍遥相羊，唯意所适。明月时至，清风自来”。

修身、齐家、治国，是读书人的济世情怀。即使司马光有着这样的“独乐”心理，当时也在孜孜不倦地编撰 294 卷的史学巨著《资治通鉴》，资治者，为统治者提供治国之经验也。因此，司马光在“独乐园”用了 19 年时间编完《资治通鉴》之后，回到朝廷，第一件大事就是纠正王安石变法中的失误并废除了新法。

文人读书处，多为“室雅何须大，花香不在多”（郑板桥语），一室安歇，万事自足。

修身养性，明化事理，当为“世间清品至兰极；贤者虚怀与竹同”。

（五）亭榭基

花间隐榭，水际安亭，斯园林而得致者。惟榭只隐花间，亭胡拘水际，通泉竹里，按景山颠，或翠筠茂密之阿[1]；苍松蟠郁之麓[2]；或借濠濮[3]之上，入想观鱼；倘支沧浪之中，非歌濯足。亭安有式，基立无凭。

1. **阿**：山丘。《诗经・小雅》：“菁菁者莪，在彼中阿。”
2. **麓**：山麓。
3. **濠濮**：出自《庄子・秋水》：“庄子与惠子游于濠梁之上。庄子曰：‘鯈鱼出游从容，是鱼之乐也。’惠子曰：‘子非鱼，安知鱼之乐？’庄子曰：‘子非我，安知我不知鱼之乐？’”濠、濮原为水名，引申的“濠濮观鱼”的含义成为明清时期园林的一个主题，如北海濠濮间、留园的濠濮亭、寄畅园的知鱼槛等。

译 文

在花间隐秘的地方建造榭，在水边空旷的地方建造亭，这是园林造景中最富有意趣情致的。但是榭只可建于花间隐秘的地方，而亭则不一定要拘泥于水边。亭可以建造在泉水流淌的竹林里或风景秀丽的山巅；建在茂林修竹的山涧或苍松葱郁的山麓；也可以借助河水，把亭建在桥上，凭栏观鱼，看游鱼嬉戏，任思绪漫游；倘若把亭建在池水中，清澈的池水会令人心旷神怡。亭的建造有一定的形制，但是亭子地基的位置却没有既定的准则。

苏州沧浪亭园门

苏舜钦，字子美，开封人，少年壮志，27岁成为进士，连任小官，在文学创作中主张革新，因参与范仲淹的庆历新政，被人陷害罢官，后买地苏州，起亭造园，吟有“一径抱幽山，居然城市间”的诗句。

苏舜钦《沧浪亭记》中详细地记载了建亭的意图：“构亭北碕，号‘沧浪’焉。前竹后水，水之阳又竹，无穷极，澄川翠干，光影会合于轩户之间，尤与风月为相宜。予时榜小舟，幅巾以往，至则洒然忘其归。觞而浩歌，踞而仰啸，野老不至，鱼鸟共乐。形骸既适则神不烦；观听无邪则道以明。返思向之汩汩荣辱之场，日与锱铢利害相磨戛，隔此真趣，不亦鄙哉？”

苏州沧浪亭园门

文章中苏舜钦总结官场得失，得出“古之才哲君子，有一失而至于死者多矣。是未知所以自胜之道，予既废而获斯境，安于冲旷，不与众驱，因之复能乎内外失得之源，沃然有得，笑闵万古”。实际上，苏舜钦为奸党陷害，能够急流勇退，安享人生，又何尝不是快事呢。苏舜钦出事后，梅尧臣特地题诗安慰：“闻买沧浪水，遂作沧浪人。置身沧浪上，日与沧浪亲。”（《寄题沧浪亭》）

沧浪亭有一联“清风明月本无价；近水远山皆有情”，为欧阳修和苏舜钦诗作联句。后来明代归有光为文瑛和尚所作《沧浪亭记》中记载：“文瑛寻古遗事，复子美之构于荒残灭没之余。此大云庵为沧浪亭也”，遂使沧浪亭生存数百年而未被淹没。

潍坊十笏园水榭

北方私人名园多仿江南园林之精华，如潍坊十笏园、济南万竹园等北方园林。潍坊十笏园以池水为主，堆积山石，以环廊小亭来衬托假山气势。“笏”为古代大臣上朝时手持的记事板，用玉石、象牙、竹木制成，十笏为狭小之意。乾隆诗有“十笏不为仄，诸峰无尽奇”的咏叹。

潍坊十笏园通过减缩山亭的尺度，以体现狭小空间的高远之感。水榭以石基为座，仿重檐歇山式屋顶，四周低栏环绕，上有以弧线曲木制成的“美人靠”斜栏，池中睡莲，层层叠叠，柳枝拂水，小鱼嬉戏。

潍坊十笏园水榭

（六）房廊基

廊基未立，地局[1]先留，或余屋之前后，渐通林许[2]。蹑山腰，落水面，任高低曲折，自然断续蜿蜒，园林中不可少斯一断境界。

1. **地局：**指建筑物之外的地面。
2. **林许：**林木、山林。

译 文

房廊地基在尚未确立之前，园林总体布局时就要规划出房廊的位置，或留出房屋前后的屋檐作为檐廊，方便通往园林内山水处欣赏风景。登山临水，房廊可建在山腰，或架在水面之上，随着园林的地势曲折起伏变化，呈现出曲折蜿蜒的情趣，这是园林建造中不可缺少的美景。

延伸阅读

扬州寄啸山庄复廊

陶渊明《归去来兮辞》中“倚南窗以寄傲，审容膝之易安。园日涉以成趣，门虽设而常关。策扶老以流憩，时矫首而遐观。云无心以出岫，鸟倦飞而知还。景翳翳以将入，抚孤松而盘桓”，成为后来造园的一种精神向往。

扬州寄啸山庄复廊

扬州寄啸山庄正是以陶渊明文中的“倚南窗以寄傲”“登东皋以舒啸”为寓意，而建成的扬州最大的明清私家园林。

寄啸山庄亦称何园，原为清代驻法公使何氏在“片石山房”的一部分旧址上建构而成。园中分为东西两部分，以复廊将院落隔开，西院建有方亭、蝴蝶厅、潜山馆等建筑，并以二层楼廊环绕水池，布局奇异，构筑疏朗，成为一种幽雅的景观。与寄啸山庄关联的是“片石山房”，原也是何园的一部分，相传其中有清代大画家石涛的叠石作品，而闻名后世。

扬州寄啸山庄主楼

西部主楼又称蝴蝶厅，因两翼有耳房连接，如蝴蝶开合，楼为二层，有回廊复环，与园中楼廊连接，成为寄啸山庄的特点。蝴蝶厅楼前有平台，赏月观水，抚石问花，实为一佳境也。楼连廊复，视野开阔，将古典园林的精雅与近代建筑的高大集于一体，于高阔中蛰伏心绪，在光阴中得其静思。既有“霁月光风在怀抱，白云苍雪共襟期”

的祈愿，也有“长剑一杯酒，高楼万里心”的豪阔。

扬州寄啸山庄主楼

（七）假山基

假山之基，约大半在水中立起。先量顶之高大，才定基之浅深。掇石须知占天[1]，围土必然占地[2]，最忌居中，更宜散漫。

1. **占天**：利用空间。
2. **占地**：利用地形。

译 文

假山的地基，大多数选择在有水的地方砌筑而成。先测量假山的高低、大小，才可确定基础的深浅。叠石筑峰，要讲求空间形态，培土造山也要考虑地势环境，获得视觉效果。忌讳将山峰建造在庭院或景区的中间，要根据环境，形成错落有致、随意散漫的格局。

苏州环秀山庄假山

环秀山庄是苏州名园。园中有清代乾隆年间造园高手戈裕良的大叠山，成为一种掇山的实例，环秀山庄的面积并不大，但是假山却占了环秀山庄近一半的面积。

假山以湖石堆秀，形成了峭壁山峰，主峰与次峰遥相呼应，气连势合，造就了山体的韵致。而假山以其曲桥、幽径、山磴、飞梁、石洞、涧溪、悬崖等造型，不断地变换山景，引人入胜，大约只有半亩面积的假山，筑出 60 米长的盘山小路，绵绵不断地形成了奥妙无穷的险境。

环秀山庄中的补秋山房、问泉亭、半潭秋水等建筑，以隐为主，暗含秋风淅雨，构成了房屋半隐半现的山地意境。

山起于水，水生于山，以叠石营造园山，将苍茫与俊秀融为一体，仿其山势，融其山理，得其山趋，“大隐本来无境界；漫游只为好山川”。

李渔在《闲情偶寄》中曾有“言山石之美者，俱在透、漏、瘦三字”，实际是以石寓志，极尽风骨。而环秀山庄的堆石将风韵融入其中，使假山峻峭，意味悠长。云高山愈静，风清树自华。

苏州环秀山庄假山

屋宇

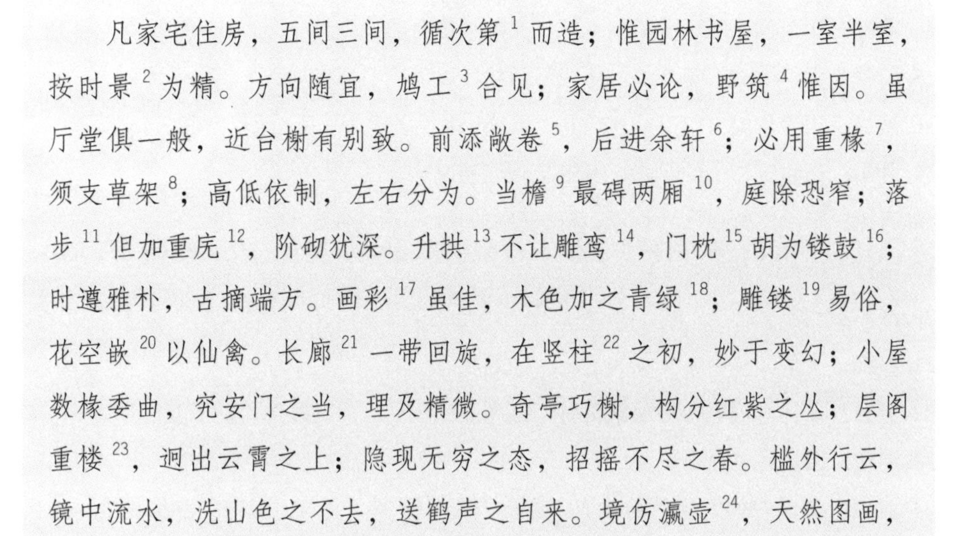

凡家宅住房，五间三间，循次第[1]而造；惟园林书屋，一室半室，按时景[2]为精。方向随宜，鸠工[3]合见；家居必论，野筑[4]惟因。虽厅堂俱一般，近台榭有别致。前添敞卷[5]，后进余轩[6]；必用重椽[7]，须支草架[8]；高低依制，左右分为。当檐[9]最碍两厢[10]，庭除恐窄；落步[11]但加重庑[12]，阶砌犹深。升拱[13]不让雕鸾[14]，门枕[15]胡为镂鼓[16]；时遵雅朴，古摘端方。画彩[17]虽佳，木色加之青绿[18]；雕镂[19]易俗，花空嵌[20]以仙禽。长廊[21]一带回旋，在竖柱[22]之初，妙于变幻；小屋数椽委曲，究安门之当，理及精微。奇亭巧榭，构分红紫之丛；层阁重楼[23]，迥出云霄之上；隐现无穷之态，招摇不尽之春。槛外行云，镜中流水，洗山色之不去，送鹤声之自来。境仿瀛壶[24]，天然图画，意尽林泉[25]之癖，乐余园圃之间。一鉴[26]能为，千秋不朽。堂占太史[27]，亭问草玄[28]，非及云艺[29]之楼台，且操般门[30]之斤斧。探其合志，常套俱裁。

1. **次第**：次序。指院落建筑排列分布的空间次序。
2. **时景**：当时流行的景物。这里指随着季节变换的景致而构筑。
3. **鸠工**：指工匠。
4. **野筑**：在山野乡村建构园林。
5. **敞卷**：建筑中翻卷宽敞的样式，亦称卷棚。
6. **余轩**：指在后檐上添加轩檐，使房屋更加宽敞的样式。
7. **重椽**：即覆水椽。
8. **草架**：在梁架上使用覆水椽时必须有草架的构筑，才能减少屋顶和水檐的设置。草架应为室内卷和重檐以上的部分。
9. **当檐**：正堂的屋檐。
10. **两厢**：两边的厢房。

11. 落步：即台阶，为苏州当地的叫法。

12. 重庑：在高大的庑殿式建筑的屋檐下再加重檐，以显壮观。

13. 升拱：设置斗拱。

14. 雕鸾：在斗拱上雕琢或绘制鸾凤一类的纹饰。

15. 门枕：大门下的石基部件，凿成石臼状，以承接门扇转动。

16. 镂鼓：指豪华的大门上带有雕花的石鼓，称为抱鼓石。

17. 画彩：指建筑物上的彩画，有雕梁画栋的说法。

18. 青绿：彩绘的颜色，为石青、石绿一类的颜料。

19. 雕镂：雕刻、镂刻。

20. 嵌：填充。

21. 长廊：大型园林中常构制的走廊。如颐和园长廊。

22. 竖柱：立柱。这里指初部施工时，必先竖立柱梁，但是注意“妙于变幻”。

23. 重楼：高楼，多至数层。

24. 瀛壶：传说中仙人居住的地方，亦称方壶、瀛洲。又与“壶中”意思相关。唐代李白的诗作《梦游天姥吟留别》：“海客谈瀛洲，烟涛微茫信难求”。

25. 林泉：林木泉水之间。亦称山水，宋代山水画家郭熙著有《林泉高致》。

26. 鉴：原意为明鉴。此意应为建构屋宇，世代相传。

27. 太史：本为官名，是古代负责掌管图书、观察天象等事务的重要官员。这里指聚集居住着有丰富学识的贤德之人。

28. 草玄：指汉代扬雄构筑的草玄亭。

29. 云艺：陆云的技艺。

30. 般门：鲁班门下。有班门弄斧之说。

译文

凡是家居的住宅，不管三间或者五间，都要按照空间序列依次建造。唯有园林书屋建筑，不论是一室或者半室，都应根据四季景物的变化来建造。园林建筑可以因地制宜，不受朝向的限制，这是造园者达成的共识。家居住宅建筑要讲究定式法度，而园林建筑则讲求因地制宜。

厅堂的建造大体相似，近于台榭却可有特殊的风格，前檐要添建敞卷，后檐要加廊庑；

顶上要建重椽做假顶，还需搭建草架。房檐要前高后低，依照草架的形制制作。檐口左右的构造不同，要分别制作。正堂的屋檐不要建两厢，两厢会使庭院的空间狭窄。那么在屋檐下可以添设多重廊庑，阶台则随之变宽。斗拱不需雕刻纹饰，门枕也不必刻镂成鼓状；式样要遵循高雅古朴的格调，仿古也要有端正大方的样式。彩画虽然艳丽，却不如在木构上涂饰青绿色，显得更古朴淡雅；雕镂易流于庸俗，就像在镂花的图案里镶嵌仙禽，显得不甚相宜。

若建造像衣带一样曲折回旋的长廊，须在建造柱子时，就精心设计构思，营造回廊虚实相间、曲折有致、变幻无穷的效果；建造仅有数椽的书房小屋，要特别讲究庭院的组合和门户的安排，要有合理精妙、往复婉转的理趣。奇妙精巧的亭榭，可以零散分布于红花紫木丛中；层楼重阁参差耸立于浩空云霄之上。隐隐约约的趣态，折射着无尽的春光。栏杆之外行云阵阵，镜子之中流水潺潺；烟雨空蒙洗不去青山绿水，阵阵微风送来嘹亮鹤鸣。景色仿佛壶中仙境，又似一幅天然的图画，园中的山水已经可以满足对临泉之境的痴爱之情，而闲暇之余能够感受园林花圃的悠闲乐趣。

建构园林能够立言著述，建立千秋不朽的功绩。厅堂应具有太史公司马迁的风范，亭台应追求扬雄淡泊的志趣。我的技艺虽然未达到陆云的水平，姑且班门弄斧。我只是与志趣相投者探讨营造园林的奇思妙想，一般陈套俗规就不必再论。

清代木构架建筑图式

“天有时，地有气，材有美，工有巧。合此四者，然后可以为良。”（《考工记》）中国古代建筑对时间、环境、材料、技术要求严格，追求建筑形式的完美对称，展示社会生活的富丽堂皇。

宋代李诫《营造法式》的规范，对宋明时期的建筑影响广泛。宋徽宗曾绘制过一幅典雅庄重的《瑞鹤图》，描绘京城汴梁宣德门屋顶上飞翔的仙鹤，由此可以看出宋代城楼构制宏丽、气象辉煌。而《清代工部工程做法》对清代建筑的样式有了更为严格的规定。

中国建筑的土木结构，实际上是以木构架的形式构成，在房屋的营造中，通过梁柱的穿插、椽檩的疏密变化、檐枋的配合，使建筑具有稳定严密的特点。在大型的建筑中，斗拱的繁复，还可以使建筑的空间加大，并起到积极的装饰作用。

在建筑细部中，以门窗造型的精巧变化，使室内采光具有时空性的变化。窗格的花饰处理，采取几何排列与雕花技术的统一变化，内面窗户糊纸透光，晚清时期许多窗户还配制了透明玻璃。在砖瓦的制作中，细腻的青砖灰瓦对建筑的质量有了充分的保障，而官式屋面上铺设琉璃瓦，使建筑的色彩美感与自然环境获得了协调与统一。

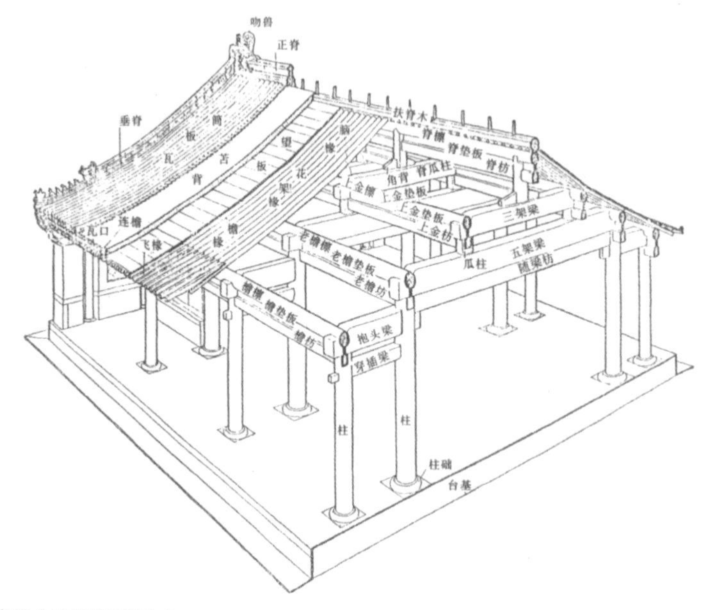

清代木构架建筑图式

北京四合院

从居住的意义上来看，北京四合院的基本构置布局，最符合中国人的生活居住方式。这种流行于中国北方典型的院落结构模式，是长期的生活习俗和文化趣味所形成的结果。

四合院的布局是以中轴对称作为院落建筑的规划，如内门、过厅、大堂等均在中轴线上，而厢房在左右两边相互对应，形成了东、西、南、北各个方向的房屋合聚于四方院落。院落多为坐北朝南，既可以吸采阳光，也可以避开北方冬季的寒风。四合院的大门在八卦的东南“巽”位，以应紫气东来的瑞兆。

四合院为一院、两院或多重套院的建筑，平民居住的四合院为三间宽，而官宦住宅有五间宽的样式。临街的屋墙一般不开窗户，以确保安全，而大门为其中一间，进门常有影壁隔断，向左折入内门，走进主院，厅房位于正面，厢房位于两边，穿过厅房之后，看到的是上房，而大多数上房后还有后院，置有假山翠竹、花径鱼池，成为一个私密性的小型园林。

数重院落利用垂花门、走廊、过道贯通院落之间的联系，各自成为了一个个封闭安静的院落。一些院落还有偏院，用来停放车马及供仆人居住。院内可栽树聚石，种花养鱼，合家欢乐，吉祥如意。

明清时期北京、西安等城市的四合院，是以城市街道的横平竖直排列分布，形成的一种院落的规范。四合院结构既体现了地理环境的因素，也体现了合家团聚的社会文化特征，最终形成了一种传统生活的习俗。因而北方的四合院也就有了老子《道德经》“致虚极，守静笃。万物并作，吾以观复”的文化意义。

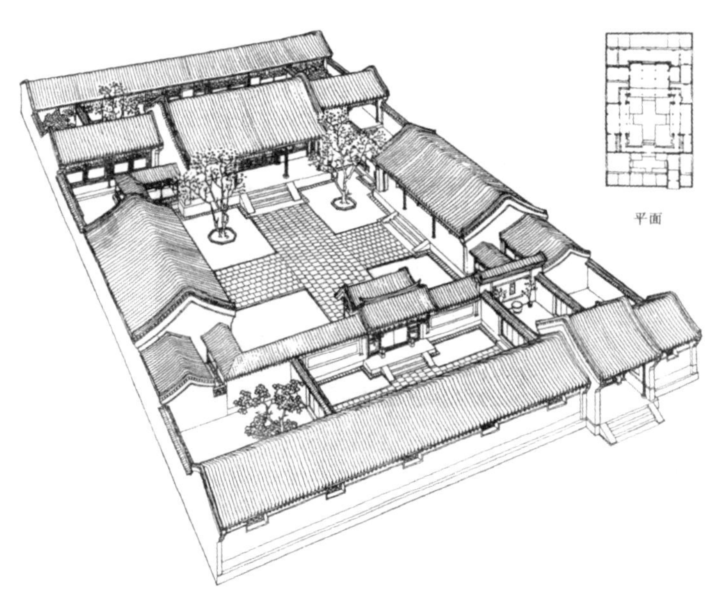

北京四合院

苏州留园林泉耆硕之馆

留园的林泉耆硕之馆是一座鸳鸯厅，由两个不同的厅堂合二为一，用雕花板屏隔断分成南北两室。尤以北面可观冠云峰，赏花听雨，观云抚琴。正如计成语：“槛外行云，镜中流水，洗山色之不去，送鹤声之自来。境仿瀛壶，天然图画，意尽林泉之癖，乐余园圃之间。”

江南院落，多是因北方士人在北宋末年南渡，将中原院落文化带入江南，综合其地理因素而形成的新的民居样式，如江浙太湖及长江流域的园林式院落、皖南民居的天井式院落、浙江中部的三合院式院落等，都是创造性地运用自然条件建造的风格独特的民居样式。

皖南天井式院落是以四周房屋环绕，天井成为封闭的中心，有时也呈三面凹形的格式，屋顶的雨水流入天井，有“四水归堂”的说法，雨水通过天井中的地沟流出宅外。这种院落的外墙非常高，有高挺的封火山墙，俗称“马头墙”。白墙青瓦，屋宇相连，在皖南的绿水青山之中，成为自然的民居方式。

三合院式院落是浙江中部“十三间头”的建筑，以上房正屋三间、左右各五间厢房的结构，形成了三合院的格局。大门居中，两边为马头山墙，形成疏朗开阔却不乏严谨庄重的民居风格。

园林式院落是江浙一带的私宅园林式的民居，一般为独立的带有花园的院落，或者依附于园林的院落，亭、堂、轩、楼掩映于秀山奇石、异花瑞木之中，辅以花地、小桥、长廊，曲径通幽，居室随地势而变化，阁楼因水形以俯仰，聚万物之精气，极天地之大观，境由心生，物随景迁。

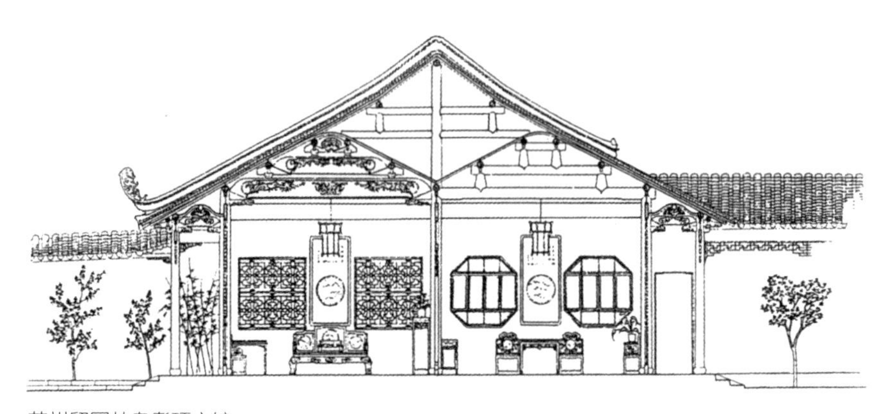

苏州留园林泉耆硕之馆

（一）门楼

门上起楼，象城堞[1]有楼以壮观也。无楼亦呼之。

1. 城堞：俗称女儿墙，城墙上呈齿状的矮墙。

译文

在大门上修筑阁楼，就像在城门上建构阁楼一样壮观。即便大门上没有修筑阁楼，也可称为门楼。

西安华清池门楼

西安华清池是一座历史悠久的山地园林。

此地有周幽王“烽火戏诸侯”的故事，还有秦始皇的“神女汤泉”、汉武帝的离宫别苑、唐太宗的汤泉宫、唐玄宗的华清宫，俯身即拾的历史陈迹，将华清宫复杂的人文背景与秀丽的山地园林结合起来，使其更显得迷离神秘。

西安华清池门楼

华清池门楼是一座近代修复的门楼，却与 1936 年 12 月发生的“西安事变”联系在一起，东北军的突击枪手们正是从这座门楼冲进园中，正在酣睡的蒋介石翻墙逃窜，躲入附近的山中石缝，后被张学良部下搜寻扣压并软禁起来，留下了中国现代史上惊心动魄的一幕，也推动了中华民族历史的进程。

“门上起楼，象城堞有楼以壮观也。无楼亦呼之。”的确门楼只是一个过渡，是进入园林的通道，毕竟景物大多是在园中，但是像一座华清池门楼就有这么多的历史，也是任何一座园林所不能比拟的。

常州嘉贤坊

春秋时期吴国的季扎非常贤明，兄弟们和民众都愿意推举他做国君，但是，季扎礼让而不就，甚至抛弃了自己的家室，到野外耕种，以示避位的信念。后来多次推辞，只好分封于延陵，世称延陵季子。季扎待人诚恳，见识高迈，曾出使鲁、齐、郑、卫、晋等国，交游广泛，言论雅致，风流倜傥，受到许多人的赞誉。初出使时，路过徐国，徐君非常喜欢季扎佩带的宝剑，但是不好意思说出来。季扎虽然明白徐君的想法，但是因为出使各国，而不能没有佩剑，于是就没有将宝剑送给徐君，此回周游列国完毕，返途经过徐国，就打听徐君的情况，不料徐君已经去世，季扎非常悲痛，来到了徐君墓前，将自己的宝剑挂于树上，随后离开。周围的随从不理解，认为徐君已死，宝剑赠谁？季扎说：“我已经在内心准备送他，由于出访的礼节需要，当时不能送他，现在出访已经完毕，并不能因为他的去世而违背我最初的意愿啊。”

常州嘉贤坊

那天我走到常州红梅公园的嘉贤坊，才想起常州就是古时的延陵，正是季扎的封地。回想吴国始祖吴太伯兄弟也是不愿让父亲周太王为难，逃奔到荆蛮之地，刺青剃发，以示心愿，远离宗庙。后人中有季扎这样礼让之人，也是礼仪彰显，家风浩荡。嘉贤坊上有联曰：“春秋争弑不顾骨肉，孰如季子始终让国”，如今的红梅公园草木茂盛，塔影徘徊，叠山引水，架桥飞泉，为江南一处清亮华丽之地，也是常州人永久的精神记忆。

苏州天平山先忧后乐坊

天平山是苏州名山，设有范氏家族的祖坟，后建有太平山庄，山庄建有高义园、乐天楼、逍遥亭、岁寒堂等，为了纪念范仲淹，1989 年又建立了“先忧后乐坊”。

范仲淹祖籍苏州，生于徐州，求学于商丘，后于北宋大中祥符八年（1015 年）考中进士，随后在安徽、江苏、山东、陕西、河南等地任职，卓有成就。范仲淹为官清正，注重修身，严于律己，学养深厚。尤其在西北镇守时期，边防一度相安无事。后来进入中枢，任参知政事，主持“庆历新政”的变法，后以失败告终。范仲淹的《岳阳楼记》为千古传诵的名篇。尤其是“先天下之忧而忧，后天下之乐而乐”，激励着许多后来的人们。“不以物喜，不以己悲”，也是他历练人生之后的感言。

苏州天平山先忧后乐坊

天平山石质坚硬，尤其奇妙的是许多巨石耸立，有“万笏朝天”之誉。山幽水清，草木葱荣。其清泉、红枫、怪石在江南闻名。

松江方塔园

方塔园，位于上海松江，是今人利用唐宋古华亭的文物遗存，以宋代方塔为中心，叠山凿池，置花移木，恢复旧物，扩建新景，形成的一处别具一格的现代园林。

有一年我在友人的陪伴下，来到松江，风和日丽，新柳轻扬，远远看去，方塔周正，气韵高古，为九层楼阁式砖木结构。记得当日略染小恙，腿乏身软，走到塔下，还是奋力一登，于是站立于高塔之上，放眼望去，绿树成荫，阡陌纵横。

松江方塔园

这一番上下，顿感体轻身健，微风和煦。走出大门，回望处，看到大门旁专门有一铝制的盲文园景导游图，不禁好奇地摸了摸，点点凸凸之中，暖流涌起。公园之旅，全民之游，这一块导盲图实在是好，好在哪里，皆在不言之中。

（二）堂

古者之堂，自半已前[1]，虚之为堂。堂者，当也。谓当正向阳[2]之屋，以取堂堂高显之义。

1. **自半已前：** 指堂内的前半部分空间。
2. **向阳：** 面向太阳，指正堂坐北朝南。因北半球的阳光需从南面照射，向阳采光是中国古代建筑物根本的原则之一。

译文

古代的堂屋，指的是厅房内前半部分没有门窗隔板的空间。所谓“堂”，就是“当”的意思，即处于宅院轴线中央正面向阳的房屋，寓意堂堂正正、高大敞亮。

苏州狮子林立雪堂

苏州狮子林以燕誉堂、立雪堂、指柏轩、卧云轩、荷花厅、湖心亭、问梅阁等独特设置而引人入胜。其间山石叠异，翠荷摇波，复路遥指，花丛闲卧，尤其是叠山狮子林，誉满江南，成为苏州名园之一。

立雪堂地处燕誉堂西，为狮子林中的中点建筑，在东部的厅堂与西部的池山之间。立雪堂绣窗连缀，雕花隔屏，廊回路转，堂前鹅卵石铺地，山石林立。正是高屋宽轩，大堂壮阔。

苏州狮子林立雪堂

苏州狮子林立雪堂外景

成都杜甫草堂

有一年夏天，我到成都开会，一下飞机就念叨着诗圣杜甫和他的草堂，友人热情地领我前去。一进庭院，非常大也非常安静。大，是后人对诗圣的怀想，算是对贫困诗人身后的补偿；安静，也许是人们已经将杜甫遗忘，或者来也匆匆，去也匆匆。

我在园中寻找着诗圣的遗存，茅屋还有，是后来造的。倒是有“林梢”“塘坳”之类的地方。其他的真实是园中考古出土了一座唐代村庄，有陶瓦、盆、罐、壶等日常生活用品，疑似杜甫诗中提到的“南村群童欺我老无力”的“南村”。杜甫作《茅屋为秋风所破歌》时，大约 48 岁，但是已经远离了官府，漂漂泊泊，浮生犹寄，却将万家的忧乐时时挂念于心。

杜甫对亲人、友人以及君王的深切怀念，无不令人感慨，即使别人已经忘记他了，顾不上他了，他仍旧思念着他们。他的伟大，使他呐喊出“朱门酒肉臭，路有冻死骨”（《自京赴奉先县咏怀五百字》）；他的深情，使他呼吁着“安得广厦千万间，大庇天下寒士俱欢颜”（《茅屋为秋风所破歌》）。

茅屋数重，影映花溪，连年丧乱，哀民呻吟，诗圣为时代言，为百姓言。我继续寻找着，在空荡荡的园子中寻找诗圣的魂灵，寻找那忧国忧民的声音。草堂何以是堂也，其实就是茅屋。锦江流尽千古事，骚人爱唱野老辞。

成都杜甫草堂

（三）斋

斋较堂，惟气藏而致敛[1]，有使人肃然斋敬[2]之义。盖藏修密处之地，故式不宜敞显。

1. **致敛**：内敛聚集，心神收合。
2. **肃然斋敬**：虔诚恭敬，肃穆庄重。

译 文

斋与堂屋相比较，此处为聚敛精气、修炼心神的地方，有使人肃然虔敬的意思。因此像这种修心养性的隐秘之地，应该建在僻静隐蔽之处，样式不宜敞露明显。

苏州怡园画舫斋

计成论斋，有"斋较堂，惟气藏而致敛，有使人肃然斋敬之义。盖藏修密处之地，故式不宜敞显"的说法。斋以书斋居多，为个人清修之地，气聚神合，左图右史，舒卷自如，思接千古。

苏州怡园画舫斋是以舟船为原型构筑的水边建筑，深置园里，小巧紧密，面临曲水假山，有清养读书的意境。以读为冶，铸魂养魄，是个人生命的一种拓展。

苏州怡园画舫斋

（四）室

古云，自半已后，实为室[1]。《尚书》有“壤室[2]”，《左传》有“窟室[3]”，《文选》载：“旋室缏娟以窈窕”指“曲室[4]”也。

1. **实为室**：有具体实用价值的为室。
2. **壤室**：即上古的土穴，与窑洞相仿。
3. **窟室**：向下挖掘的地窖。
4. **曲室**：指在大殿中分隔出的连缀为一体的数间小室。

译 文

古人说，房屋之内的后一半，四壁相对封闭的空间称为室。在《尚书》中有关于“壤室”的记载，在《左传》中有关于“窟室”的记载，而《文选》中所记载的“旋室缏娟以窈窕”的房屋，指的就是曲折回环而且幽深的“曲室”。

杭州西泠印社

“水光潋滟晴方好，山色空蒙雨亦奇。欲把西湖比西子，淡妆浓抹总相宜。”苏轼的《饮湖上初晴后雨》，是描绘杭州西湖美景的著名诗篇。

在西湖北边有一石山凸起，名为孤山，登高四望，湖山景色尽收眼底，实为读书研学的好去处。这里有历史悠久的中国民间最大的金石篆刻专业学术组织“西泠印社”。

杭州西泠印社

西泠印社实际成了一个山地园林。依阶而上，西泠印社的柏堂、牌坊、仰贤亭、山川雨露图书室、四照阁等建筑，皆映衬在绿树香草之中。

山川雨露图书室是研修印事、存放图书的地方，高檐阔屋，光线明亮，凭窗一览，湖山尽来。

杭州西泠印社汉三老石室

那一天，暮色已降，我走进了西泠印社的大门。曲折的山路上，留存着弘一法师出家前寄存印石的凿壁“印藏”。山顶的一池碧水，在绿荫中发出幽光。天已经暗下来，绿叶茂密，缶亭中的坐像依然从容，小龙泓洞旁的邓石如、池边的丁敬诸位先贤谦和地伫立着。浙人胸襟开阔，为皖派印学大家邓石如造像，以保存和弘扬金石印学为目的，创社四老丁仁、王禔、叶为铭、吴隐非常谦逊，力邀海派巨擘吴昌硕为首任社长。

西泠印社体现了平民思想、布衣精神，不依傍官府豪门，而追求个人生存的独立意识。在汉三老石室前静静地站着，不由心生感慨，碑石原是纪念汉代乡村教育的一位官员，而近代被人倒卖时，吴昌硕等人以拳拳之心，解囊赎回，于是就有了一座供后人观摩凭吊的丰碑。

我慢慢地走着，小心翼翼地，怕惊扰了他们。云彩从湖面上徐徐而来，荡漾着湿润和煦的暖风，亦使西泠印社在苍茫中更显肃穆庄严。下山时，我不停地回望那山上的圣贤们！

杭州西泠印社汉三老石室

汉三老石碑拓片

（五）房

《释名》[1] 云：房者，防也。防密内外以为寝闼 [2] 也。

1. 《释名》：东汉刘熙撰，为训诂书，仿《尔雅》，共 27 篇，是推究事物名称源流、辨证名物之书。
2. 寝闼：私密卧室的小门。

译 文

《释名》中说：所谓房，就是防的意思。指空间隐秘、有别内外、用于卧寝的建筑。

苏州留园涵碧山房

留园涵碧山房与明瑟楼相连，房楼后面借假山石道攀登上楼。涵碧山房背山临水，留云借月，风清花媚，一庭芳景。

苏州留园涵碧山房

扬州片石山房

晚年的石涛从北京游历归来，已经50余岁，遂定居于扬州。一度蓄发，出释入道，号大涤子，建大涤草堂，过着普通人的生活。闲暇之余，也于叠山方面小试牛刀，于是为今日留下一座片石山房的“人间孤本”。

片石山房今存于何园，为一座独立的园林小筑，尤以叠山的气宇高昂之势，尽表蜿蜒曲折之姿，以桥、磴、涧、峰、洞、池的诸般形态，极显山水幽远、草木茂盛，以片石小料叠积，而无拼凑痕迹，也只有精通绘事画理的石涛能规划出此番境地，以致形成“峰与皴合，皴自峰生”（石涛语）的效果。片石山房中的假山，数丈之间，曲折变化，高低错落，拟画意而得高远，以临水而见峥嵘，是一大方之作，胜却人间众多佳品。相传扬州多家园林规划建造时，石涛都曾参与其中，或提供样稿，或为其题画，如扬州个园的四季假山，尚留有石涛的绘画痕迹。

有一年春天，我路经扬州，两访片石山房，徘徊良久，不忍离去。想到石涛先是王孙，后入空门成为苦瓜，最终成“有冠有发之人，向上一齐涤”（石涛语），其中苦多于甘、痛大于乐，周转多方而定居扬州，以绘事才艺糊口。是其得于时，还是不得于时？倘若无国破家毁之巨变，也许会安享玩花走马的富贵人生，而只此巨变，在江湖中挤压裂变，成就了一代宗师画杰，是幸耶，还是不幸耶？

扬州片石山房

扬州片石山房假山

（六）馆

散寄[1]之居，曰“馆”，可以通别居[2]者。今书房亦称“馆”，客舍为“假馆[3]”。

1. **散寄**：临时居住的地方。
2. **别居**：住所之外的另一处住处。
3. **假馆**：暂时借居的房舍，指游人或差人的临时住处。

译文

临时寄居的住所，称为“馆”，可以通到别的居处。而现在的书房，也有称为馆的，作为客房之用的房舍则称为“假馆”。

延伸阅读

苏州拙政园卅六鸳鸯馆

华堂朱户，馆枕池风。苏州拙政园卅六鸳鸯馆为西花园的主体建筑，分为南北两厅，是古建筑中的一种鸳鸯厅形式。北厅为卅六鸳鸯馆，南厅为十八曼陀罗花馆，中间以雕花屏门分隔。卅六鸳鸯馆的名称得于道家书籍中记载“霍光园中凿大池，植五色睡莲，养鸳鸯卅六对，望之灿若披锦”的典故。而十八曼陀罗花馆南面种植了大量的曼陀罗花，以供观赏。曼陀罗花即山茶花。

苏州拙政园三十六鸳鸯馆

苏州留园清风池馆

苏州留园清风池馆为一临水小筑，飞檐高挑，池山拥翠，临水观鱼，幽园飞花，有清风徐来之感。清风池馆为游览转折歇息之地，纵观湖池，藤叶婆娑，凉风轻拂，而得其佳气。山水之间，花间酌酒，寻邀明月，石上题诗，慢扫绿苔。

苏州留园清风池馆

苏州灵岩山馆娃宫

地处苏州灵岩山上的馆娃宫，是吴王夫差为宠幸美女西施而建。宫内“铜钩玉槛，饰以珠玉”，楼阁玲珑，金碧辉煌。

唐代诗人刘禹锡有诗云：“宫馆贮娇娃，当时意大夸。艳倾吴国尽，笑入楚王家。”吴越之争，把一个诸暨的浣纱女拖入了政治阴谋，参与完成了一次复国的活动。强大的吴国在这样妖娆的石榴裙的香风迷醉下，慢慢地被软化、瓦解，卧薪尝胆十年的越王勾践终于报仇雪耻，打败了吴国。相传胜利之日西施被范蠡秘密地带走了，从此泛舟太湖，相夫教子，而范氏转行从商，纵横江湖，又成就了一代名商“陶朱公”。

苏州灵岩山玩花池

苏州灵岩山吴王井

西施是一个美丽而聪慧的女子，名列中国古代四大美女（西施、王昭君、貂禅、杨玉环）榜首，不仅是年龄的原因，还因其能量最大、成就最高，具有颠覆一个国家的能力。

那天登上灵岩山，我向路边一个卖旅游纪念品的女子打听馆娃宫，女子已经茫然地不知晓了。旁边的一位年轻僧人向我示意，馆娃宫就在灵岩寺的庙里。

我看着吴王井、玩花池等吴国馆娃宫遗址，而周围的僧人三三两两地散步闲谈，突然想起娇滴滴的西施，心中不免感慨一番。

（七）楼

《说文》[1]云：重屋[2]曰“楼”。《尔雅》[3]云：陕[4]而修曲[5]为“楼”。言窗牖[6]虚开，诸孔慺慺然也，造式，如堂高一层者是也。

1. **《说文》**：即《说文解字》，东汉许慎著，收字 9353 个，重文 1363 个，共 10516 字。字体以小篆为主，按字形分为 540 部，首创部首检字法，为中国最早的解释汉字的典籍。
2. **重屋**：两层以上的房屋。
3. **《尔雅》**：汉初编纂的解释词义的著作。今本 19 篇，唐宋时期被列为儒家十三经之一。
4. **陕**：通“狭”，指楼梯狭窄。
5. **修曲**：修长而弯曲。
6. **窗牖**：窗户。

译文

《说文解字》中说：在房屋之上再筑房屋称为“楼”。《尔雅》中说：建于高台之上的狭曲而修长的房屋称为“楼”。这是说整齐的门窗虚开，透进的光线使里面空明敞亮。它的建筑结构，就如同在堂之上再加高一层就是了。

成都望江楼

望江楼在成都东门锦江南岸，初建于清代，用于纪念唐代才女薛涛。望江楼也称崇丽阁，高约30米，“崇丽”取自西晋文学家左思的《蜀都赋》“既丽且崇，实号成都”。望江楼为四层建筑，上两层为八角阁楼，下两层为四角阁楼，飞檐高翻，秀丽端庄。崇丽阁有名联：“层楼高百尺，到最上头，放开眼界，直看我玉垒浮云，锦江春色；往事越千年，是真才子，自有胸怀，那管他儒臣持笔，诗史题吟。”江山壮丽，而自家胸襟各有不同。楼下以竹园为主，百种翠竹，高矮胖瘦，竞相生成。一时间，对竹子的印象产生了疑惑，过去有“宁可食无肉，不可居无竹”，多是一种纤细挺拔的姿态，如今的竹丛连连，浓荫繁复，倒有一种复杂的感情。

望江楼下可见加有石栏的玉女井，相传为唐代薛涛制笺的古水井。

薛涛是唐代入籍的乐妓，才思敏捷，以诗闻名于当时，曾与白居易、元稹等人互有诗作唱和，并以制作色笺，在文人中流传广泛，深受喜爱。薛涛笺后成为一种五色信笺的形式。园中的薛涛井、浣笺亭、吟诗楼、濯锦楼等，其实均为后人附会，是明清时期社会风气聚变，文人墨客的玩赏心理的反映。若以空花观我相，早知明月是前身。

成都望江楼

成都望江楼薛涛井

武汉黄鹤楼

“久有凌云志，今上黄鹤楼。黄鹤早已去，心随黄鹤游。”记得有一年到武汉开会，慕名登上了黄鹤楼，一边攀登一边作诗，作到一半时，便来到高处俯视，武汉三镇一览无余，真是风光无限好！

湖北是楚文化的宝地。武汉是中国内地近代开埠通商较早的地方，得风气之先，南来北往，东连西通，尤其对四川、陕西、河南的经济交通有着重要影响。我生秦地，以为秦楚关系自古以来就非常密切，春秋战国时期，秦、楚同为大国，许多小国家就左顾右盼，许多游士也为了生活，时而倾向秦，时而倾向楚，于是“朝秦暮楚”就成为了一个形容人才流动的成语。另外过去从长安到江南，有一条道路通过蓝田、商洛，乘船沿丹江而下，进入汉水，到达汉口，算是一条捷径，也是一段“朝秦暮楚”的旅行。

武汉黄鹤楼

后来看到历代黄鹤楼的建筑模型，发现现在的黄鹤楼已经挪移了位置，而且越修越高，如果按原来的规格，周围的楼房会遮蔽了黄鹤楼，也无法领略三镇的气象了。我一边张望一边遐想，等返下楼后，拙诗后面的部分也完成了：“手拍长江水，足立蛇山巅。极目天地外，啸歌万古流。”诗虽不太雅致，总算表达了一种心情。

扬州个园抱山楼

个园是清代盐商黄氏构筑的私家园林，园中广置青竹，寄予挺拔向上之意。园中有宜雨轩、抱山楼等建筑。抱山楼构筑庞大，为七间长楼，上额“壶天自春”，楼两边有大块叠山，在江南园林中素来闻名。个园中的另一景致是分为春、夏、秋、冬的四季假山，即利用不同颜色的石质堆叠出山体，为清代江南私人园林的佳品。

小园香径独徘徊。是想园主的财大气粗，心境也随着高涨，四季山水，布陈于园中，自得天地俯仰，再论春秋褒贬。

游览个园，看众多翠竹摇曳，即有王摩诘的诗意：“独坐幽篁里，弹琴复长啸。”后转入住宅，高楼环绕，繁密互通，不时想起杜工部的诗句：“今春看又过，何日是归年。”

扬州个园抱山楼

苏州拙政园见山楼

拙政园见山楼处于园中的北部，为三面临水的两层阁楼，屋顶是歇山式挑檐风格。楼空人闲，玄燕斜飞，水映倒影，鱼逐花香。

楼为书楼，下层布置为书房，明窗净几，实为清雅闲适之地，多书卷清香之气。楼外曲桥卧波，蒹葭摇曳，荷花满池，亦有“荷花开自落；秋水净无泥”之雅意。

苏州拙政园见山楼

（八）台

《释名》云“台者，持[1]也。言筑土坚高，能自胜持也。”园林之台，或掇石而高上平者；或木架高而版[2]平无屋者；或楼阁前出一步而敞者，俱为台。

1. 持：扶持、支持。
2. 版：同“板”，即木板。

译文

《释名》上说：所谓的台，即支撑之意。这也就是说用土修筑成坚固的高台，能够以自身的坚固支撑台面的建筑物。园林之中的台，或用石头垒砌得很高，而顶部平坦；或用木材构架而顶部平铺木板，但不造房屋；或在楼阁前面加宽台面，一步走出，三面敞开，这些都称为台。

苏州虎丘千人石

苏州虎丘为春秋吴国阖闾的墓地，有剑池、千人石、云岩寺塔等名胜。山林茂密，岩石峭拔，云起风生，泉冷水寒。云岩寺塔为八面七层的佛塔，于五代末至北宋初建构，登高眺望，可见苏州城中青瓦粉墙，绿树红花，枕河人家。

虎丘与吴王藏剑的故事有关，吴国为造剑名家云集的地方，有干将、莫邪的神话相传，阖闾去世时，曾以三千把精美的宝剑殉葬，引得后人好奇，勾践、秦始皇、孙策、孙权诸位英豪，都来虎丘寻剑，最终无功而返，因而千古之谜至今仍未解开。

千人石为一天然石台，相传东晋时高僧鸠摩罗什的弟子竺道生在此说法，可坐千人。与千人石邻近的白莲池中，有一块“点头石”，当时竺道生讲法，被当地政府取缔，只剩下诸人留下的坐石，但是，竺道生仍然矢志不移，高声宣讲，音幽光斜，涧底泉声，发现池中的顽石竟在点头，后来传为“生公说法，顽石点头”的故事。

苏州虎丘生公讲台

苏州虎丘点头石

（九）阁

阁者，四阿[1]开四牖。汉有麒麟阁[2]，唐有凌烟阁[3]等，皆是式。

1. **四阿**：指庑殿式建筑的四面坡顶。
2. **麒麟阁**：西汉时期的阁名，在未央宫内，为萧何营造，是收藏书籍、供奉功臣的地方。

见《汉书·苏武传》。唐代杜甫《投赠哥舒开府翰》诗："今代麒麟阁，何人第一功。"

3. **凌烟阁**：为表彰功臣而建筑的高阁。唐太宗在长安建凌烟阁，表彰大唐开国功臣二十四人，由唐太宗题赞，褚遂良书写，阎立本绘制。见唐代刘肃《大唐新语》。

译 文

所谓阁，就是采用庑殿式的四坡屋顶，并在四面墙上开窗的建筑。汉代的麒麟阁、唐代的凌烟阁，都是这种建筑样式。

延伸阅读

宁波天一阁

天一阁是明代构筑的藏书楼，位于浙江宁波。

天一阁为六间两层砖木结构的硬山式阁楼，得名于元代龙虎山的天一池石刻，有"天一生水"的意思，阁楼前有水池存水，以防火情，后来收藏《四库全书》的七座阁楼基本上是仿照天一阁的模式。

天一阁由当时退隐的明朝兵部侍郎范钦主持建造，是中国现存最早的私家藏书楼。天一阁当时藏书多达53 000余卷，后来在清代中期虽有一些散失，但是仍然享有"浙东藏书第一家"的声誉。

宁波天一阁

（十）亭

《释名》云："亭者，停也。人所停集[1]也。"司空图有休休亭[2]，本此义。造式无定，自三角、四角、五角、梅花、六角、横圭[3]、八角至十字，随意合宜则制，惟地图可略式也。

1. **停集**：停留集聚。
2. **休休亭**：唐代文学家司空图在山西中条山隐居时修筑的亭子。司空图著有《二十四诗品》，影响较大。
3. **横圭**：圭为一种古玉的形制。此处横圭是一种上圆下方的亭制。

译文

《释名》上说：所谓亭，即为停留之意。指供游人游览和停留休息的建筑。唐代司空图建有一座“休休”亭，就是本着这个意思。亭的建筑形式没有定式，从三角形、四角形、五角形、梅花形、横圭形、八角形到十字形，只要与意境相宜都可以选用建造，只要有平面图，就可以表现出亭子的建筑形式。

绍兴兰亭

亭，本是秦汉时期边塞驿站的建筑，有休息、话别等作用，杜牧诗：“不用凭栏苦回首，故乡七十五长亭”，是以亭计算两地之间的距离。后来亭作为一种建筑样式，多为四面开放，“惟有此亭无一物，坐观万景得天全”（苏轼诗），成为点缀园林不可缺少的构筑。天下名亭甚多，如欧阳修的醉翁亭、苏舜钦的沧浪亭，但是最令人注目的名亭是王羲之的兰亭。

绍兴兰亭

343 年的三月，王羲之与谢安等 40 余位友人来到绍兴兰渚山下，兰渚山为当年越王勾践卧薪尝胆、种植兰花的地方。

王羲之在一挥而就的“天下第一行书”《兰亭集序》中，兴致勃勃地描述到：“此地有崇山峻岭，茂林修竹，又有清流激湍，映带左右，引以为流觞曲水，列坐其次，虽无丝竹管弦之盛，一觞一咏，亦足以畅叙幽情。是日也，天朗气清，惠风和畅，仰观宇宙之大，俯察品类之盛，所以游目骋怀，足以极视听之娱，信可乐也。”

《兰亭集序》中的“快然自足，不知老之将至”“古人云：‘死生亦大矣，岂不痛哉’”“后之视今，亦犹今之视昔，悲夫”等感慨，实为触景生情，后人读之皆可体味其中的旷达苍凉。《兰亭集序》问世以来，勾起无数士人的遐想，兰亭也成为了书法之亭、流饮之地，以至于许多园林构筑时，亦不忘添加与兰亭相关的景致。如故宫乾隆花园的禊赏亭、北京恭王府的流杯亭、上海豫园的流觞亭等。“《释名》云：‘亭者，停也。人所停集也’”的观点，在历史长河中逐渐具有了文化精神上的意义，《兰亭集序》的书法和文章实际上成为了士人心理疲惫时，需要歇息的精神之亭。

绍兴兰亭鹅池

以前去杭州，一直没有机会去兰亭，似乎心结中总有一种未释的沉郁。

此回风清气朗，草木葱荣，在杭州友人的帮助下，驱车南奔，不一会儿便来到会稽山下，朝思暮想的兰亭直入眼帘。

绍兴兰亭鹅池

绕过古朴的园门，就看见一群白鹅欢快自在地嬉戏，游人也以青草喂之，我居北方，今日到此才知白鹅原来以草食之，此天下闻名的“鹅池”是也。水是晋朝的绿意，竹是王家的本色，羲之用书写的《黄庭经》换来的白鹅还在憨憨地曲折着脖颈，是在昭示着运笔的趣味与方法吗？自然朴素的情怀，方能显现“天下第一行书”的韵致流风；追古忧今的心志，才使得魏晋风骨绵延无穷。

走过了石桥，在翠竹摇曳的绿荫中漫步，远远地就看见康熙题写的“兰亭”，题字似乎有些残，原来为补缺的结果。文化的发展总有一些时候会断缺，后人总会补遗。野火烧着烧着就灭了，青草也会慢慢地复苏，希望就会延续下去。于是就这样走着，走过了“墨华亭”“乾隆御碑”“曲水流觞”，只见园中的荷池空空的，水草却一片片地漂浮着，像化不开的墨团，这才是书圣的魂魄，有着散不尽的荣哀，也引来无数爱好者的追慕。

返途中路过“咸亨酒店”，喝着甜甜的“花雕”，就着香香的茴香豆，“慢慢地坐着喝”，红红的晕色就上了脸颊，想起了也用毛笔写字的孔乙己，“多乎哉？不多也”，写毛笔字的人就像茴香豆一样，似多也不多。

镇江北固亭

北固亭在镇江的长江岸上。

少年时读辛弃疾的《永遇乐·京口北固亭怀古》时，一字一句，流露出诗人壮怀激烈的情绪。遥想诗人的泪水，不仅是壮志难酬的哀叹，也有着人生易逝的省悟。

镇江北固亭

北固亭也称祭江亭、凌云亭。亭俯大江，江阔云高，风劲树摇。登临北固亭，抬望眼，见江水茫茫，浩淼无际。此时已不是彼时，镇江之镇，在于国破兵败之际的固守，而固守不仅依于天险，而更多在于人事。地势成为了凭吊历史的对象，而不只是古今战场的胜败因素，于是北固亭便成为了后人心理的慰藉。亭下就是甘露寺，有一出“三国刘备被东吴招亲”的故事，就发生在这里。其中印象较深的是孙夫人的闺房，不爱红装爱武装，全是刀枪剑戟，新婚之夜还回响着金戈之音，把重做新郎的刘先主惊得手脚发软。好在孙夫人义气忠烈，事夫以诚，使实遭软禁的刘玄德乐不思蜀，已然忘记了三军将士还在战场厮杀。此亦在诸葛亮的神机妙算之中，于是派大将赵子龙前来，以计谋使刘玄德脱身，当然中途还少不得一番厮杀，终于携孙夫人一同逃还荆州，气的周瑜当时旧疮复发。

北固亭是英雄之亭，说的都是壮怀激烈的事情，连儿女情长都充满着风云气息，如多景楼、天下第一江山、试剑石、鲁肃墓、太史慈墓等，尤其是“龙埂”巍峨高耸，逶迤突兀，气势雄壮。山下大江古渡，野风闲逸，而朵朵桃花却光华灿烂，如云如霞。真是凭吊怀古的好地方。

苏州网师园

网师园先前是南宋绍兴侍郎史正志的花园，清代乾隆年间宋氏构筑网师园，并以网师自顾，渔夫实有渔隐之意。

入园即为大厅和撷绣楼，出楼便见射鸭廊、竹外一枝轩、看松读画轩。池西的“月到风来亭”为园中主景，以游廊连接濯缨水阁、小山丛桂轩等建筑，借碧竹、绿水、秋月、寒松寓意四季。竹外一枝轩和射鸭廊取自苏轼“江头千树春欲暗，竹外一枝斜更好”及“竹外桃花三两枝，春江水暖鸭先知”的佳句。小山丛桂轩取意庾信《枯树赋》“小山则丛桂留人”的诗句。

月到风来亭连接曲廊，秋月清风，花香袭人，月光洒落，水映树影，园内更显小巧而文雅，曲廊移步，秀石逶迤，花地铺石，极具观赏、卧游、宴饮、读书等使用功能。

苏州网师园

（十一）榭

《释名》云：榭者，借也。借景[1]而成者也。或水边，或花畔，制亦随态。

1. **借景**：利用其他景致来增添自身观感的丰富性。此处原为“藉景”，“藉”为“借”

的繁体字，后文遇“藉”均改为“借”。

译 文

《释名》中说：所谓的榭，即凭借的意思。也就是说借助风景的意境而建造。或临靠水边，或隐藏花畔，榭要灵活地根据景观意境的不同而建成适合的形式。

苏州怡园藕香榭

榭为水边建筑，面山对水，望云赏月，借景而生，有观景和休闲的作用。榭下有石柱支撑，深入池中，而榭浮水上，清晨黄昏，水汽弥漫，莲花生香，犹如仙岛。

苏州怡园是清代顾氏的私园，怡园西部有临水的主体建筑藕香榭。藕香榭为一座鸳鸯厅，北为藕香榭，南为锄月轩。北望池水，荷香阵阵；南赏明月，清光粼粼。如计成语：“阶前自扫云，岭上谁锄月”， 是士人的雅景，一轮明月，四壁清风。

苏州怡园藕香榭

苏州耦园水榭山水间

苏州耦园是一座东西向布局的小型园林，东西对偶，亦称耦园。

耦园水榭山水间是一座别致小巧的临水建筑，处于耦园的中心位置，四周有碧水、山石、厅廊环绕，风清气爽，山水流韵。山水间将雅致舒适的室内与旷达疏朗的园林结合起来，尤其是水榭的室内较低，几乎接近池水，临水赏鱼，迎风观荷，都有置身其中的感受。陆机《文赋》“遵四时以叹逝，瞻万物而思纷；悲落叶于劲秋，喜柔条于芳春”，将天地的变化与人情的悲欢结合，实际上扩大了水榭在造园中的作用。

苏州耦园水榭山水间

（十二）轩

轩式类车，取轩轩欲举[1]之意，宜置高敞，以助胜[2]则称。

1. **轩轩欲举**：高高仰举。
2. **助胜**：意即高仰宽敞，而获得景致。

译 文

园林中轩的形式类似古代车舆的“轩”，取其高翘欲飞的含义。它适用于高敞的建筑部位，能够增加建筑空间的轩昂开阔就是适宜的。

苏州拙政园倚玉轩

计成论“轩”：“轩式类车，取轩轩欲举之意，宜置高敞，以助胜则称。”

轩，一般临水而建，高举展翅，空敞明亮，有阔畅通拓的心理作用。苏州拙政园的倚玉轩为远香堂的辅助建筑，为东西向布局，与坐北面南的远香堂呼应，高轩迎风，是观赏翠竹绿荷的佳处。

初建时，倚玉轩前翠竹环拥，应文徵明《拙政园图咏》中“倚楹碧玉万竿长”的设想，而青竹雅荷，沁人心扉，小桥独立，清香四溢，实有“格超荷之上，品在竹之间”的意蕴。

苏州拙政园倚玉轩

（十三）卷

卷[1]者，厅堂前欲宽展，所以添设也。或小室欲异人字，亦为斯式。惟四角亭及轩可并之。

1. **卷：**卷棚，在梁上呈弧形的木制顶棚。

译文

所谓卷，是想要拓宽厅堂前部空间而添建廊庑的顶部构建形式。或者想改变小屋子“人”字形屋顶的空间，也采用这种卷的形式。四角亭和廊轩均可建成这种卷式屋顶。

扬州个园宜雨轩

宜雨轩是扬州个园的中心建筑，三面环廊，后池前庭，花丛簇拥，湖石盘绕，池水浮萍，花鲤跳跃。轩内华贵大方，气宇轩昂。

个园虽为盐商黄至筠的私园，但是，衣食足而知礼节，附庸风雅，还是向往“宁可食无肉，不可居无竹，无肉令人瘦，无竹令人俗”（苏轼语）的雅境。

扬州个园宜雨轩

（十四）广

古云：因岩为屋曰“广[1]”，盖借岩成势，不成完屋者为“广”。

1. 广：指靠在岩壁旁为一坡而下的房屋，即北方常见的半间房。

译文

古人说：一面靠在岩壁上而建造的房子称为“广”，因为它依靠崖壁，屋顶是半面的单坡顶，因此称为“广”。

杭州孤山小龙泓洞

“清风拂明月，流水盘高山。”

西泠印社上有山顶水池，初为人工开凿，后逐渐化为天成。傍有小龙泓洞、石龛、锦带桥。龙泓为丁敬的号。西泠印社成立后，在园中立有清代西泠八家之一的篆刻家丁敬和徽派大家邓石如的石刻像。后有日本雕刻家捐赠的吴昌硕半身塑像，被安置在小龙泓洞的缶龛中。吴昌硕塑像作跏趺坐状，安详自然，神形兼备。

“古云：因岩为屋曰‘广’，盖借岩成势，不成完屋者为‘广’。”实际上，佛家修行时常常把石龛一类的洞窟作为岩屋，而后演化为园林，西泠印社的小龙泓洞一地，是江南文士墨客的福地。金石长乐，书画结缘。

杭州西泠印社小龙泓洞吴龛

小龙泓洞

（十五）廊

廊者，庑[1]出一步也，宜曲宜长则胜。古之曲廊，俱曲尺曲。今予所构曲廊，之字曲者，随形而弯，依势而曲。或蟠山腰，或穷水际，通花渡壑，蜿蜒无尽，斯寤园之“篆云[2]”也。予见润之甘露寺[3]数间高下廊，传说鲁班所造。

1. **庑：** 在大堂一类的高大建筑中，室外屋檐向前左右延伸出的部分，俗称廊檐，但不是廊。
2. **篆云：** 为寤园中的游廊，其形制多曲折变化，取其篆意。
3. **甘露寺：** 镇江北固山上的寺院，下临长江，视野开阔。为三国时期的吴国所造，因建造时天降甘露而得名。

译文

廊，就是庑延伸出一步而构成的建筑物，以曲折深长为好。古代的曲廊，都是像木工的曲尺那样直角弯折。而今我自己建造的曲廊，是如“之”字形弯折转曲，随地形而弯转，随山势而曲折。或盘旋在山腰，或转折于水边，贯通花间，穿越沟壑，蜿蜒无尽，就如当年汪士衡的寤园中所建的“篆云”曲廊。我曾见镇江甘露寺有几间依山而建的高下廊，据传是鲁班所造。

苏州怡园复廊

廊为园林的基本木构架制，分隔庭院，连接厅楼，遮风挡雨，调节游园路线，变化园林景物。从形状上看，有直廊、曲廊、环廊、回廊等；从功能上看，有楼廊、桥廊、水廊、爬山廊、叠落廊、暖廊等。廊的变化，丰富多姿，因地制宜，增添园林气氛。闲庭信步花还在，

苏州怡园复廊

一园春色两园分。

苏州怡园为东西两院，中有复廊隔开，廊中曲直结合，略作蜿蜒，通过漏窗变化，两面借景，步移景迁，上覆灰瓦卷棚，遮雨隔阳，以达到“随形而弯，依势而曲”“通花渡壑，蜿蜒无尽”的效果，令人实有“山水滋，老庄退；径路绝，风云通”的感慨。

（十六）五架梁

五架梁[1]，乃厅堂中过梁也。如前后各添一架，合七架梁列架式。如前添卷，必须草架而轩敞。不然前檐深下，内黑暗者，斯故也。如欲宽展，前再添一廊。又小五架梁，亭、榭、书房可构。将后童柱[2]换长柱[3]，可装屏门[4]，有别前后，或添廊亦可。

1. **五架梁**：为厅堂中的过梁。过梁也称驼梁，因承重较大，一般需要用巨木构架。五架梁是架在两根现柱之间，上面还架有三根童柱。
2. **童柱**：在过梁上的短柱，支撑房屋的脊桁和脊枋。
3. **长柱**：现柱和童柱连为一体，成为一根柱子。
4. **屏门**：屏门实际有两种，一种为院内分割空间的方式，以木质门板的安插或木质板门的开合方式处理，如北京的四合院；一种是在室内明柱之间作为隔断。这里指后一种。

译文

五架梁，就是厅堂中的过梁。如果在其前面和后面各增加一架，就组合成了七架梁的结构。如果要在厅堂前面添建敞卷，就必须采用草架形式才能使之敞亮。不然的话，前面的屋檐太过低矮，室内光亮不足而显得黑暗，就是这个缘故。如果想要使室内宽敞，就要在前面添建一廊。另外还有小五架梁，可用于亭、榭、书房的建造。如果把后童柱换成落地长柱，可以安装屏门，用以区别屋前屋后；如不装屏门，添建走廊也行。

延伸阅读

北京故宫太和殿梁架结构

若以中国古代建筑的实例看，北京故宫太和殿当为最雄伟壮丽的建筑物。

故宫紫禁城是明清时期北京城市布局的中心。以清代为例，从正阳门到紫禁城之间，有大清门、宫前广场与天安门、端门、午门衔接，并在天安门的两边建有左祖（太庙）右社（社稷坛）。

故宫占地面积72万平方米，全部建筑大小房屋共有9999间，并以前三殿（太和殿、中和殿、保和殿）和后三宫（乾清宫、交泰殿、坤宁宫）为主体，展现人间富贵豪华之极致。

太和殿即为故宫的中心。单层重檐庑殿顶，面阔九间，进深四间，加上周围环廊，面积达2380平方米。体量巨大，气象庄严。

故宫太和殿梁架结构示意图，详细地揭示了中国木构梁架建筑最复杂的内涵。

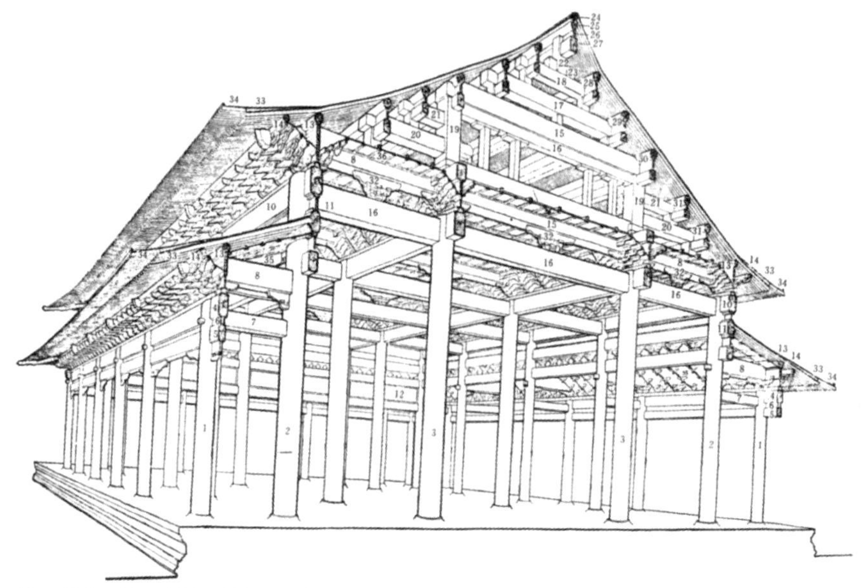

1—檐柱；2—老檐柱；3—金柱；4—大额枋；5—小额枋；6—由额垫板；7—挑尖随梁；8—挑尖梁；9—平板枋；10—上檐额枋；11—博脊枋；12—走马板；13—正心桁；14—挑檐桁；15—七架梁；16—随梁枋；17—五架梁；18—三架梁；19—童柱；20—双步梁；21—单步梁；22—雷公柱；23—脊角背；24—扶脊木；25—脊桁；26—脊垫枋；27—脊枋；28—上金桁；29—中金桁；30—下金桁；31—金桁；32—隔架科；33—檐椽；34—飞檐椽；35—溜金斗拱；36—井口天花

北京故宫太和殿梁架结构示意图

（十七）七架梁

七架梁[1]，凡屋之列架也，如厅堂列添卷，亦用草架。前后再添一架，斯九架列之活法[2]。如造楼阁，先算上下檐数，然后取柱料长，许中加替木[3]。

1. **七架梁**：比五架梁在前后各多出一柱。多为普通房屋的标准样式。
2. **活法**：灵活的办法。
3. **替木**：在木柱上加的横木，用于支撑上面的桁枋构件。

译文

七架梁是一般房屋常用的列架式，如果为了厅堂高敞而在厅堂前增加卷，也要用草架。如果在其前后各添一架，就是七架变九架的灵活方法。如果建造楼阁，要先计算出上下檐的高度，然后才能估算出柱子的用料长度，在梁柱的尾部可增加替木，以减少梁柱的压力并增加牢固度。

七架梁屋宇

（十八）九架梁

九架梁[1]屋，巧于装折，连四、五、六间，可以东、西、南、北。或隔三间、两间、一间、半间，前后分为。须用复水[2]重椽，观之不知其所。或嵌楼[3]于上，斯巧妙处不能尽式[4]，只可相机而用，非拘一者。

1. **九架梁**：比七架梁在前后各多出一柱。多为豪华房屋的标准样式，构造更为复杂。
2. **复水**：复水椽，位于草架下、过梁上。也称复水重椽。
3. **嵌楼**：添加楼层。

4. **尽式：**仅仅依靠图式。

译文

建造九架梁的房屋，在空间分隔及其装修上是很灵活的。既可以在进深方向将四、五、六间房子连接起来，也可以任意朝向东、西、南、北，或分隔成三间、两间、一间、半间，还可以把前后分隔成一些相对独立的空间部分。采用复水重椽构架，使人看不出是在一个屋顶下面隔出的空间。或利用梁架立柱较多的特点，在其上面建造楼阁。这些巧妙之处，不可能都用图式表示出来的，应该随机变化、灵活应用，不必拘泥于某一种形式。

（十九）草架

草架，乃厅堂之必用者。凡屋添卷，用天沟[1]，且费事不耐久，故以草架表里整齐。先前为厅，向后为楼，斯草架之妙用也，不可不知。

1. **天沟：**指连缀的两屋之间滴水流经的地方，多用瓦和泥灰砌成水沟形。

译文

草架，是厅堂必须采用的列架形式。凡是屋檐前面添建敞卷，需要在屋顶做排水的天沟，既费工时又不耐用，所以就要采用草架，使整个建筑的外观与内部空间统一美观。在前面添敞卷可以为厅，在后面添敞卷可以建成阁楼，这就是草架的妙处所在，不可不知。

（二十）重椽

重椽，草架上椽也，乃屋中假屋[1]也。凡屋隔分不仰顶[2]，用重椽复水可观。惟廊构连屋[3]，构倚墙一披而下，断不可少斯。

1. **假屋：**屋，指房顶。由于增添了草架而出现的空间，叫“假屋”，即指真屋顶之下的假屋顶。
2. **仰顶：**在室内能够看到的屋顶，即现在所说的天花板、顶棚。

3. 廊构连屋：廊和屋的结构连在一起。

译 文

重椽，就是草架上的椽子，即在屋顶之下的假屋顶。凡是在房屋中做隔间无须用天花板，用重椽复水做成对称的假屋顶，顶部空间就完整且美观了。特别是当廊与房屋相连，或靠墙建成单坡顶时，一定少不了重椽复水的建造方式。

（二十一）磨角

磨角[1]，如殿阁躐角也。阁四敞及诸亭决用。如亭之三角至八角，各有磨法，尽不能式，是自得依番机构。如厅堂前添廊，亦可磨角，当量宜。

1. 磨角：同躐角，指建筑外墙转弯处形成的多变形状，一般用于亭或阁的构造中。

译 文

磨角，就像殿阁的外墙转角那样，是四面敞开的阁和各种亭子必须使用的建筑方法。如从三角形到八角形的亭子，各有不同的磨角方法，不能一一列举出来，这就需要设计者精心构思。如果厅堂前面添建走廊，也可以在转角处磨角，但应当做到得体合适。

木构磨角

（二十二）地图

凡匠作[1]，只[2]能式屋列图，式地图[3]者鲜矣。夫地图者，主匠之合见也。假如一宅基，欲造几进，先以地图式之。其进几间，用几柱着地，然后式之，列图如屋。欲造巧妙，先以斯法，以便为也。

1. **匠作**：工匠制作。
2. **只**：原为止。
3. **地图**：建筑设计中的平面图。

译文

大凡工匠施工只能凭经验绘制房屋列架图，能绘制平面图的人极少。但是平面图是主持设计者与工匠施工的共同依据。假如想要在住宅地基上建造几进房屋，都要在总平面图上绘制出来。根据平面图来确定每进房屋有几间、在地上立几根柱子，然后进一步绘制出平面图和列架图，在图纸上列出和标明房屋的间、柱等结构。想要把房屋建造得精巧，就必须采用这种方法，以便于施工。

屋宇图式

五架过梁式

前或添卷，后添架[1]，合成七列架。

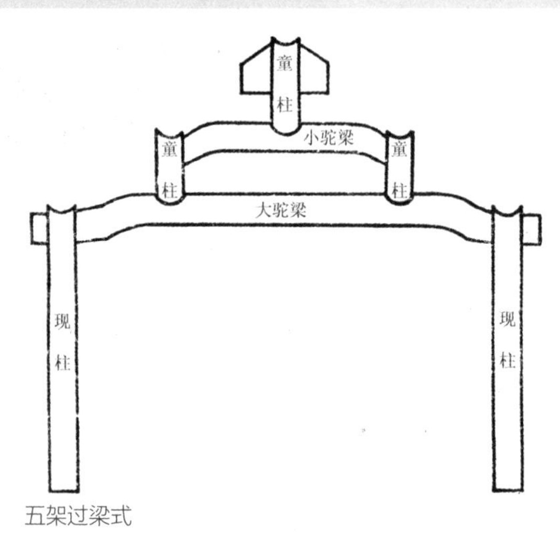

五架过梁式

1. **架**：房中的单个梁，称为“一架”。两根梁中间水平的距离，称为步架。

译文

在五架梁前面添建敞卷，或在后面添建一步架，就组合成了七架梁的列架式。

草架式

惟厅堂前添卷，须用草架，前再加之步廊，可以磨角。

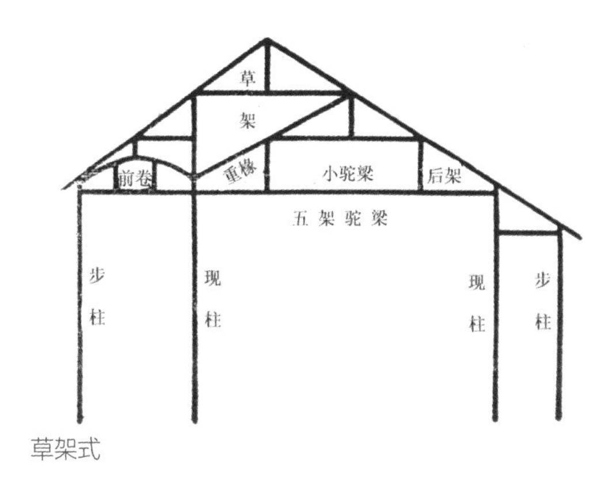

草架式

译文

只有在厅堂前面添建敞卷时，必须采用草架形式；要在敞卷前面再增建步廊，则可采用磨角方式。

七架列式

凡屋以七架为率。

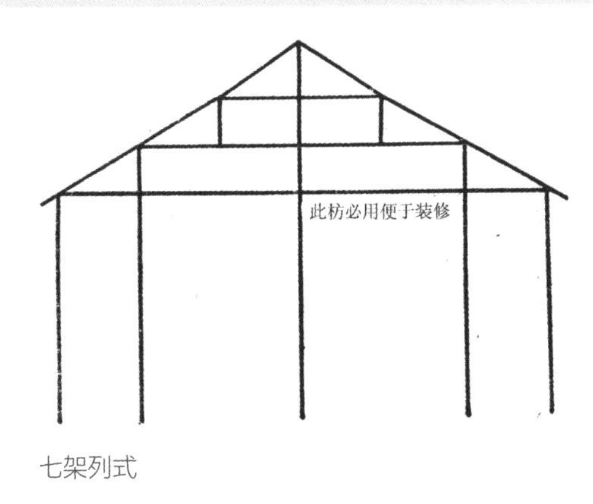

七架列式

译文

一般来说，房屋都以七架梁作为标准列架。

七架酱架式

不用脊柱[1]，便于挂画，或朝南北，屋傍可朝东西之法。

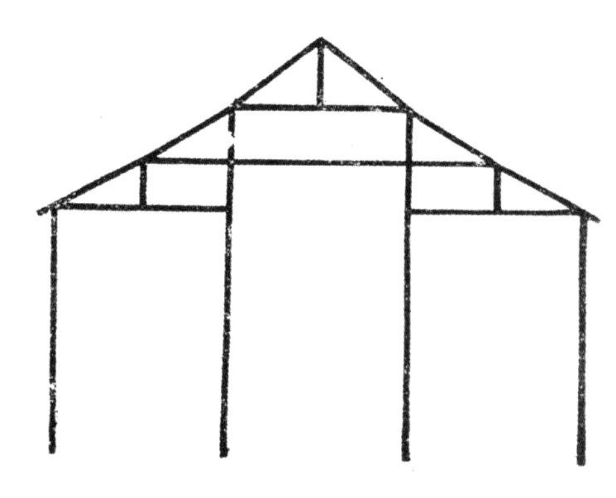

七架酱架式

1. **脊柱**：即房屋中心的立柱，从地面直接与房脊连接。

译文

七架梁山墙脊柱不落地，墙面平整，便于悬挂字画。只有房屋坐北朝南、侧面山墙开门，才可以采用东西朝向的方式。

九架梁式

此屋宜多间，随便隔间，复水或向东西南北之活法。

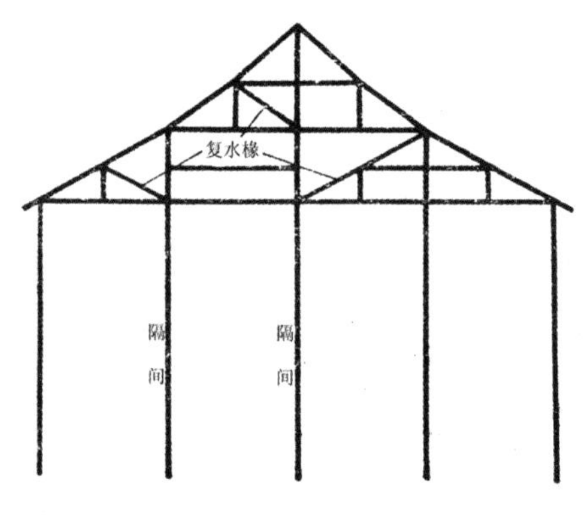

九架梁五柱式

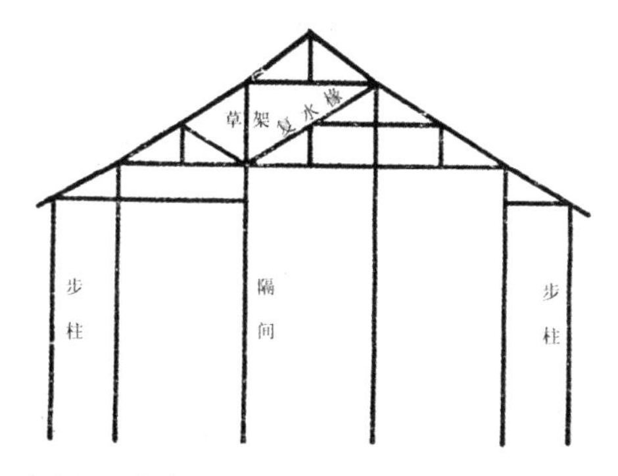

九架梁六柱式

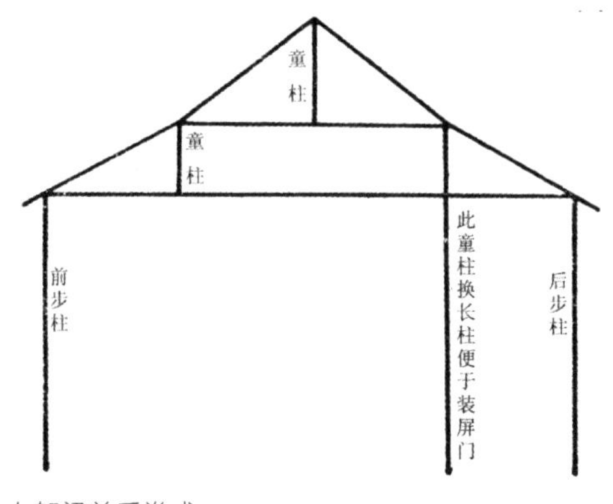

九架梁前后卷式

译 文

这种构架适合用于多房间的隔断，进深方向可以随意间隔，并使用复水重椽建假顶，门户也可以任意朝东、西、南、北灵活布置。

小五架梁式

凡造书房、小斋或亭，此式可分前后。

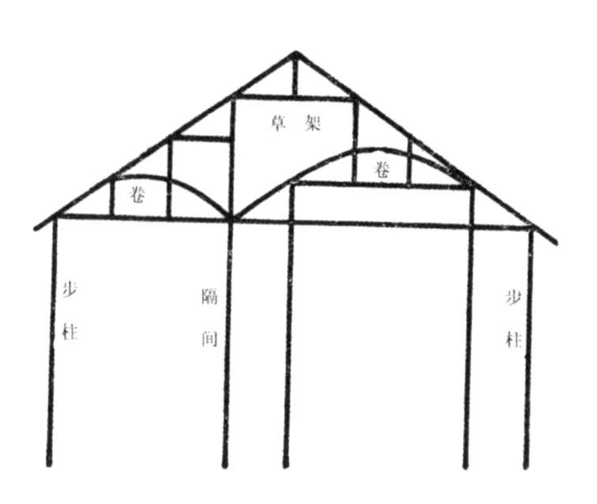

小五架梁式

译 文

凡是建造书房、小斋或亭子，可以采用这种构架方式。可将屋内空间分成前后两部分。

地图式

凡兴造，必先式斯。偷柱定磉[1]，量基广狭，次是列图。凡厅堂中一间宜大，傍间宜小，不可匀造。

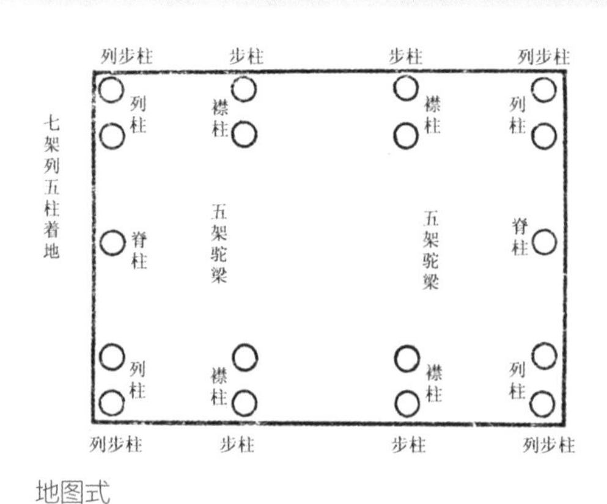

地图式

1. **偷柱定磉**：偷柱指减少柱子，磉为柱子下的柱石墩。意即因地制宜地合理规划布局。

译 文

凡是建造房屋，必须先绘制平面图。减少柱子的数量，确定每根柱子的位置，测量出地基尺寸的宽窄，再绘制出列架图。建造厅堂，中间的开间宜大，两旁的开间宜小，不可

建造得大小一样。

梅花亭地图式

先以石砌成梅花基，立柱于瓣，结顶合檐，亦如梅花也。

译 文

先用石头砌筑成梅花形状的台基，再把柱子立在花瓣上面，构架结顶，檐口拼合，顶的形状也会像梅花一样。

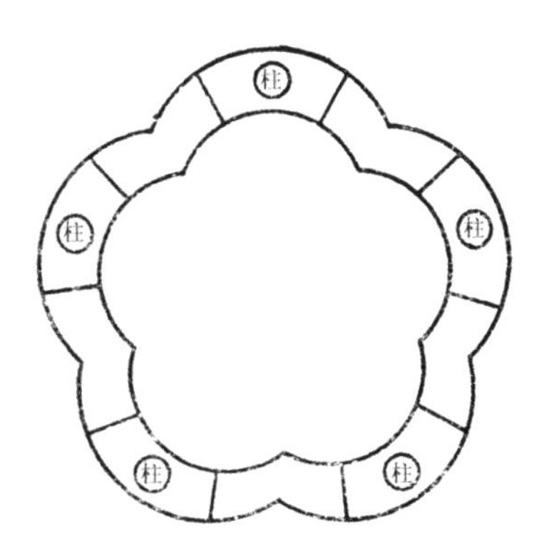

梅花亭地图式

十字亭地图式

十二柱四分而立，顶结方尖，周檐亦成十字。

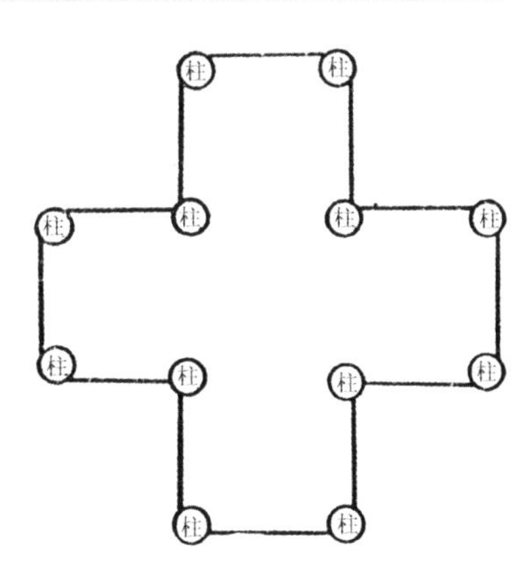

十字亭地图式

译 文

把十二根柱子按四等分对称而立，顶部合成方尖形，亭子四周的屋檐也就呈现出十字形状。

诸亭不式，惟梅花、十字，自古未造者，故式之地图，聊识其意可也。斯二亭，只可盖草。

译文

其他形状的亭子不一一绘制了，只有梅花亭、十字亭自古以来还未曾发现建造过，所以将它们绘制成地图，让人们了解大意就行了。这两种亭子，只可用草来盖顶。

装折

凡造作[1]难于装修[2]，惟园屋异乎家宅，曲折有条，端方非额[3]，如端方中须寻曲折，到曲折处环定端方，相间得宜，错综为妙。装壁[4]应为排比，安门分出来由。假如全房数间，内中隔开可矣。定存后步一架，余外添设何哉？便径他居，复成别馆。砖墙留夹，可通不断之房廊；板壁常空，隐出别壶之天地。亭台影罅[5]，阁楼虚邻。绝处犹开，低方忽上，楼梯仅乎室侧，台级借矣山阿。门扇岂异寻常，窗棂[6]遵时各式。掩宜合线，嵌不窥丝。落步栏杆，长廊犹胜，半墙户槅[7]，是室皆然。古以菱花[8]为巧，今之柳叶[9]生奇。加之明瓦[10]斯坚，外护风窗[11]觉密。半楼半屋，依替木不妨一色天花；藏房藏阁，靠虚檐无碍半弯月牖。借架高檐，须知下卷。出幕若分别院；连墙拟越深斋。构合时宜，式征清赏[12]。

1. **造作：**营造制作。
2. **装修：**为装折的意思，这里指门窗隔断一类的制作。
3. **额：**原为额头，这里为方正而不呆板的意思。
4. **装壁：**安装壁板。

5. 罅：缝隙。

6. 窗棂：窗户上透光雕镂及花饰图案的部分。后来也称心屉或隔扇心。

7. 户槅：窗棂中木条分隔的格子。后来也称隔扇。

8. 菱花：菱花形状的窗格。

9. 柳叶：柳叶形状的窗格。

10. 明瓦：古代将蚌、蛎壳磨成极薄的半透明状小片，镶嵌在窗户上用以采光。

11. 风窗：指支窗和摘窗的外护窗。一般的木窗有上下两部分，上面为支窗，即可以支起透风；下面的平时不能支起，但是可以摘卸。外护的风窗是指在外面加上一层带图案的窗棂，也有用无图案的木板护窗，白天卸下采光，晚上装上形成防护。

12. 清赏：欣赏。

译文

大凡房屋建筑的难度在于装修，园林的房屋装修过程不同于一般的住宅，讲求庭院空间的曲折中有条有理，方正中又不显得呆板。须在方正中寻求曲折，在曲折处还应显得方正，相互搭配要得体适宜，错综曲折要显得巧妙。安装窗壁应讲究对称排列，安门设洞要根据出入路线合理设计。假如整个房间有数间进深，在屋内沿进深隔开就行了。必须保留后步一架余轩，除此在保留的余轩之外还能增添什么呢？需要辟出一条便道通往其他房舍，也可再建造一座斋馆。在山墙与院墙之间要留出通行的夹巷，可使房廊之间产生往复不断的通畅感。每面墙壁外都应留出空间，可让庭院隐现壶中天地的景趣。亭台要多留洞隙透出光影，阁楼要临靠在虚空之处，看似断绝却别开洞天，来到低处又忽往上行。楼梯只适宜安置在室内旁侧，台阶可借助山坡往上延伸。门窗虽与寻常样式没有什么不同，但窗棂图案的样式则要讲究时尚。

门窗关上时接拼处应严丝合缝。厅堂前沿的台阶上安装的栏杆，最好与长廊连接在一起；半墙之上安装窗槅，只要是屋室都应如此。古代窗棂以菱花图案为精巧，如今则以柳叶式图案更为奇妙。窗户上嵌上明瓦显得牢固，外部护以风窗更感觉严实。半楼半屋的房舍，不妨沿着梁下替木全部做成一色的天花；深宅幽阁的居处，靠虚檐处可开辟成弯月形的窗户。借助草架抬升屋檐，就应知道添建敞卷。如果要从室内去往别处的庭院，须在连院的墙上辟出门洞，才能越过去往别院的深斋。园林的结构要有时空变化的意趣，装折样式要

清新雅致、赏心悦目。

苏州拙政园留听阁

拙政园留听阁为西部园区的景点，四面开窗，临池坐望，柳梢月上，秋雨听荷，颇得李商隐的诗意。

留听阁室内，窗格简化，以玻璃方窗为主，采光适宜，眺望方便。正如计成的“门扇岂异寻常，窗棂遵时各式”“半楼半屋，依替木不妨一色天花；藏房藏阁，靠虚檐无碍半弯月牖”。烟树隐约，雁声掠过，但见黄叶翻飞，只觉秋意无限。

苏州拙政园留听阁

上海松江醉白池

上海松江醉白池

上海松江醉白池是清代画家顾大申的私园，园主推崇唐代诗人白居易的晚年生活，构筑了醉白池。醉白池在园中院落深处，需要穿越数道径廊，并有方形荷塘，廊榭回环。聚水成池，草木清幽。

（一）屏门

堂中如屏列[1]而平者，古者可一面[2]用，今遵为两面[3]用，斯谓“鼓儿门[4]”也。

1. **屏列：**屏风一样地排列。
2. **一面：**单面。
3. **两面：**双面。
4. **鼓儿门：**屏门的一种，即双面夹板成为鼓状的门面，里外雕有花纹，可供观赏。

译文

屏门就是厅堂正中类似一列屏风的板平门，古时只镶平一面使用，现今则把两面镶平使用。因中空似鼓，所以人们把它称为“鼓儿门”。

常熟翁同和故居

常熟翁同和故居

古柏盖屋多盘错，新笋出土自展舒。翁同和为晚清同治、光绪皇帝的师傅，历任户部、工部尚书、军机大臣兼总理各国事务衙门大臣，因主张变法，被放逐回乡。其常熟故居，青瓦漆柱，方格屏门，简素古雅。

屏门实际有两种：一为院内分割空间的方式，以木质门板的安插或开合方式处理，多为北京的四合院中的屏门样式；一是在室内明柱之间作为隔断，江南民居多为此类。

江南民居屏门

屏门花饰丰富多彩，多以几何形与雕花结合，中镶玻璃，下雕山水。透窗高门，宽庭畅阁，信步其中，有安详自得之乐。

江南民居屏门

（二）仰尘

仰尘即古天花板[1]也。多于棋盘方空画禽卉者类俗，一概平仰[2]为佳，或画木纹，或锦，或糊纸，惟楼下[3]不可少。

1. **天花板**：天花板为室内的栋梁下的顶棚板，绘有华丽的纹饰，作井字状，古时称为仰尘、藻井。
2. **平仰**：平面上视。
3. **楼下**：楼板的下面为天花板。

译文

仰尘，也就是古时候的天花板。大多在像棋盘一样的方格中绘制飞禽花草图案，都是庸俗的做法。最好把它一律制成平面，或画上木纹，或裱上锦帛，或用纸糊，这是楼板下不可缺少的天花板装饰。

北京故宫太和门内藻井

故宫太和门内的天花板为室内栋梁下的顶棚板，绘有华丽的纹饰，作井字状，古时称为仰尘、藻井。此物多为富贵人家的装饰，除防尘之外，还有隔热的功能，若绘制彩色图案，也必为特殊空间需要。

北京故宫太和门内藻井

（三）户槅

古之户槅，多于方眼而菱花者，后人减为柳条槅，俗呼“不了窗[1]”也。兹式从雅，予将斯增减数式，内有花纹各异，亦遵雅致，故不脱柳条式。或有将栏杆竖为户槅，斯一不密，亦无可玩，如棂空仅阔寸许为佳，犹阔类栏杆风窗者去之，故式于后。

1. **不了窗：**因柳条窗格形状而成为一种连续不断的窗格样式。

译 文

古时候的户槅，多是制作成方孔套菱花的形状，后人把它简化为柳条形式的格子，俗称“不了窗”。为了追求雅致大方，我将格子加以增减，变化为许多种样式。虽然格子内的花纹都不一样，但遵从雅致的原则，所以没有脱离柳条形的基本样式。有人将栏杆竖立起来做户槅，其格子稀疏不适于糊纸，而且比例失衡，缺少观赏价值。格子的间距约在一寸为最好，类似于栏杆和风窗那样宽的样式都去掉，现把各种样式在后面列出。

苏州山塘街

苏州山塘街是一条与河并行的古街，相传山塘河为苏州刺史白居易组织挖筑的河道，连通了阊门与虎丘，用河泥修建了一条街。近年山塘街重新修整，再现了鲜活生动的枕河人家。江南许多城市，利用老街修旧如旧，古色古香，将民俗活动穿入其中，便有了“人在画中走，情在画中游”的意味。

山塘街上多是商家，两厢的食品店、工艺铺、饭店、书场等逶迤地排去，一条河塘，画舫绿波，赤槛碧树，船从河中过，妹在窗边歌。商贾云集，行人如流，不知不觉就直直地走进了画中。记得在街上的几家饭店吃过饭，如松鹤楼、冈州会馆等，其色、香、味、形、器五美俱齐，苏式菜点，佳肴美味，加之醇酒佳酿，未饮先醉，于是每每宴饮之余，总是回味不已。

夜色下的山塘街，红灯高悬，波光荡漾，街上倒渐渐地清净了许多。时时有几声评弹传出，倒是别样的清新生动。有一天晚上闲来无事，便在山塘街上游转，忽被乐声吸引，便循声上了楼，老板笑盈盈地端上了清茶，递上了曲谱。我随意点了“西厢”“红楼”，演员就抱着琵琶、三弦唱了起来。窗外突然下起了雨，滴滴答答地打在芭蕉上，于是曲声越发显得幽怨，时间凝住，只记得那夜风雨交加的声音。

苏州山塘街

苏州山塘街夜景

苏州退思园

退思园地处吴江同里镇，是清末时期建造的一座住宅式的园林。主人任氏在咸丰年间被罢官归隐后，取意《吕氏春秋》“进则尽忠，退则思过”中的意思，利用不到10亩的面积，将西部的住宅和东部的园林连成一体，构筑了退思园。退思园为临水园，以池为中心，四周有闹红一舸、菰雨生凉、退思草堂、琴房、眠云亭等建筑，萃集游、歇、听、视之趣味，并以回廊、曲桥、花厅做点缀，退而卧、游而思，退思之中，知天地之悠悠。

苏州退思园

苏州退思园眠云亭

闹红一舸取意宋代姜白石《念奴娇·闹红一舸》，词曰："闹红一舸，记来时，尝与鸳鸯为侣。三十六陂人未到，水佩风裳无数。翠叶吹凉，玉容消酒，更洒菰蒲雨。嫣然摇动，冷香飞上诗句。日暮，青盖亭亭，情人不见，争忍凌波去？只恐舞衣寒易落，愁入西风南浦。高柳垂阴，老鱼吹浪，留我花间往。田田多少，几回沙际归路？"

有一年到退思园寻访，看到亭台楼阁、花红柳绿，也见人流穿梭不息，想到许多私园变为公园之后，人众聚集，花石秀木也多被攀折，多处已为危楼险桥，不由生出颇多感叹。

退思园的设计者袁东篱有过设计苏州怡园的经验，利用同里镇水环河绕的特点，以水为主，而山石草木、亭馆廊榭罗列周围，形成了园林中水汽飘逸、秀雅和谐的氛围。

（四）风窗

风窗，槅棂之外护，宜疏广减文[1]，或横半，或两截推关，兹式如栏杆，减者亦可用也。在馆为"书窗"，在闺为"绣窗[2]"。

1. **减文**：减，指减少、简化。文，指彩饰。
2. **绣窗**：古代大家闺秀所居住房间的窗户。

译文

风窗是窗棂外面的护窗，窗格子的图案适于简约而美观，或只制作成横向的半截，或制作成上下两截的支摘窗。这种样式就像栏杆，图案简单也可以用。风窗用在书房称为"书窗"，用在闺房称为"绣窗"。

苏州退思园书楼

退思园书楼名曰坐春望月楼，为六间两层，楼廊开阔，护栏连缀，楼前庭院疏朗，有湖石花木散落其间。旁有旱船画舫斋，寄予园主"书香相伴，寄情山水"的雅趣。

苏州退思园书楼

苏州退思园旱船

装折图式

长槅式

古之户槅棂板，分位定于四、六者，观之不亮。依时制，或棂之七、八，板之二、三之间。谅槅之大小，约桌几之平高，再高四、五寸为最也。

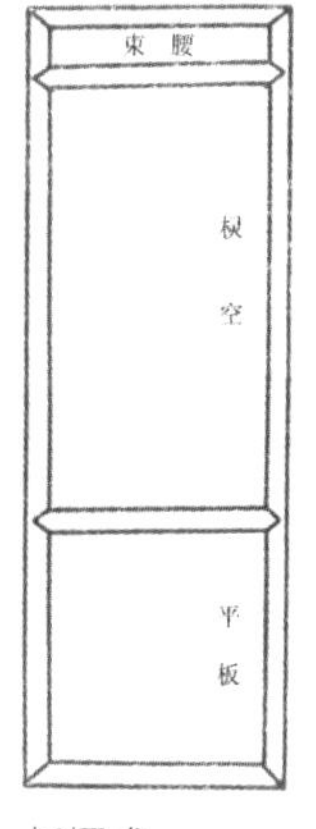

长槅式

译文

古时候的槅扇，棂空与裙板的比例如果定为 4 ： 6，则室内看起来就不明亮。依照现在的做法，棂空的比例占十分之七八，裙板的比例占十分之二三。根据槅扇的大小，裙板一般与几案的高度一样，至多不要超过五寸。

短槅式

古之短槅，如长槅分棂板位者，亦更不亮。依时制，上下用束腰[1]，或板或棂可也。

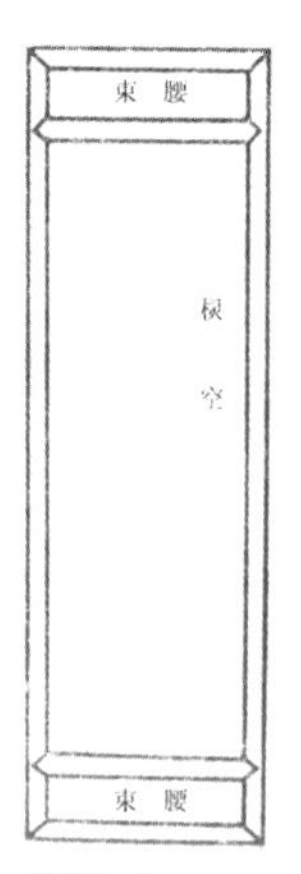

短槅式

1. **束腰**：指镶嵌在户槅上下的木条，为横放窄长的板条，形似腰带，故称束腰。

译文

古时候的短槅，棂空与裙板的比例同长槅一样，室内就更不明亮。依照现在的做法，上下两端采用束腰，中间部分做成裙板或棂空都可以。

户槅柳条式

时遵柳条槅，疏而且减，依式变换，随便摘用。

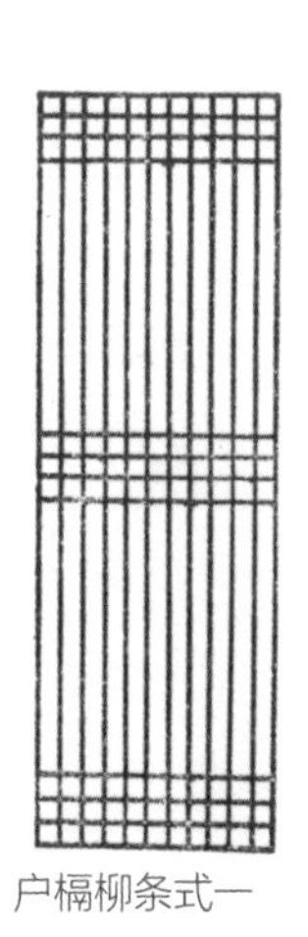

户槅柳条式一

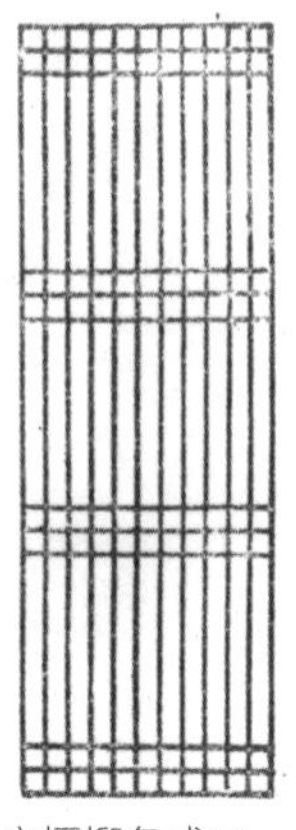

户槅柳条式二

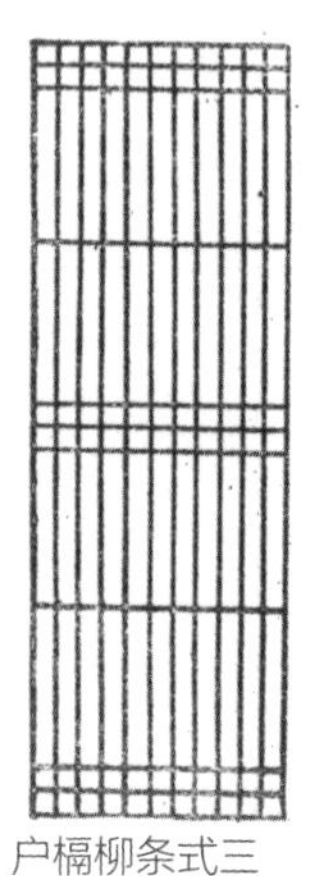

户槅柳条式三

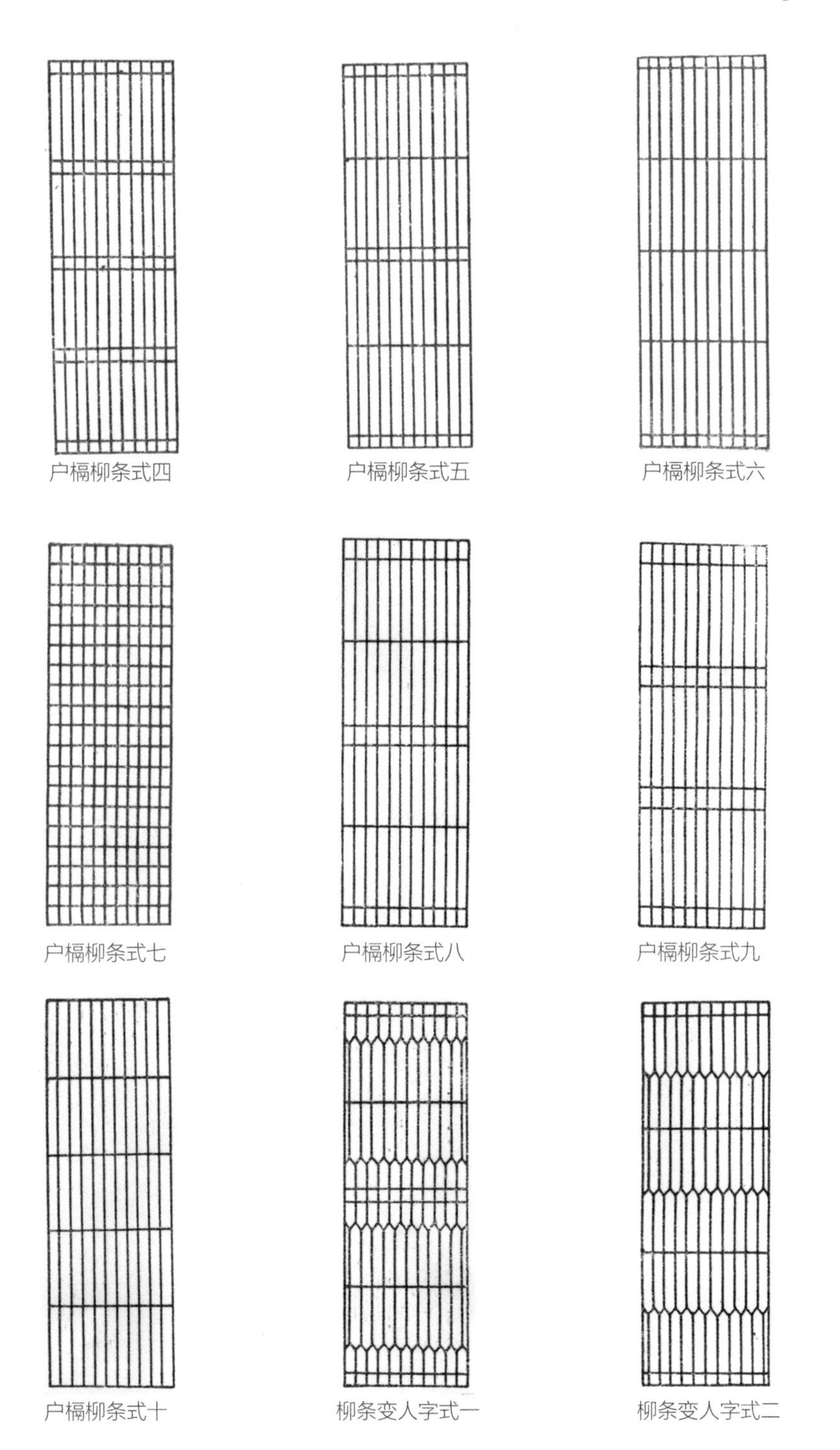

户槅柳条式四

户槅柳条式五

户槅柳条式六

户槅柳条式七

户槅柳条式八

户槅柳条式九

户槅柳条式十

柳条变人字式一

柳条变人字式二

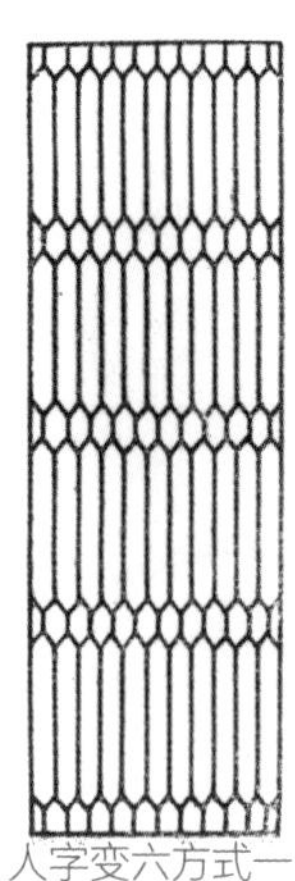

人字变六方式一

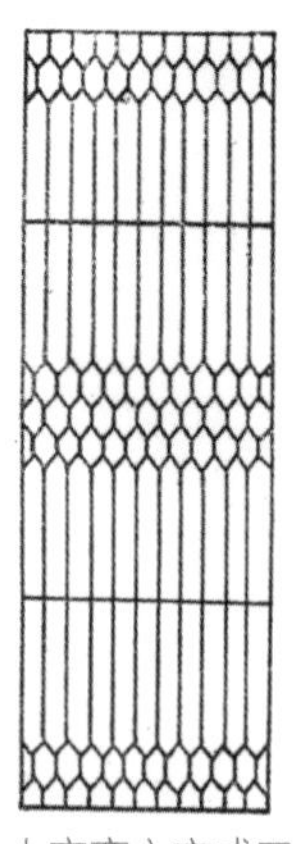

人字变六方式二

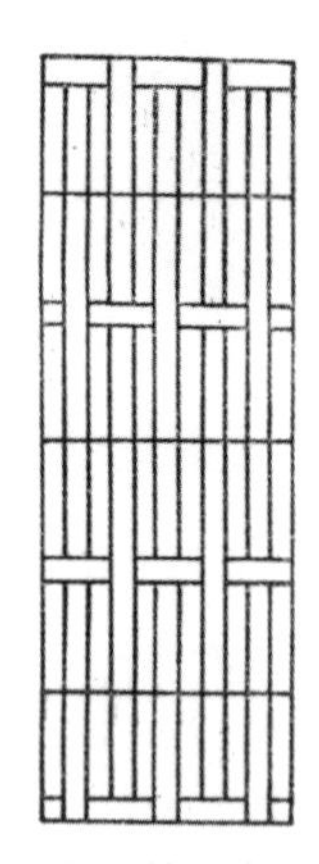

柳条变井字式一

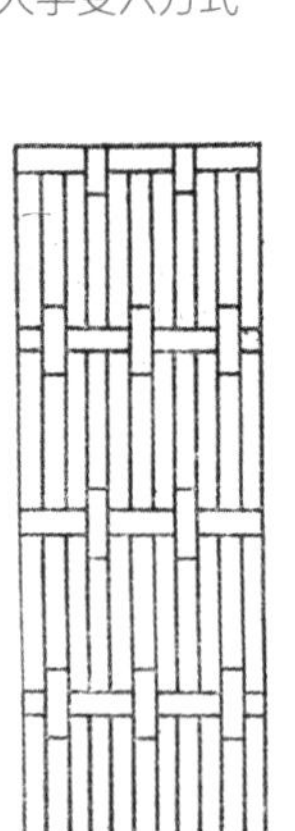

柳条变井字式二

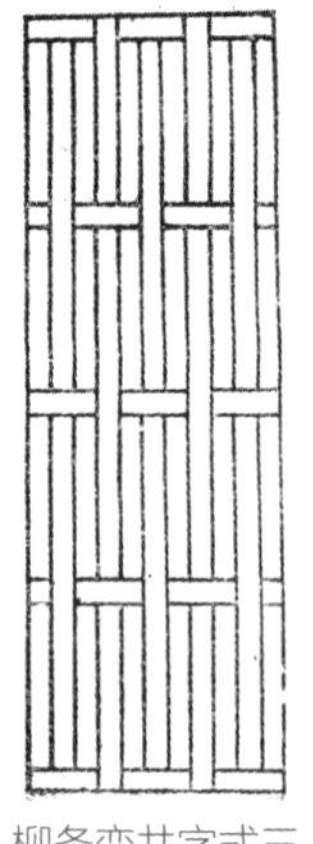

柳条变井字式三

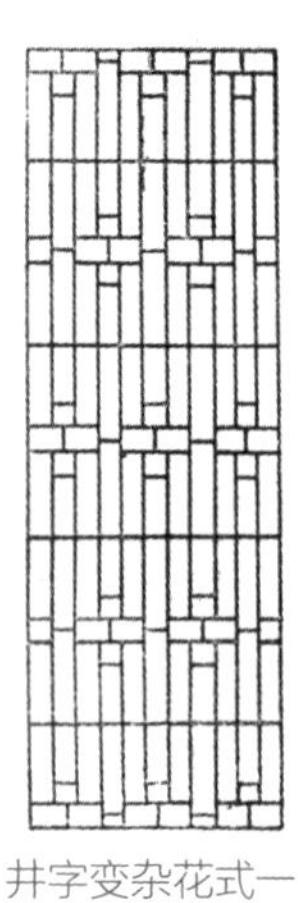

井字变杂花式一

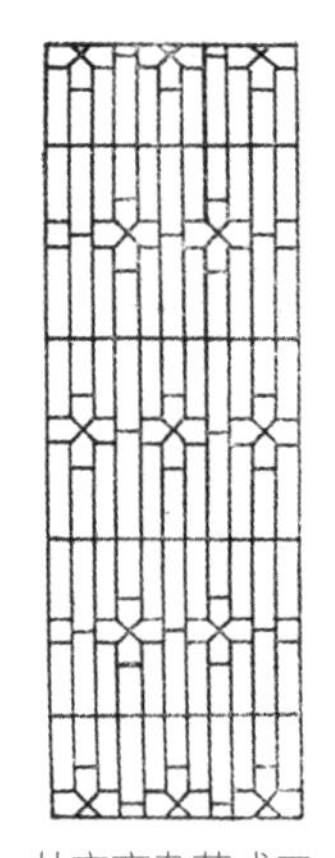

井字变杂花式二

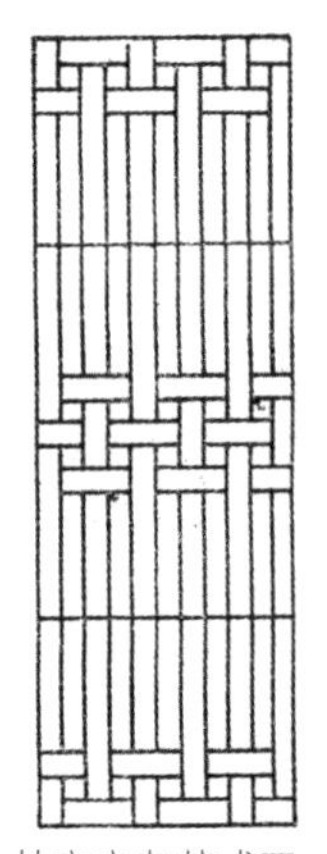

井字变杂花式三

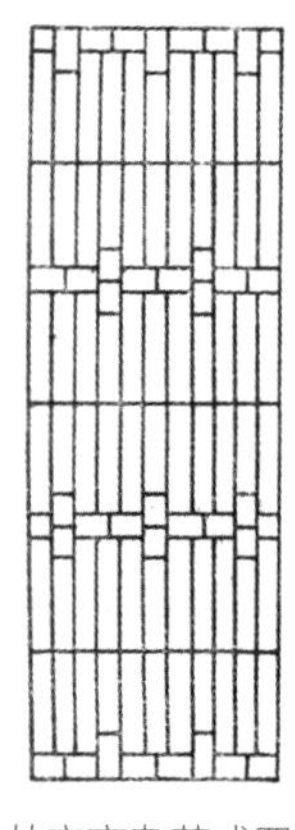

井字变杂花式四

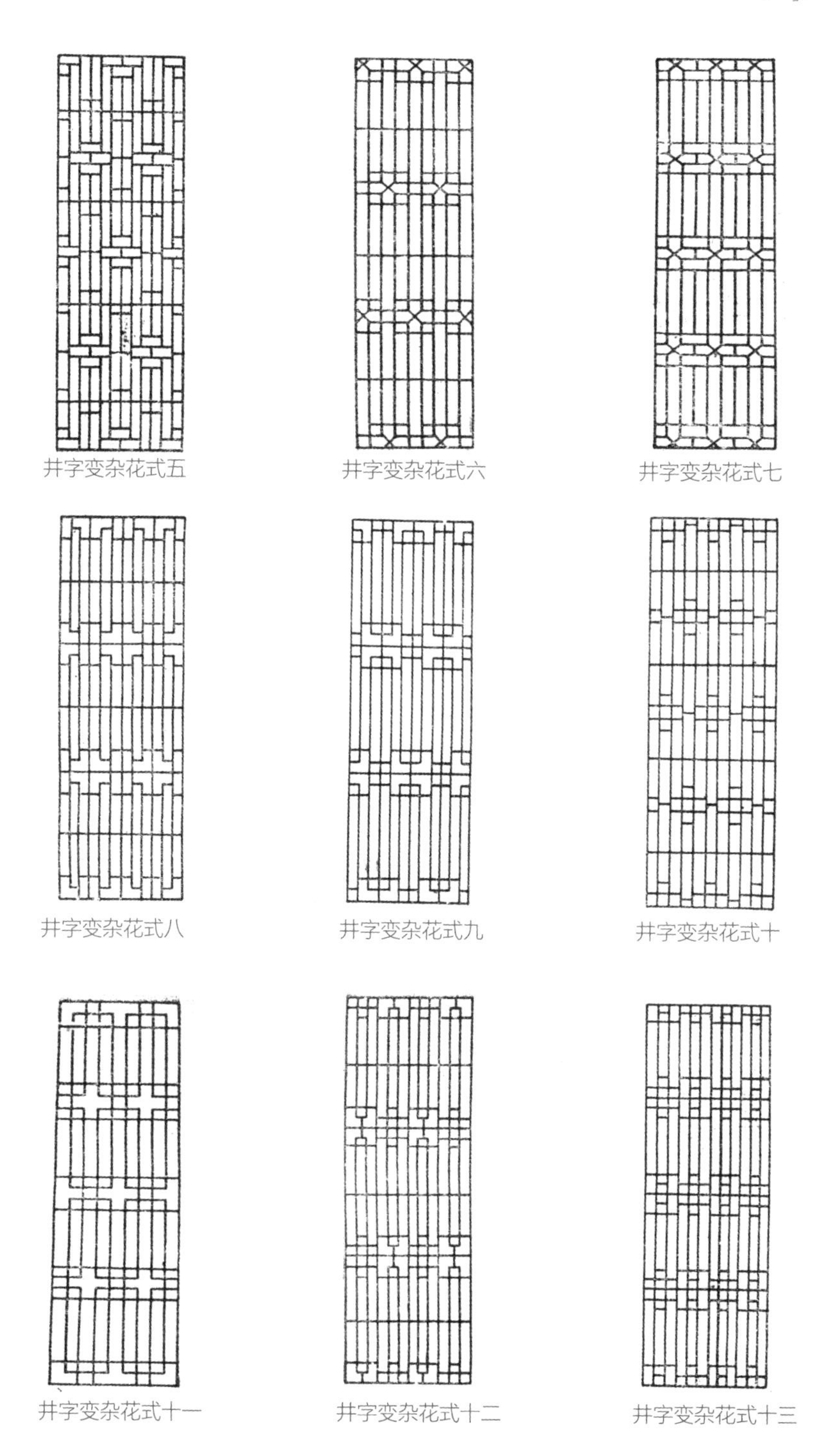

井字变杂花式五

井字变杂花式六

井字变杂花式七

井字变杂花式八

井字变杂花式九

井字变杂花式十

井字变杂花式十一

井字变杂花式十二

井字变杂花式十三

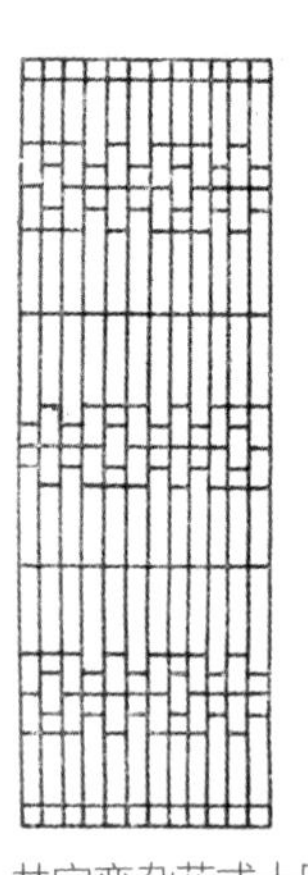

井字变杂花式十四

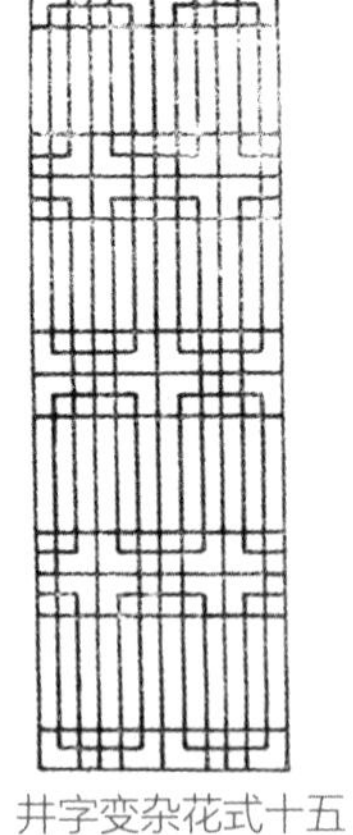

井字变杂花式十五

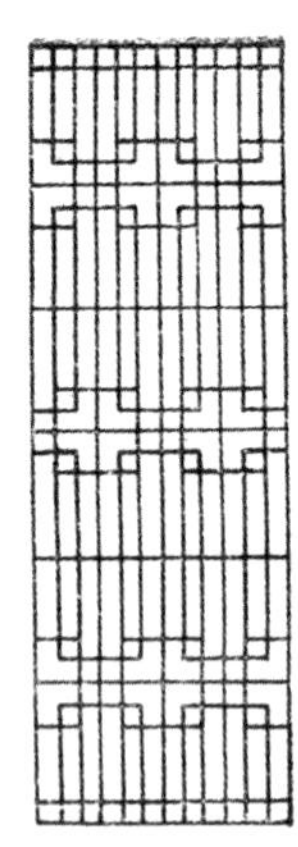

井字变杂花式十六

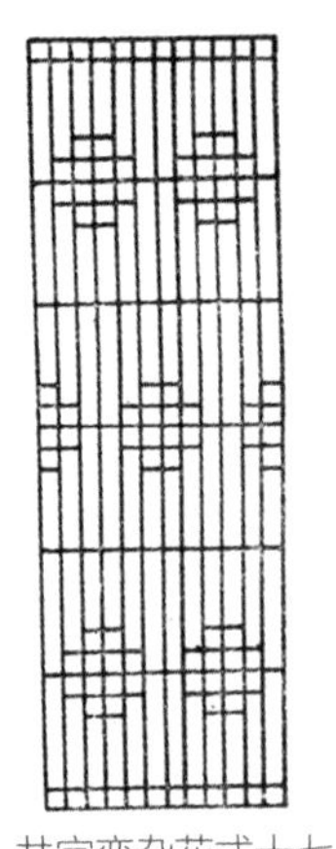

井字变杂花式十七

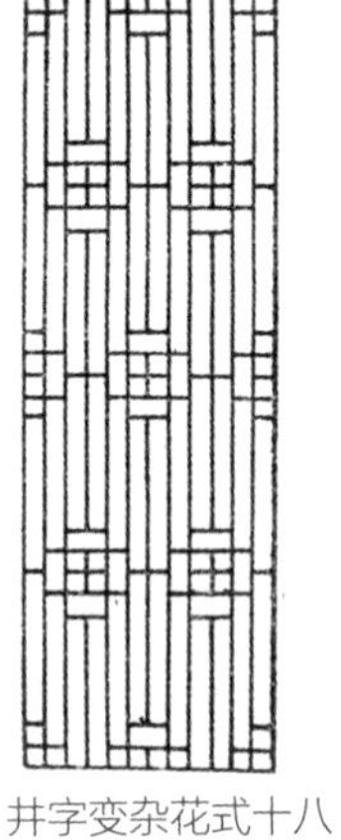

井字变杂花式十八

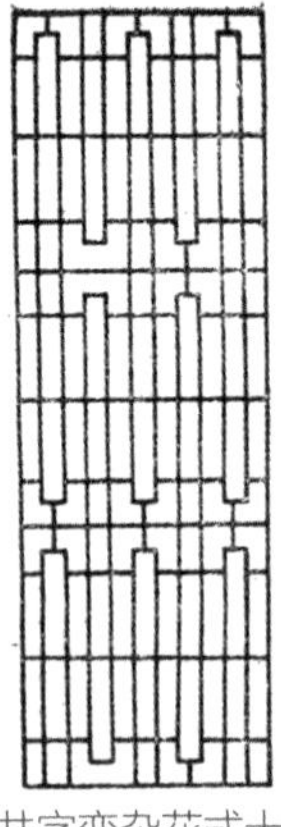

井字变杂花式十九

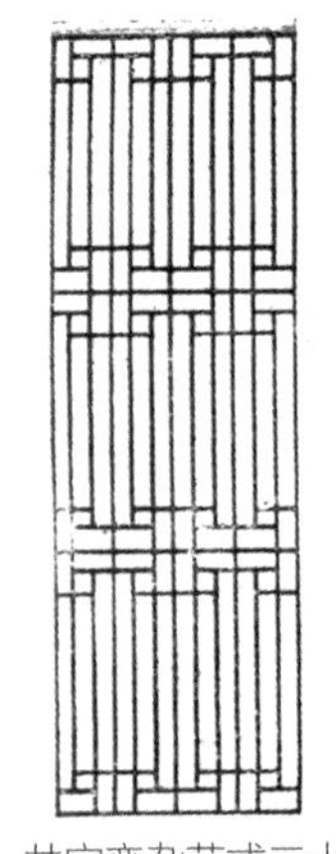

井字变杂花式二十

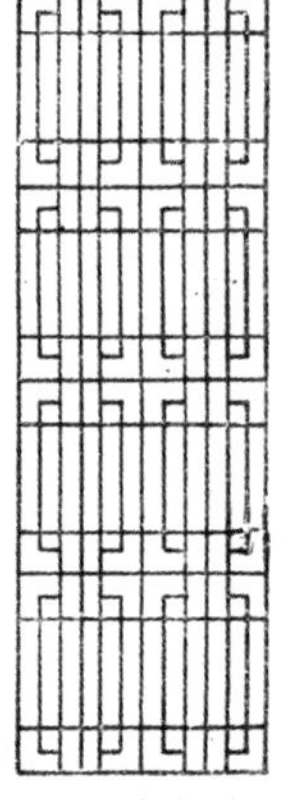

井字变杂花式二十一

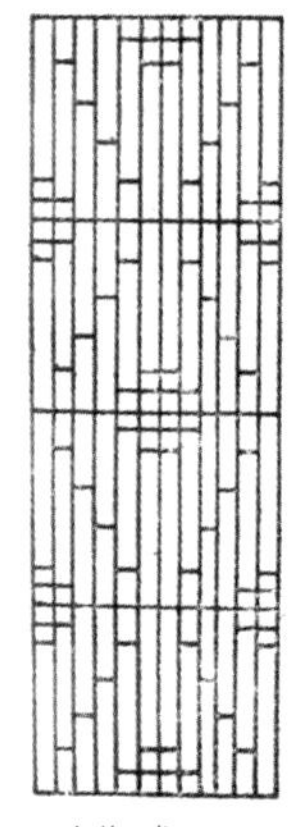

玉砖街式一

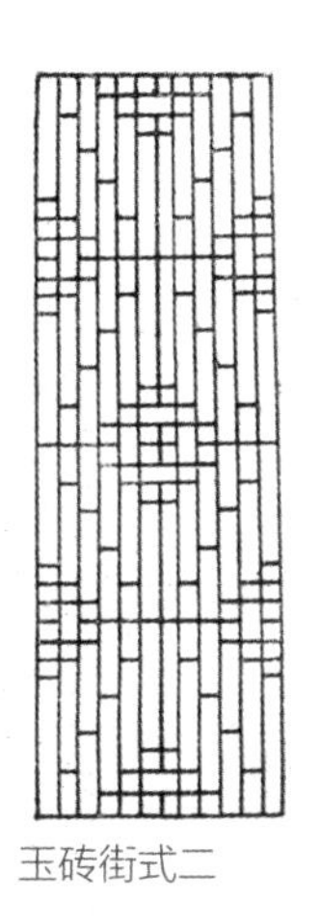
玉砖街式二

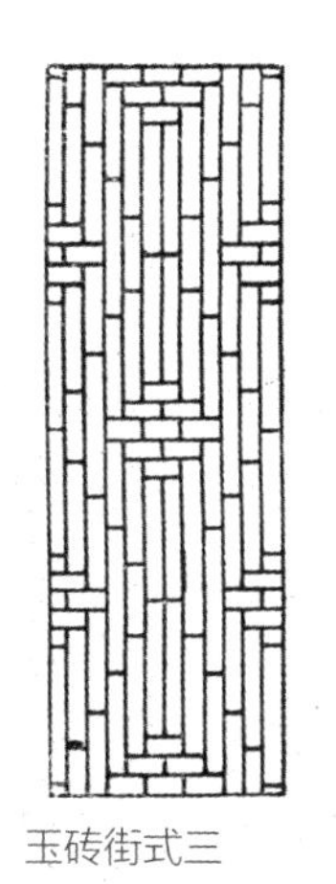
玉砖街式三

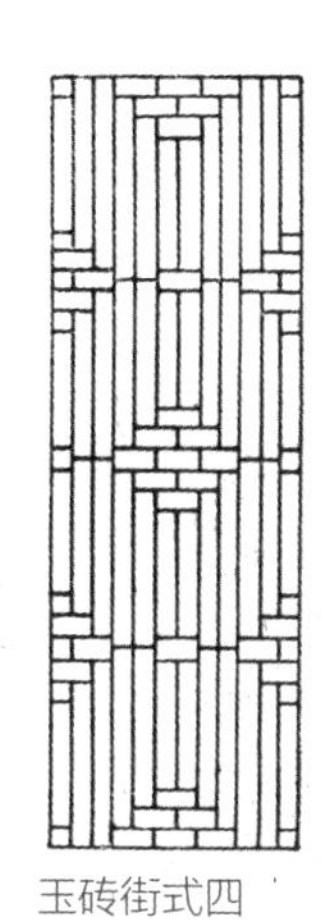
玉砖街式四

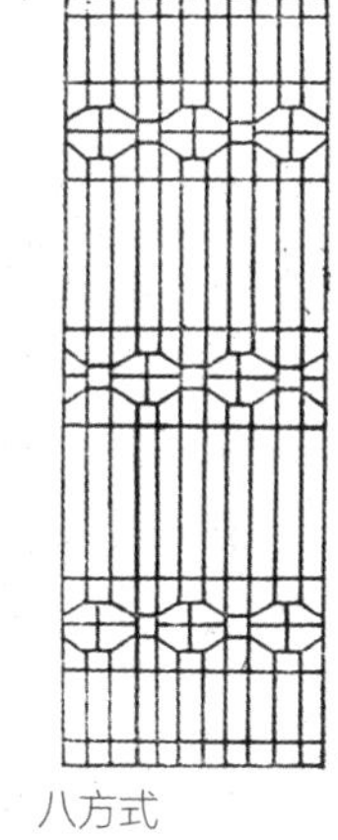
八方式

译 文

现时流行的柳条式户槅，格子稀疏，图案简洁，依照这种样式可以随意灵活地使用。

苏州园林窗棂

窗格在民居的窗门隔扇中有特殊的装饰作用，一般有上、中、下三部分：上部是花格透窗；中部是精细的浅浮雕；下部为脚线，多做纹饰处理。隔扇门窗可以拆卸，夏季炎热之时，厅堂可作为敞亭，通风透气，清爽宜人。

阳光或明月斜射下来，形成斑斑光影，也装饰了地面，那一圈圈随风而逝的图案，似有“白驹过隙”的古典雅意和人生启示。

苏州园林窗棂（一）

苏州园林窗棂（二）

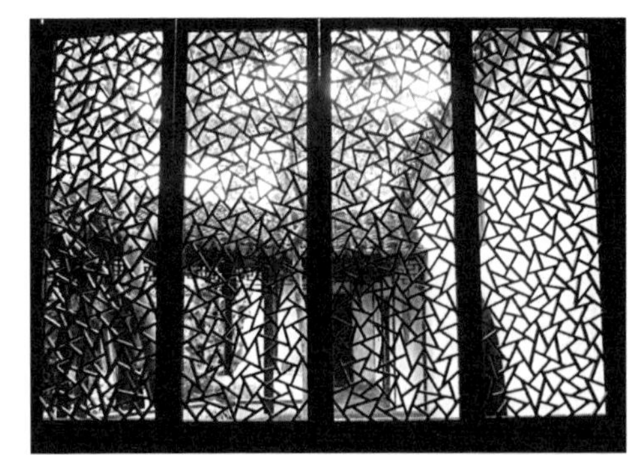
苏州园林窗棂（三）

苏州园林窗棂（四）

苏州园林窗棂（五）

苏州园林窗棂（六）

束腰式

如长槅欲齐短槅并装，亦宜上下用。

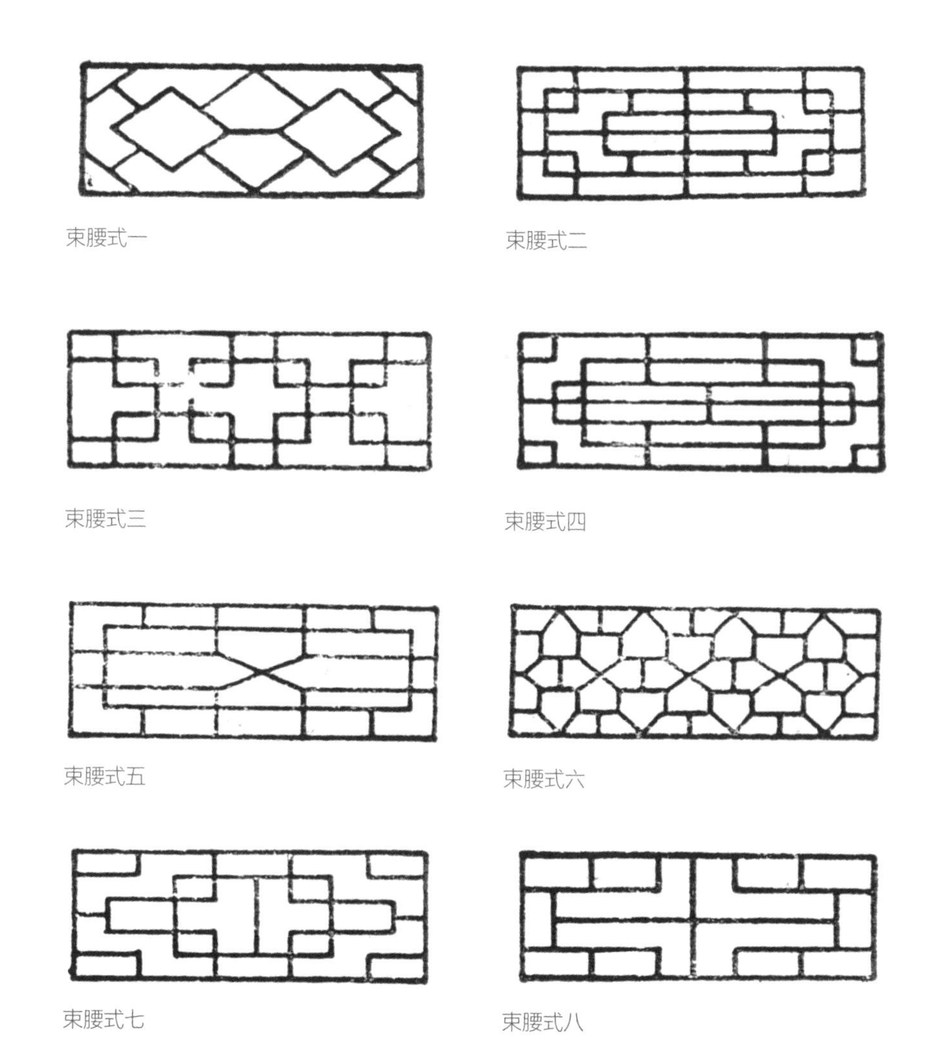

束腰式一

束腰式二

束腰式三

束腰式四

束腰式五

束腰式六

束腰式七

束腰式八

译文

如果长槅要与短槅并列安装，在外观上要式样统一，保持整齐，长槅宜在上下两端采用束腰式。

风窗式

风窗宜疏，或空框糊纸，或夹纱[1]，或绘，少饰几棂可也。检栏杆式中，有疏而减文，竖用亦可。

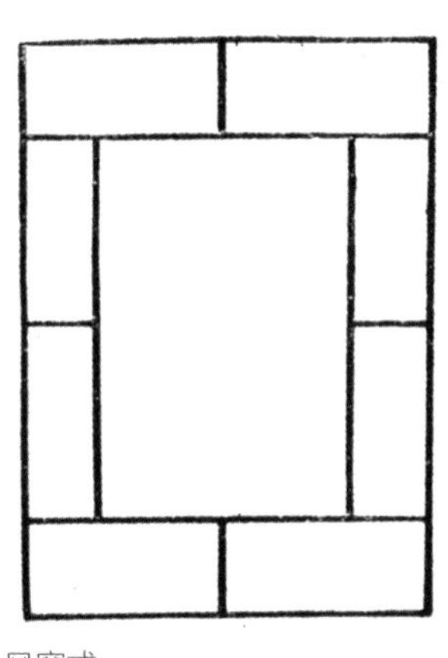
风窗式一

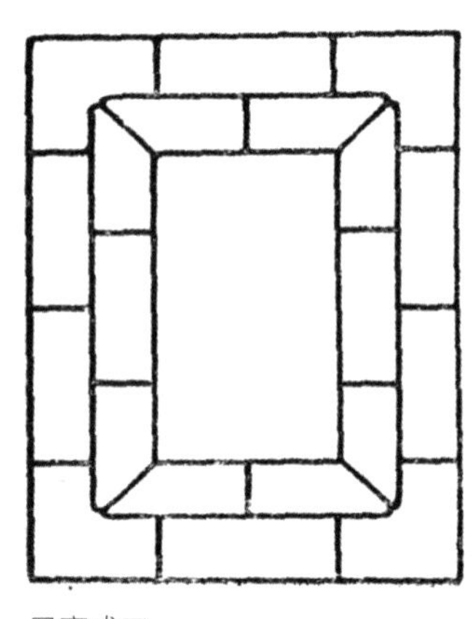
风窗式二

1. **夹纱**：将纱夹在窗框中，不糊窗纸，透光透气。也有用两层窗棂夹住纱绢，形成夹纱。

译 文

风窗的格子适宜疏简，在窗框中或者糊纸，或者夹薄纱，或者绘上图画，也可以少安装几根棂子。可选择稀疏而图案简单的栏杆，竖立起来用作风窗。

冰裂式

冰裂[1]，惟风窗之最宜者，其文致减雅，信画[2]如意，可以上疏下密之妙。

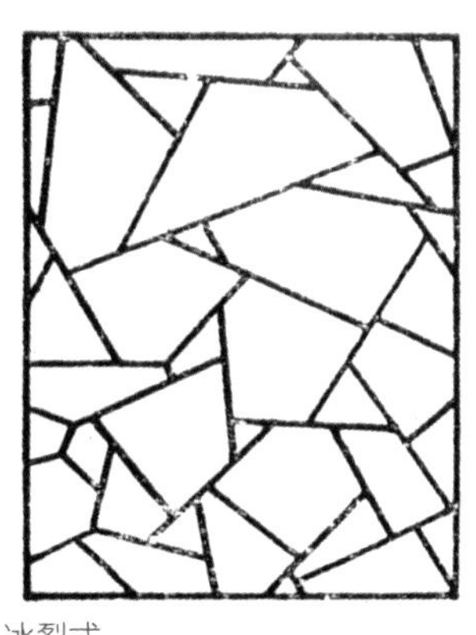
冰裂式

1. **冰裂**：不规则的纹饰，如薄冰裂开的样子。
2. **信画**：信笔随手绘制。

译 文

冰裂式是最适合做风窗的图案，其纹案精致简洁而优雅，可信笔随意绘画，构图以上疏下密为佳。

两截式

风窗两截者，不拘何式，关合如一为妙。

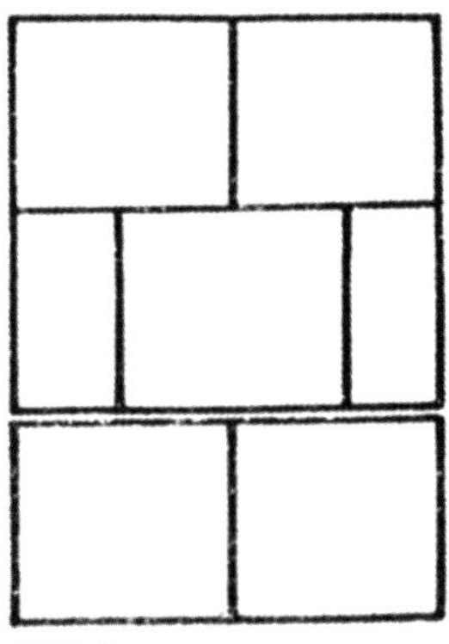
两截式

译文

两截式风窗，不管采用何种样式，都以上下两扇关合后构成一个整体的图案为妙。

三截式

将中扇挂合上扇，仍撑上扇不碍空处。中连上，宜用铜合扇[1]。

三截式

1. **铜合扇**：铜制的合页，连接于窗扇之间。

译文

三截式风窗，是将中间的一扇与上面的一扇相连接。开窗时仍支撑住上扇，中扇随之下折，不会多占用空间。中扇连接上扇的地方，最好采用铜制铰链。

梅花式

梅花风窗，宜分瓣做。用梅花转心[1]于中，以便开关。

1. **梅花转心**：一种似梅花形状、中心可以转动的铰链，用于风窗开合。

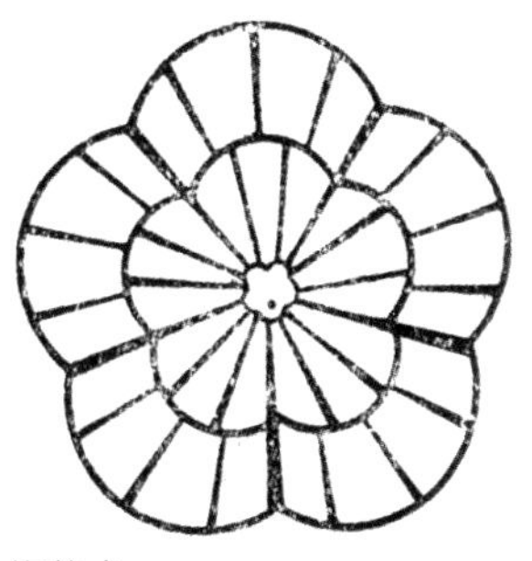
梅花式

译文

梅花式风窗，花瓣最好是分开制作，然后用梅花形的转心钉在一起，以便风窗开合。

梅花开式

连做二瓣，散做三瓣，将梅花转心，钉一瓣于连二之尖，或上一瓣、二瓣、三瓣，将转心向上扣住。

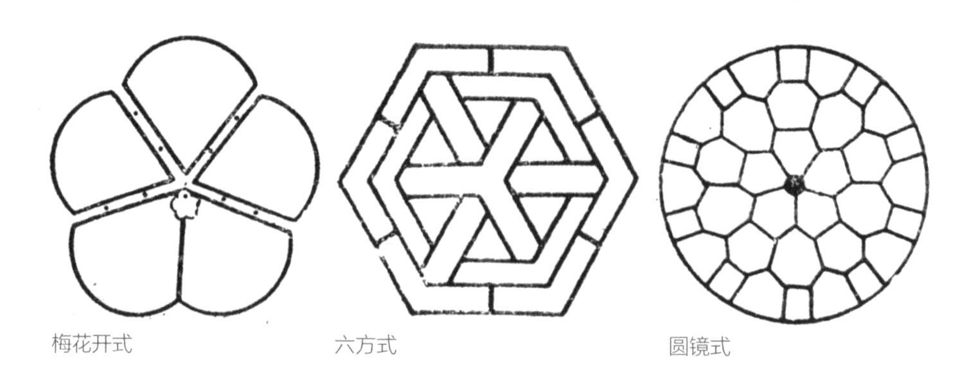

梅花开式　六方式　圆镜式

译文

梅花开式的风窗，将下面两瓣制作成一扇，其余三瓣分开制作成三扇，将梅花形转心钉在下面两瓣窗扇的尖上。之后可安装散做的三瓣，或安装上一瓣，或安装上两瓣，或三瓣全部装上，安装好后把转心向上旋转扣住即可固定。

卷贰

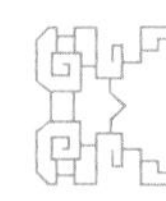
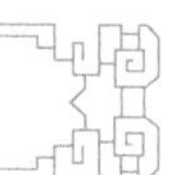

栏杆

栏杆信画化而成，减便为雅。古之回文[1]万字[2]，一概屏去，少留凉床[3]佛座[4]之用，园屋间一不可制也。予历数年，存式百状，有工而精，有减而文，依次序变幻，式之于左[5]，便为摘用。以笔管[6]式为始，近有将篆字[7]制栏杆者，况理画[8]不匀，意不联络。予斯式中，尚觉未尽，仅可粉饰[9]。

1. **回文：** 回字形的图案形成了连续重复的纹饰。
2. **万字：** 万字形的图案形成了连续重复的纹饰。
3. **凉床：** 指竹制床，在夏天使用。
4. **佛座：** 佛堂中供奉佛陀的宝座。
5. **于左：** 因古籍原文为竖排文字，左应为后或下的意思。这里指后面的内容。
6. **笔管：** 如毛笔管一样圆直。
7. **篆字：** 篆字有大篆和小篆的区分，这里的篆字是指图案化的篆字纹饰。
8. **理画：** 笔画的规律。
9. **粉饰：** 修饰、美化。

译 文

栏杆的样式可以信手绘制，以简朴而便于制作为雅。古时候的回字纹和“卍”字纹样式，一律摒弃，只保留少许用作凉床和佛座的装饰，园林房舍中一律不用。我在数年的实践中，积累了上百种栏杆样式，其中有些工巧而精致，有些简朴而文雅。按照图形的变换次序，将各种样式绘制于后，以便选用。以笔管式作为开端，近来有人用篆字图形制作成栏杆纹样，不仅笔画条理不匀称，线条构思也不连接。我绘制的这些样式中，还有感觉不够完善、不甚美观的地方，选用时都可加以变化。

无锡寄畅园知鱼槛

无锡寄畅园西倚惠山，南望锡山，山体逶迤连绵，清泉飞流直下，汇聚成锦。其中有知鱼槛、涵碧亭等闻名于世，借水造景，以惠、锡两山之势，合抱寄畅园，天风荡漾，自然朴素，庄重典雅。

知鱼槛借庄子与惠子在濠濮间的“鱼乐之辩”，演绎出观鱼者的不同心境。寄畅园知鱼槛正是利用临水乐鱼、观云啸志，暗寓“寄畅”之意。

“万物静观皆自得，四时佳兴与人同。”（程颢《秋日偶成》）知鱼槛的栏杆亦有巧妙之处，华丽而不艳俗，巧制而纤美。栏杆在宋代旧称勾栏，又称钩阑，有单勾栏和重台勾栏的区分，宋画中常有勾栏的描绘，后来起到保护游人的作用，加以扶手、倚栏，倚栏又称为“美人靠”，曲木向外，多是妇人斜倚观鱼之用。

无锡寄畅园知鱼槛

无锡惠山游廊栏杆

无锡惠山风光旎丽，草木葱荣，山以水活，水以山阔。借势生境，由情衔影。游廊漫步，目转景移。而爬山游廊便自然蜿蜒，朱栏绮户，真有“天上人间，今夕何年”的感慨。

惠山游廊栏杆与江南其他园林栏杆的区别，在于惠山栏杆借山势蔓延，而其他园林栏杆多在平地上挖浚曲池，架桥装折，栏杆少于变化。其实，栏杆需要不断变化，该繁则繁，该简则简，不必拘泥，墨守成规。所以计成说：“予斯式中，尚觉未尽，仅可粉饰。”

无锡惠山游廊栏杆（一）

无锡惠山游廊栏杆（二）

栏杆图式

笔管式

栏杆以笔管式为始，以单变双，双则如意变化。以次而成，故有名。无名者恐有遗漏，总次序记之。内有花纹不易制者，亦书做法，以便鸠匠。

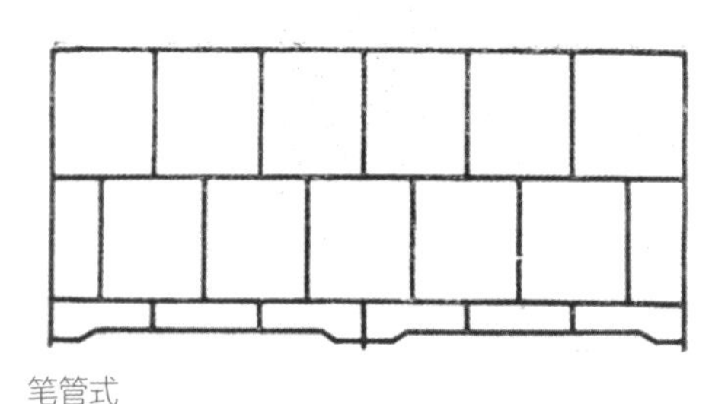
笔管式

双笔管式

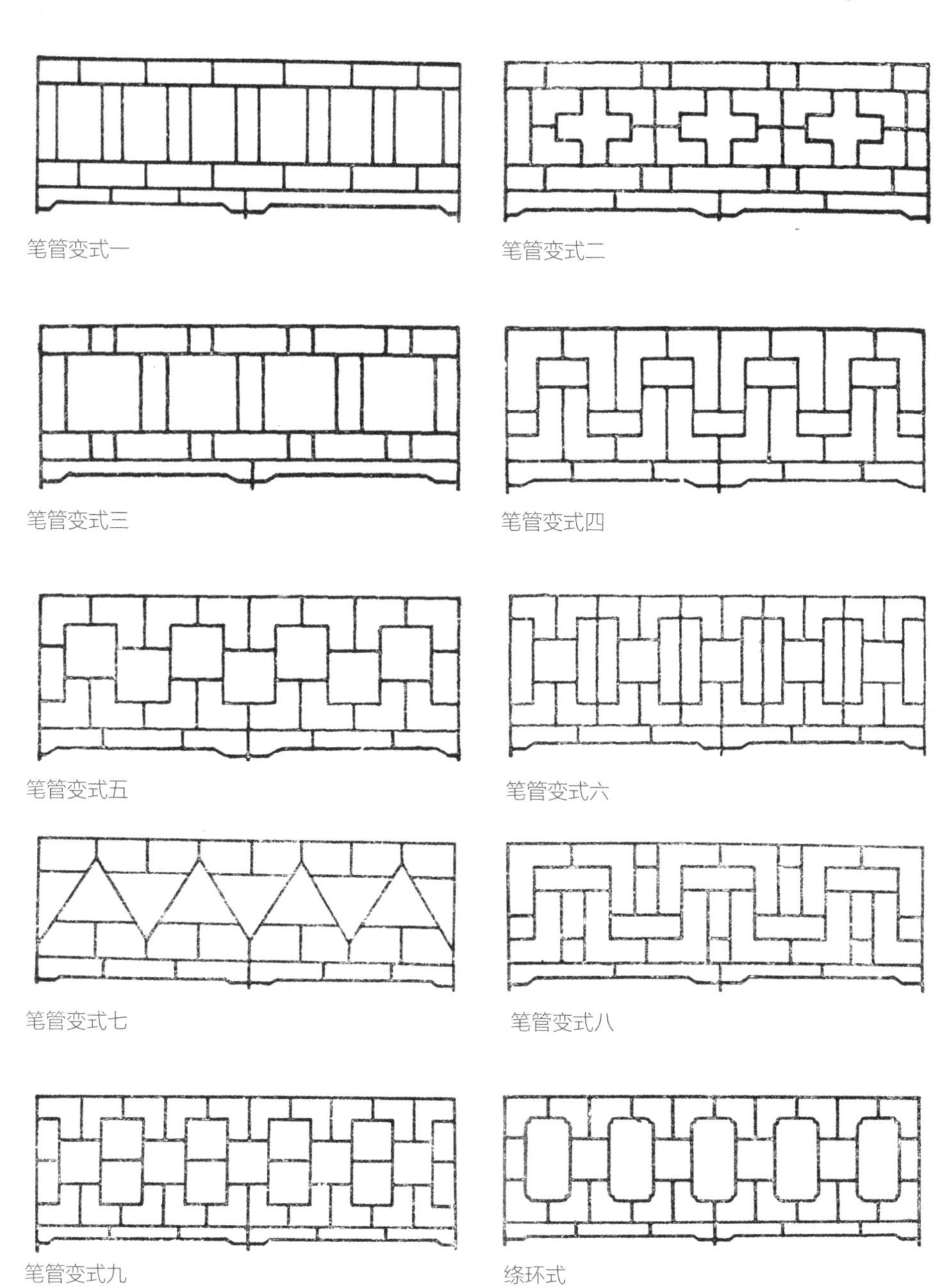

笔管变式一

笔管变式二

笔管变式三

笔管变式四

笔管变式五

笔管变式六

笔管变式七

笔管变式八

笔管变式九

络环式

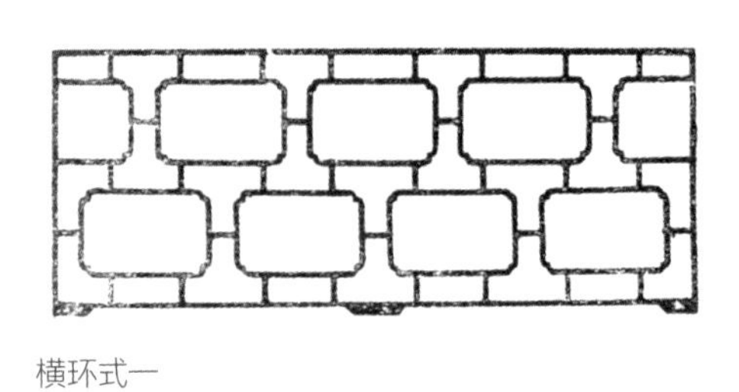

横环式一

横环式二

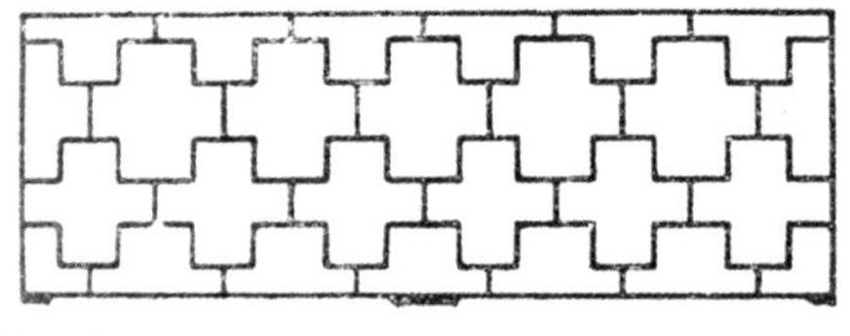

横环式三

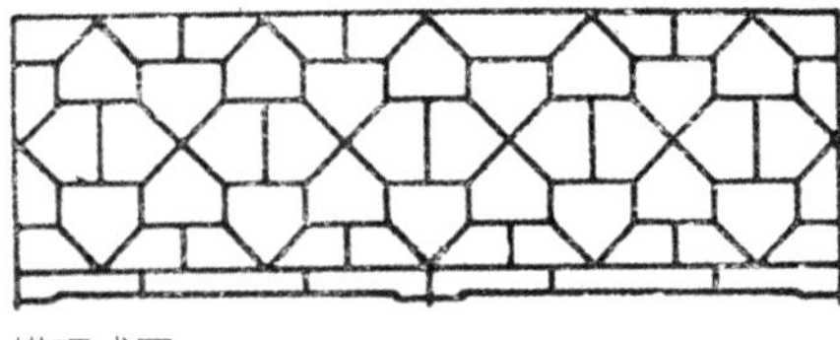

横环式四

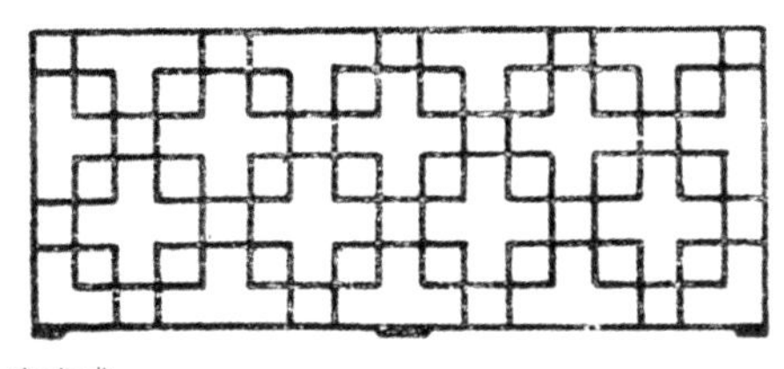

套方式一

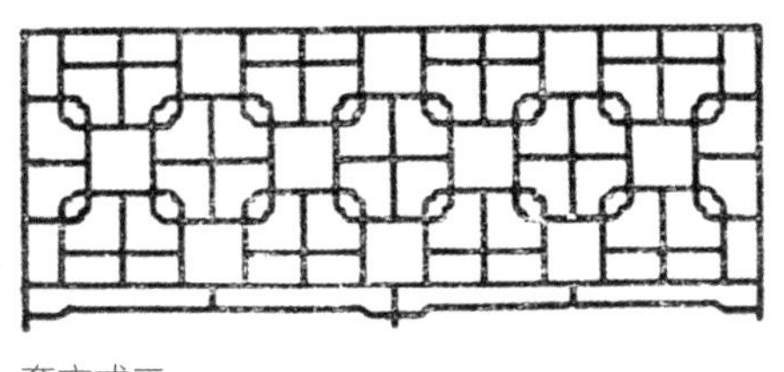

套方式二

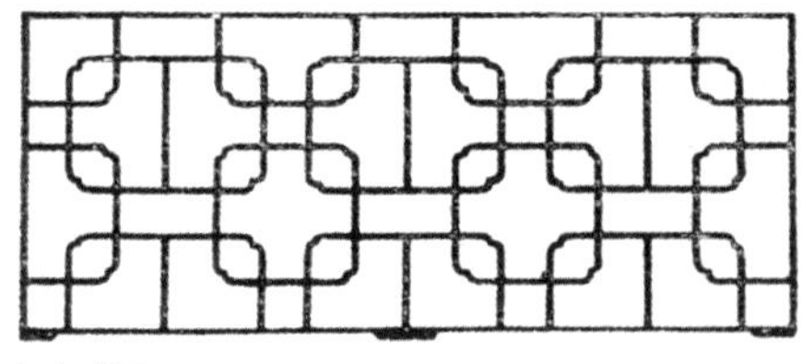

套方式三

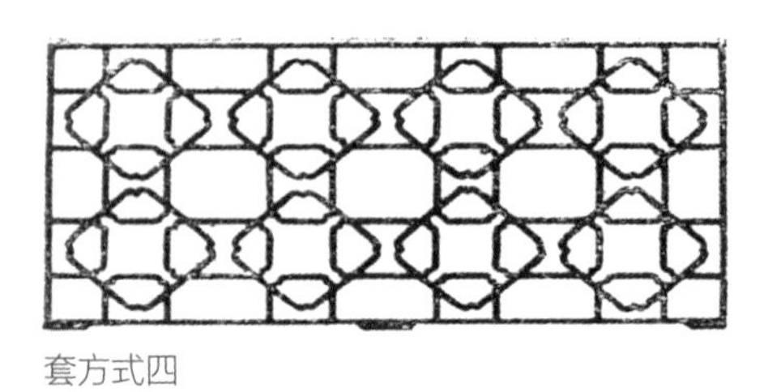

套方式四

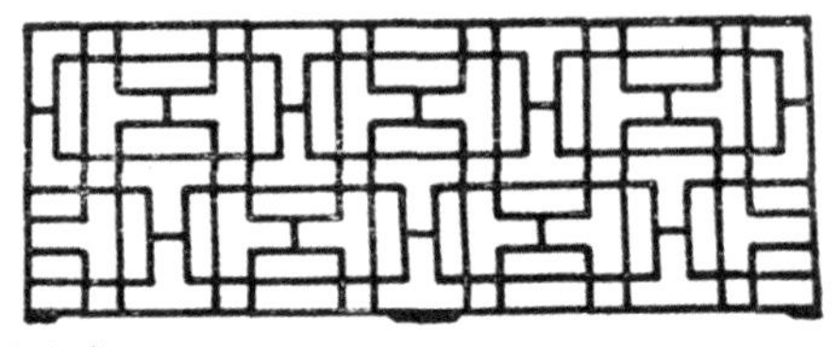

套方式五

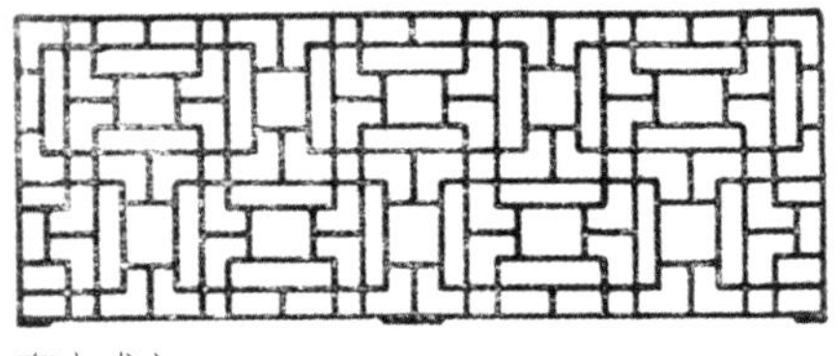

套方式六

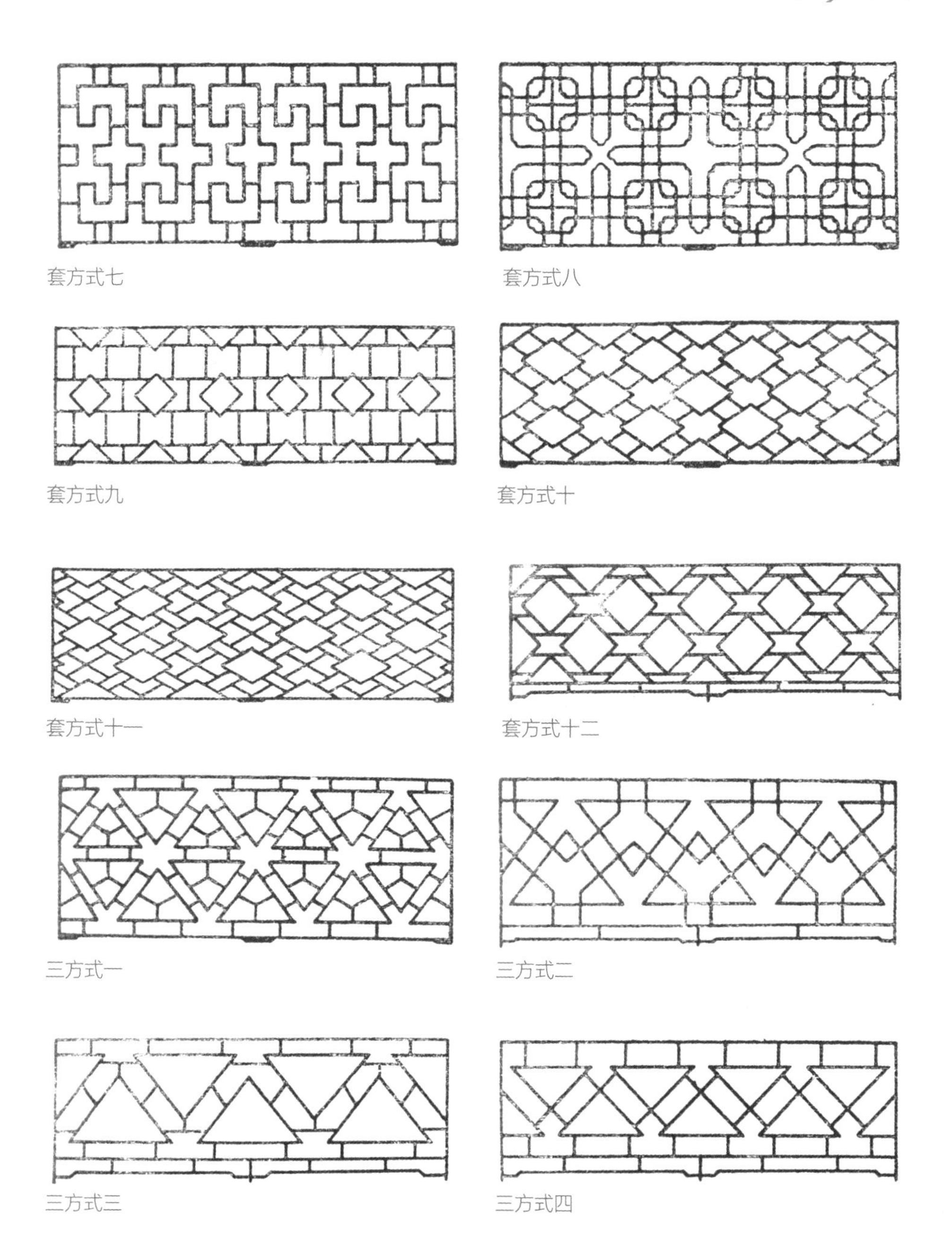

套方式七

套方式八

套方式九

套方式十

套方式十一

套方式十二

三方式一

三方式二

三方式三

三方式四

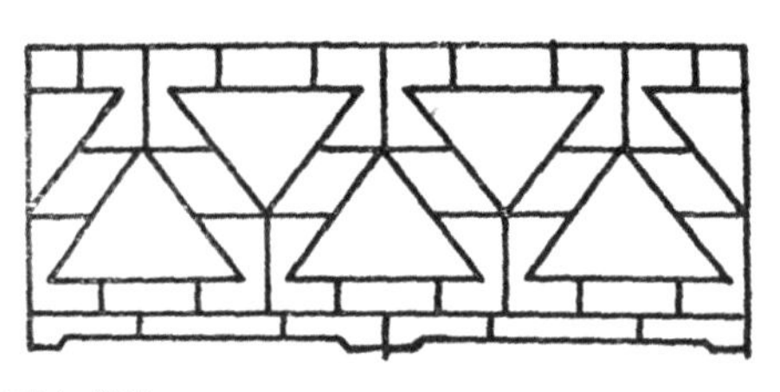

三方式五

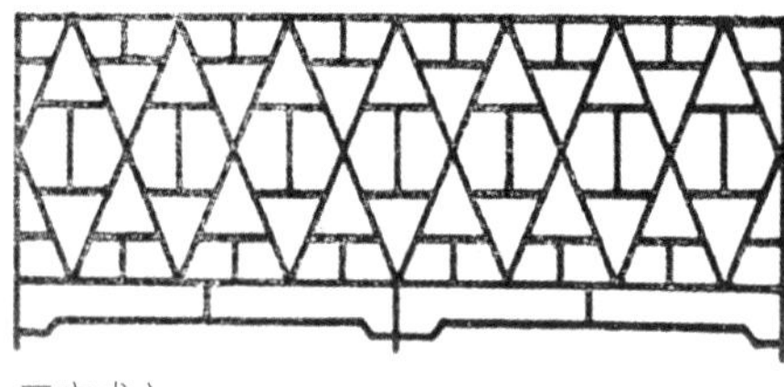

三方式六

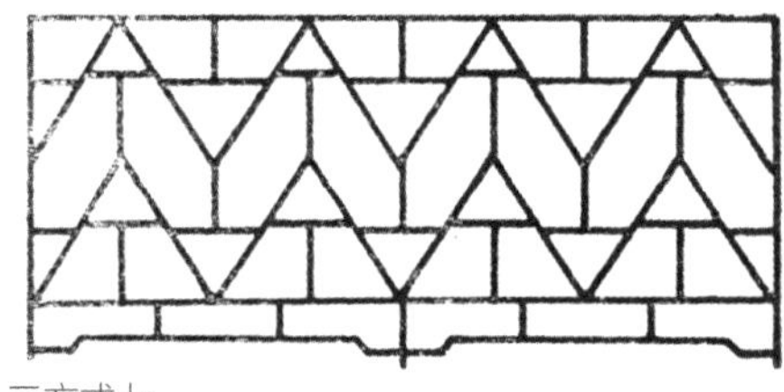

三方式七

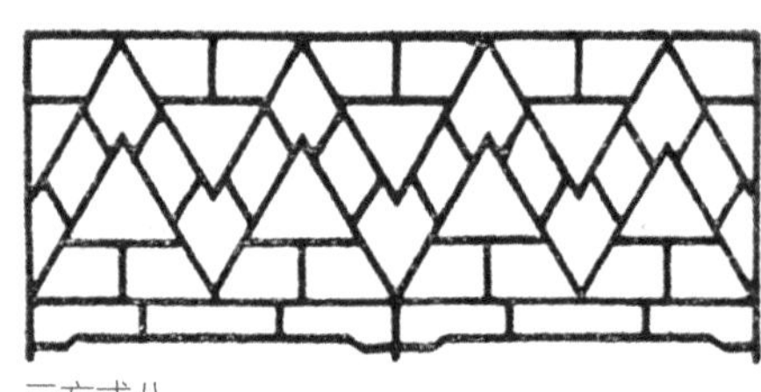

三方式八

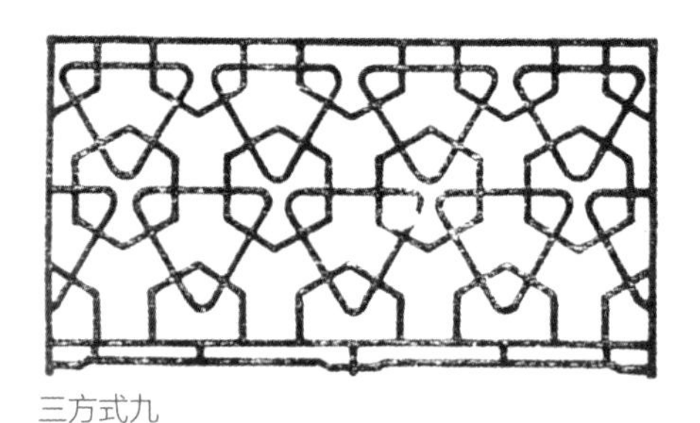

三方式九

译 文

栏杆样式以笔管式作为开端，从单式变化到双式，双式可随意变化成其他样式，从简单到复杂依次绘制而成，变化不离其本，所以都冠以“笔管”之名。变化太大无法一一冠名，恐怕有所遗漏，汇总起来依照次序绘出样式。其中有不易制作的花纹图案，也用文字说明制作方法，以方便工匠制作。

锦葵式

先以六料攒心，然后加瓣，如斯做法。斯一料斗瓣[1]。

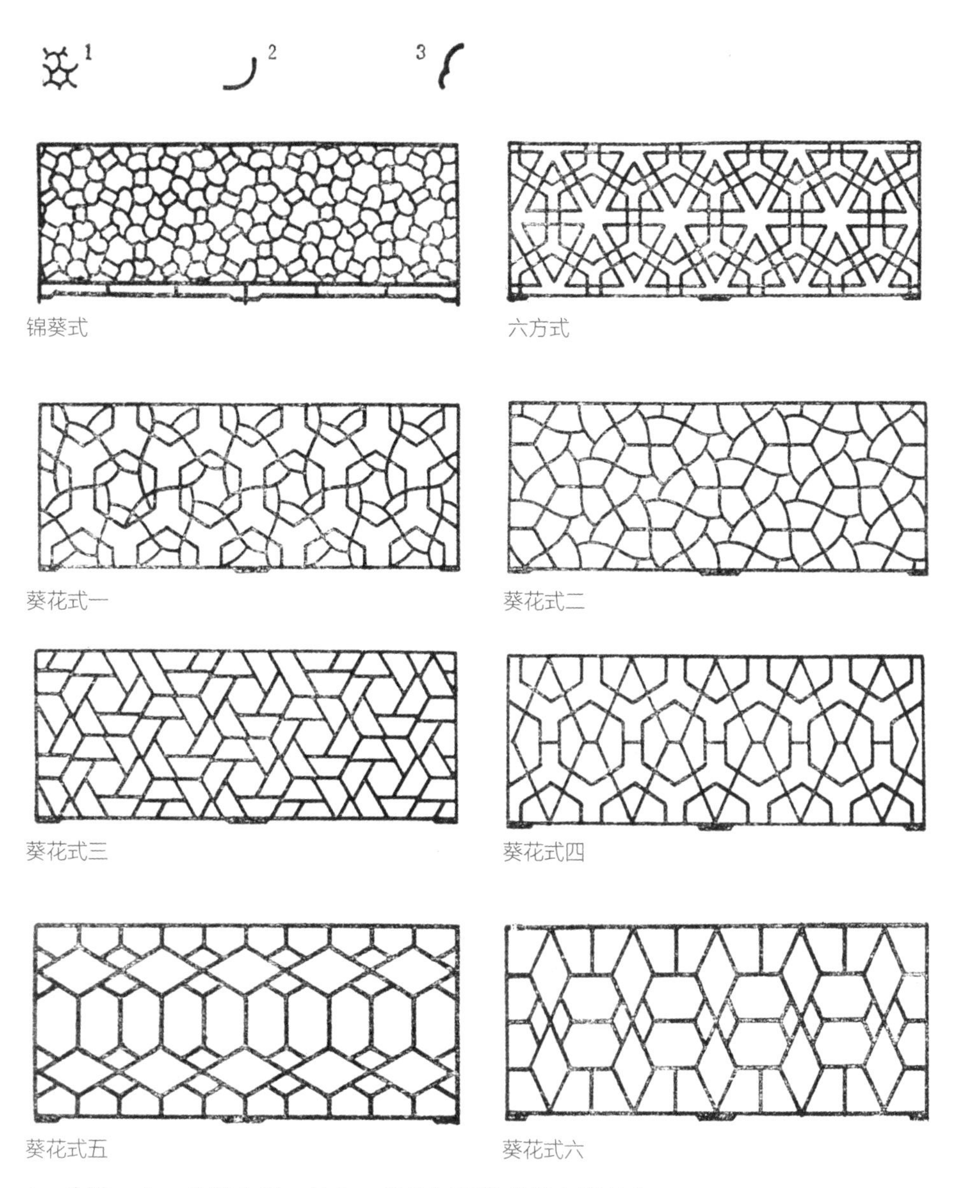

锦葵式

六方式

葵花式一

葵花式二

葵花式三

葵花式四

葵花式五

葵花式六

1. 斗瓣：斗，意即合拼、结合。将分制好的花瓣合拼起来。

译 文

首先用六根小材料拼合制成花心，然后用材料拼接加工成花瓣，工匠以此为法，这就是锦葵式的做法。

波纹式

惟斯一料可做。

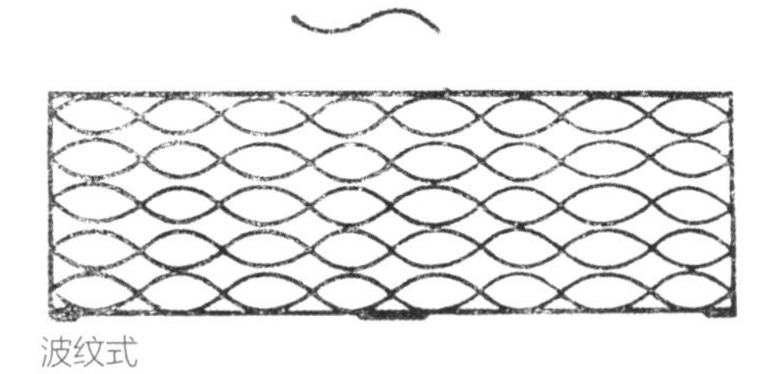

波纹式

译文

只有这一种材料就可以制作。

梅花式

用斯一料斗瓣，斗瓣料直，不攒榫眼[1]。

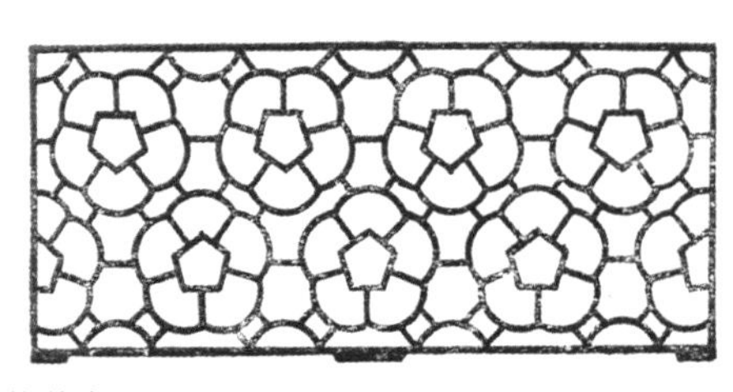

梅花式

镜光式一

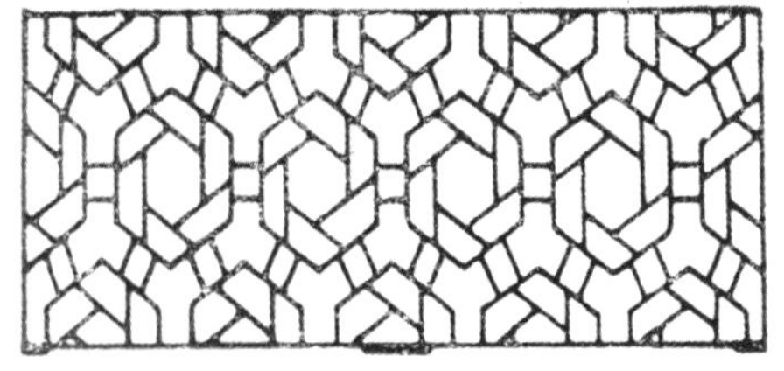

镜光式二

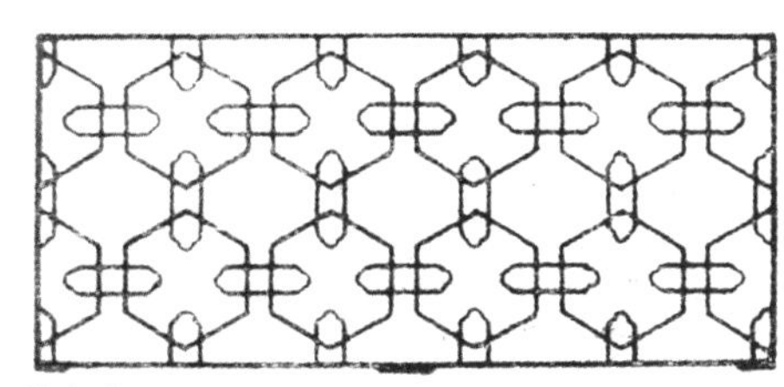

镜光式三

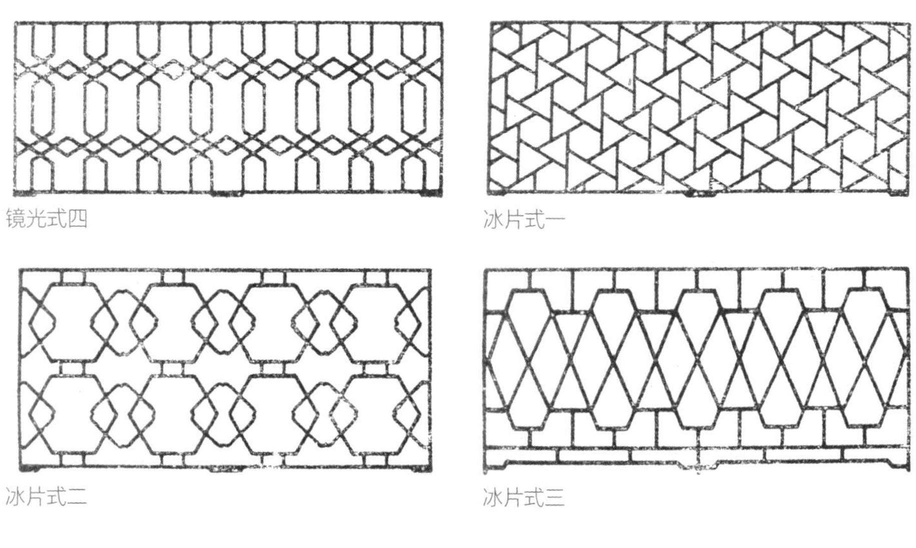

镜光式四

冰片式一

冰片式二

冰片式三

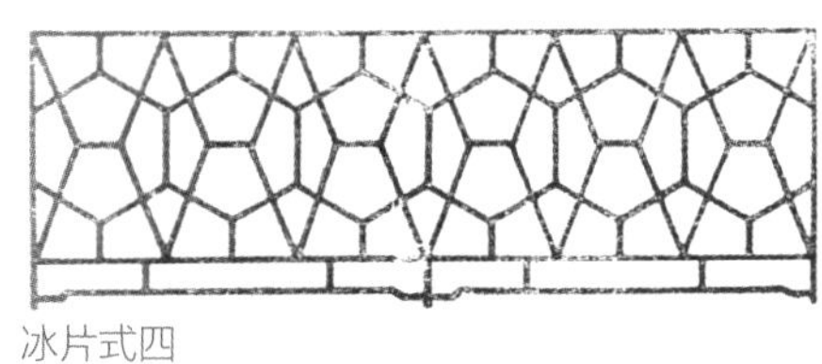

冰片式四

1. 榫眼：指木工用凿子凿成的孔，用于拼接木料。

译 文

用这种形状的材料拼接制作花瓣，花瓣之间采用直的材料拼接，不必再在直料上凿出榫眼。

联瓣[1]葵花式

惟斯一料可做。

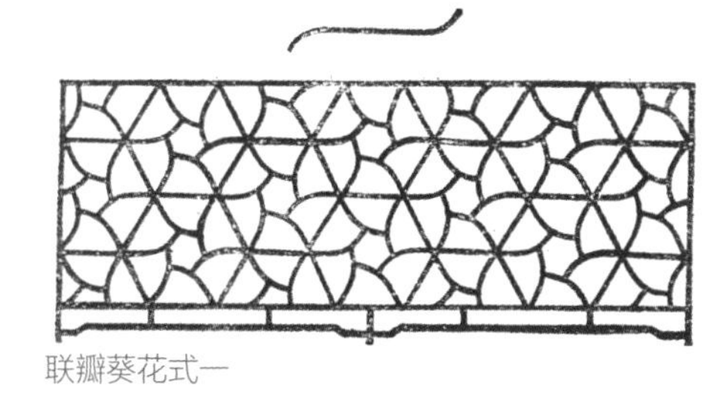

联瓣葵花式一

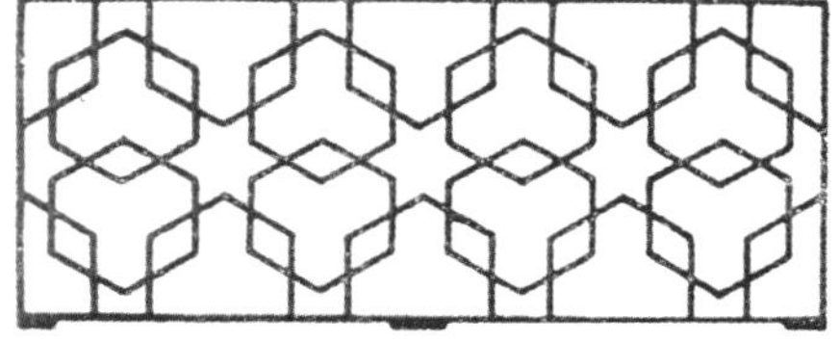

联瓣葵花式二

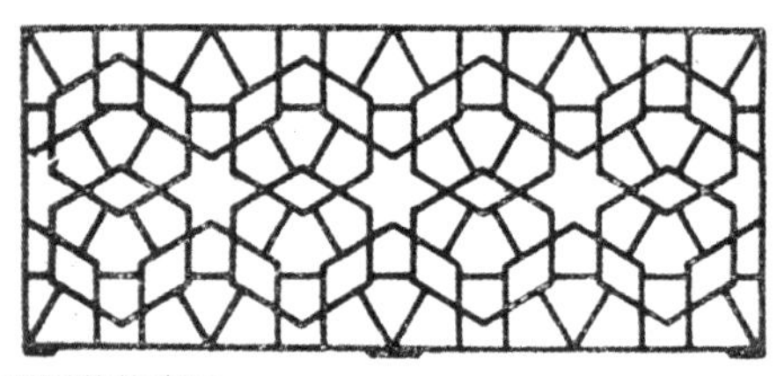

联瓣葵花式三

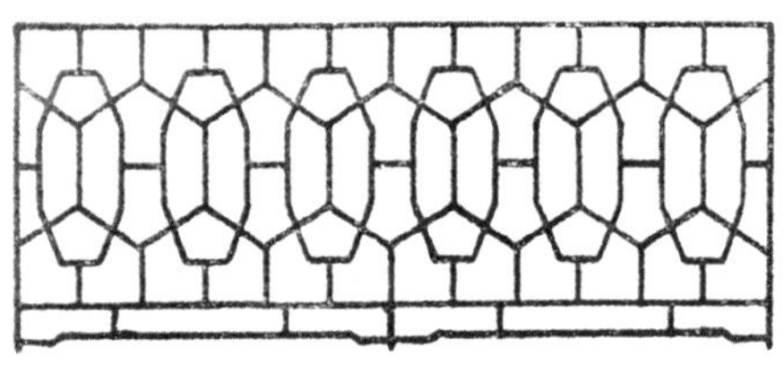

联瓣葵花式四

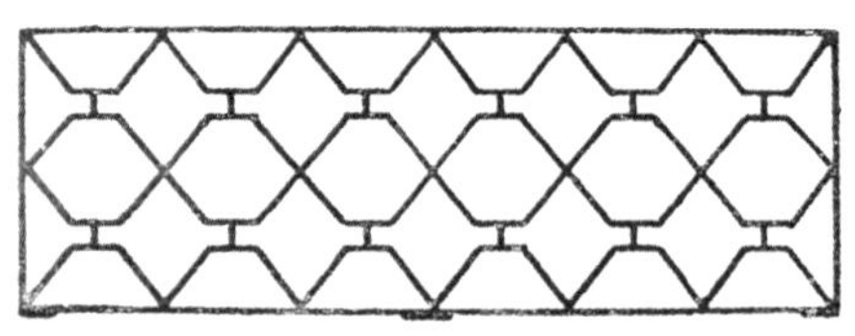

联瓣葵花式五

1. 联瓣：指将预制好的花瓣拼联起来。

译文

只用这种材料就可以制作。

尺栏[1]式

此栏宜腰墙[2]用，或置户外。

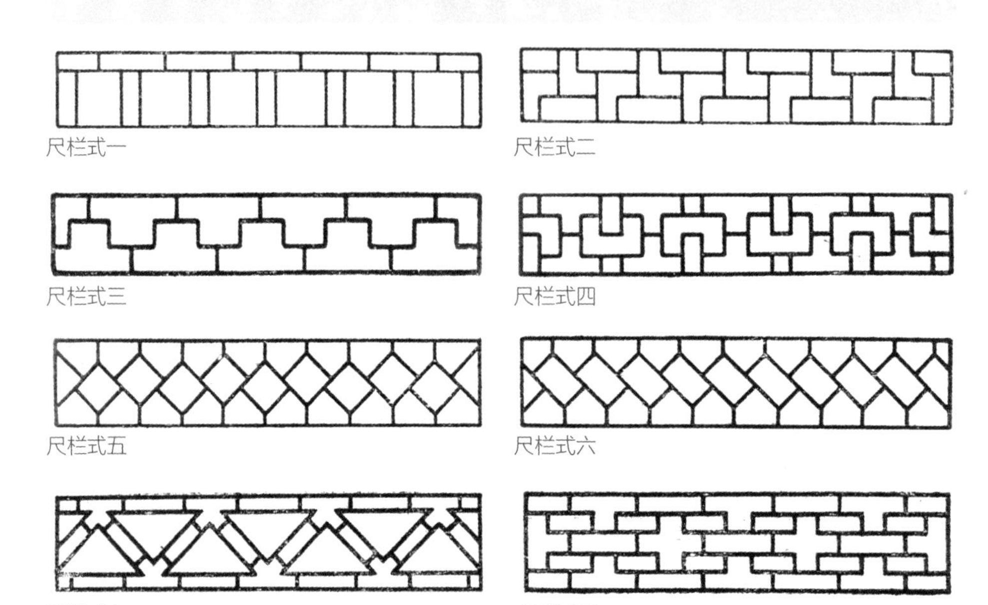

尺栏式一

尺栏式二

尺栏式三

尺栏式四

尺栏式五

尺栏式六

尺栏式七

尺栏式八

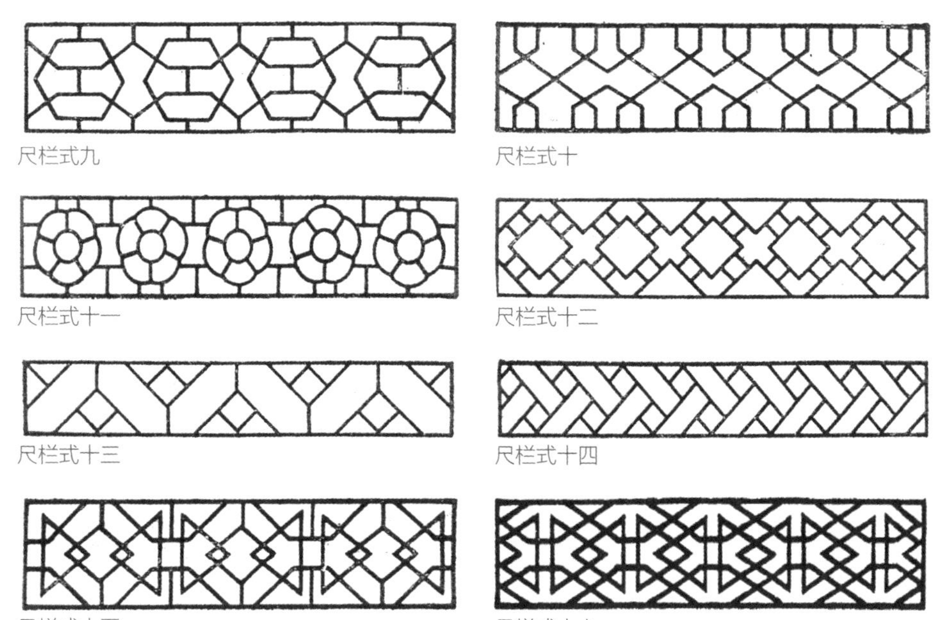

尺栏式九

尺栏式十

尺栏式十一

尺栏式十二

尺栏式十三

尺栏式十四

尺栏式十五

尺栏式十六

1. 尺栏： 约一尺高的栏杆。

2. 腰墙： 墙身高度较低、多在人的视线之下的墙体。

译 文

这种栏杆样式用于矮墙之上，或设置于室外。

短栏式

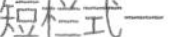

短栏式一

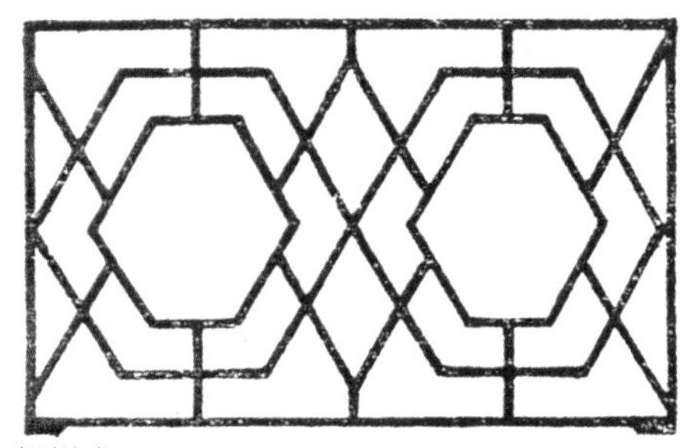

短栏式二

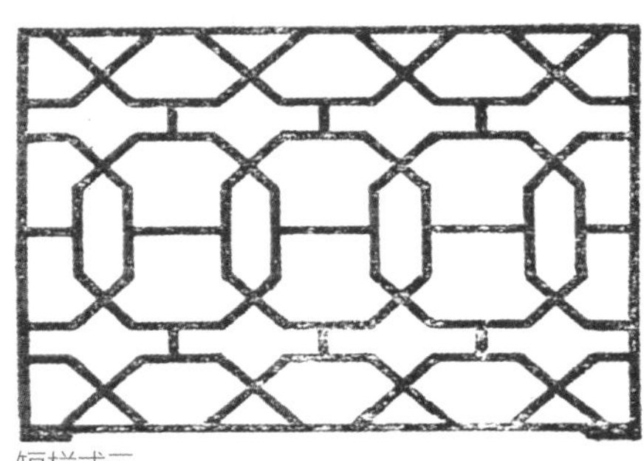

短栏式三

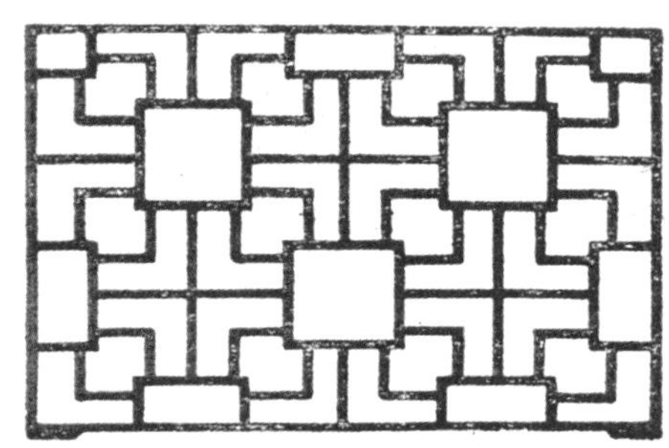

短栏式四

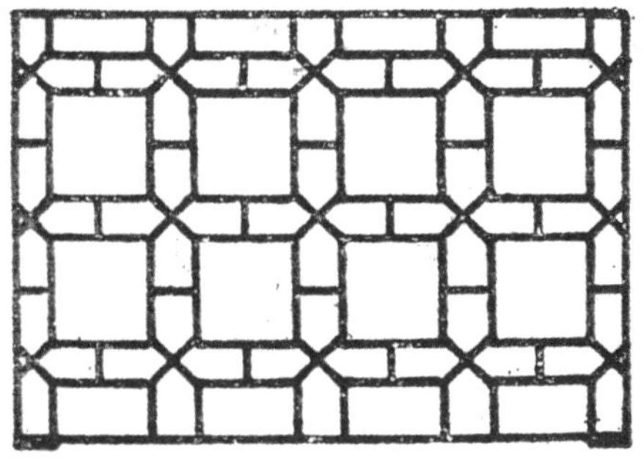

短栏式五

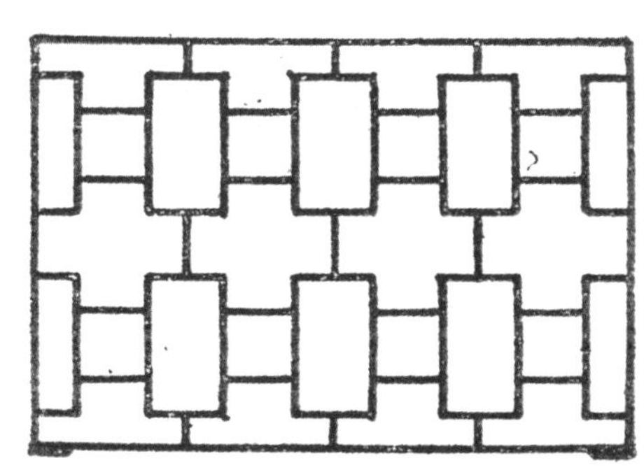

短栏式六

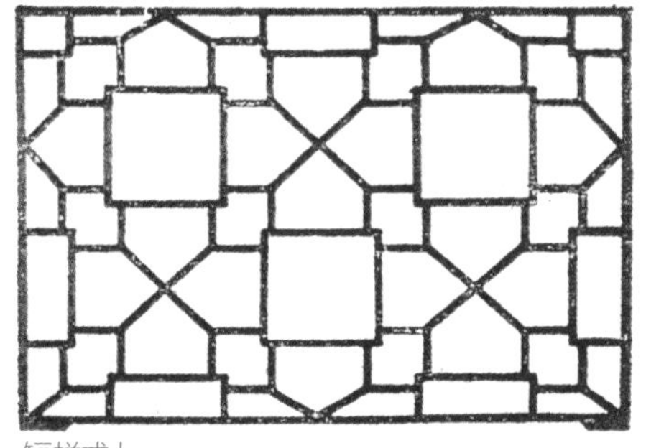

短栏式七

短栏式八

短栏式九

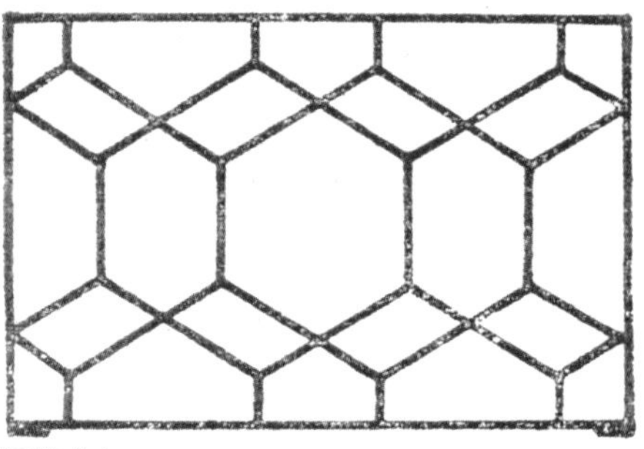

短栏式十

短栏式十一

短栏式十二

短栏式十三

短栏式十四

短栏式十五

短栏式十六

短栏式十七

短尺栏式

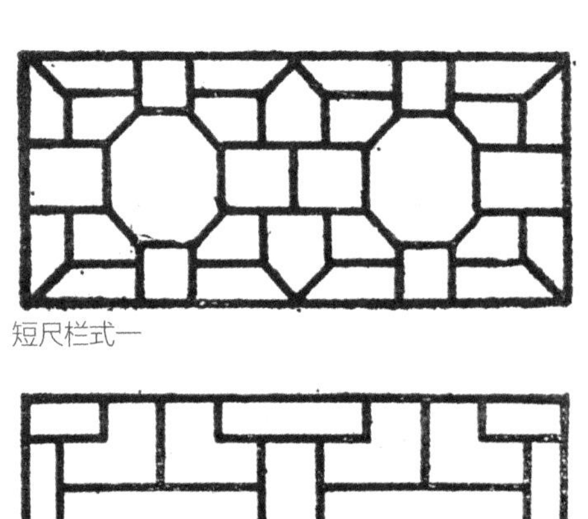
短尺栏式一

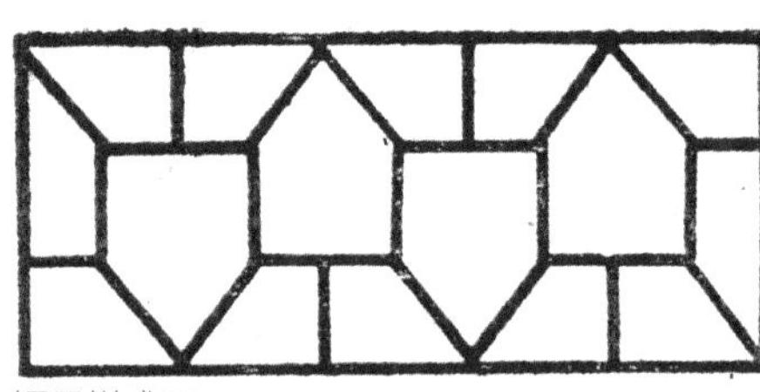
短尺栏式二

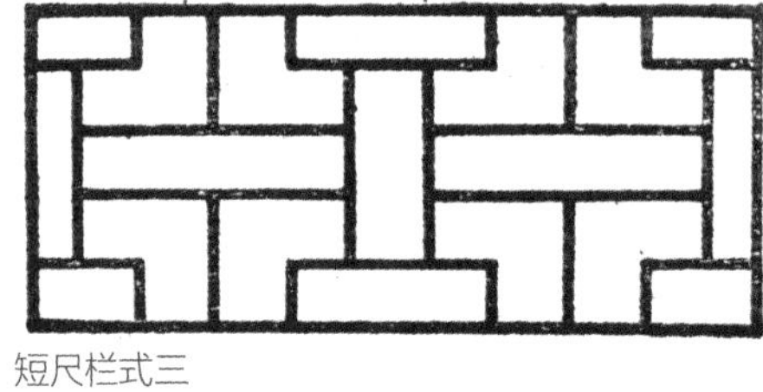
短尺栏式三

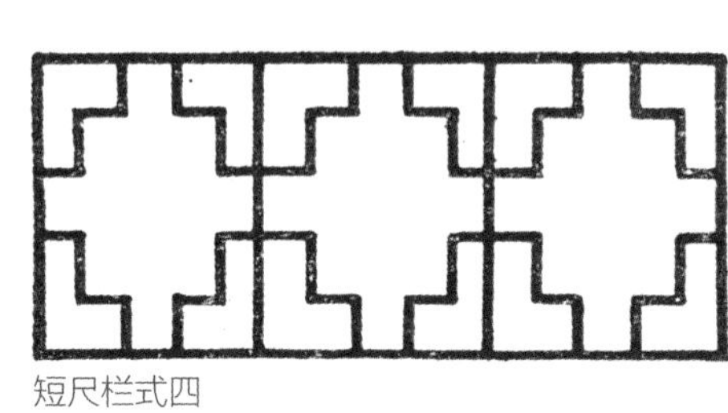
短尺栏式四

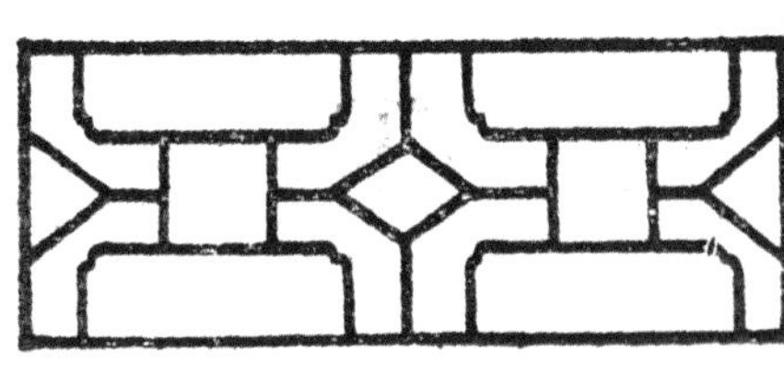
短尺栏式五

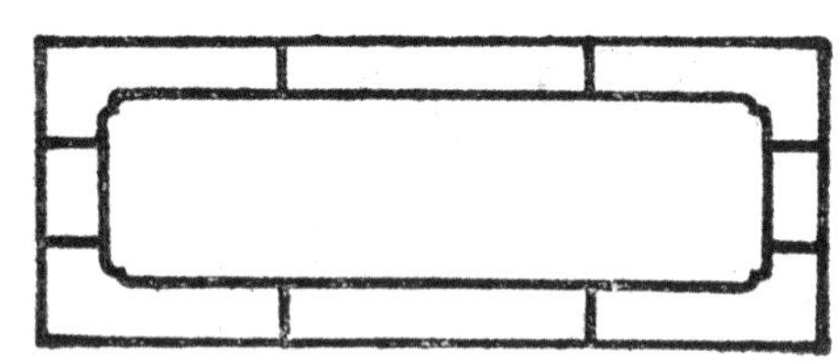
短尺栏式六

短尺栏式七

栏杆诸式计一百样。

卷叁

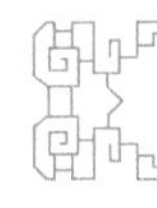

门窗

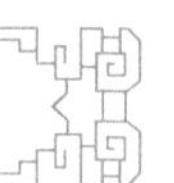

门窗磨空[1]，制式时裁，不惟屋宇翻新，斯谓林园遵雅。工精虽专瓦作，调度[2]犹在得人[3]，触景生奇，含情多致，轻纱环碧，弱柳窥青。伟石迎人，别有一壶天地；修篁弄影，疑来隔水笙簧。佳境宜收，俗尘安到[4]。切忌雕镂门空[5]，应当琢磨窗垣[6]；处处邻虚，方方[7]侧景。非传恐失，故式存余。

1. **磨空**：指将门窗设计成空心的各式形状。
2. **调度**：合理调配，使安装门窗的工作协调一致。
3. **得人**：得到造园技巧的人。
4. **安到**：怎么能够来到。
5. **门空**：指园门空洞，不必雕凿。
6. **窗垣**：墙上的漏窗。
7. **方方**：方方面面。

译文

园林中不装门扇和窗扇的门窗，一定要用镶嵌磨砖作为装饰，这是工艺装饰新的形式，不单是为了给房屋增添新意，而且使园林更加雅致美观。做工的精巧虽然在于瓦匠的手艺，但其构思设计还是在于高明的园艺设计家。设计家触景生情所产生的奇异构思，能够为园林营造出无尽的雅致情趣。透过窗外隐隐的绿水青山，还有翠柳映出的碧青群峰，门内的巨石傲迎宾客，石后别有洞天；窗外修竹随风起舞，光影变幻，疑是笙簧幽曲隔水传来。美景从空门、花窗飘然而至，凡尘俗气怎能进入园林之中呢？切忌在空门上雕文镂饰，墙上的漏窗应当精心琢磨；园林建筑要处处留有余地，才可面面通透，吸纳美景佳境。我唯恐技艺遗失而不能流传，所以将门窗样式绘制成图保存起来。

苏州拙政园别有洞天

园林之门，灵活多变，形式多样，可增加园林的情趣，使人有豁然开朗之感。常见的门形有圆有方，也有异形的样式，但是，只有与环境结合，才能获得事半功倍的效果。

苏州拙政园别有洞天

圆形的月亮门为常用的造型，然而却容易显得俗气。而别出心裁的例子是苏州拙政园的别有洞天。

别有洞天是拙政园中部和西部的结合点。原来拙政园一分为二，有一段时期分属两家，用界墙分隔。后来合园时，开辟了此门，利用墙面的厚度，箍成了券形的圆门，无意之得，却有了一种框景的作用。而圆门有一定的厚度，又有门洞的效果，东来西往，感受不一，实为别有洞天。

苏州狮子林探幽海棠花门

探幽花门呈海棠花瓣形，温雅可人，素墙花门，古木新翠，花庭闲风，碧楼清影，本身已成风景。其实，园景不在宏大，而在精巧。透过窗门，折出繁花秀石，固然是一种美感，但是，古木闲草、素墙黛瓦，也不失为一种风雅。

苏州狮子林通幽月亮门

圆门框景，自成韵致，绿影斜洒，笋石高挺，花地铺陈，仅此圆门之中，便见构思非凡。门为圆门，而院景多变，花木穿插，幽兰曳地，笋石高耸，透窗流光，是为和谐之境。

苏州狮子林探幽海棠花门

苏州狮子林通幽月亮门

苏州留园古木交柯

古木交柯为留园的入口小院，借院中古木导引，后因古木毁而植山茶女贞，有不同花饰的漏窗，步移景随，聚神散气，变换出不同的美感。曲径通幽、先抑后扬，是造园的基本手法，导引着游人入境的心情变化，从憧憬到迷惑，再到豁然开朗。走过古木交柯，总有欲、思、惊、叹的不同感慨。

苏州留园古木交柯花窗

苏州拙政园芙蓉榭窗景

观景易寻热闹，小窗赏心自识。花窗雕琢，玲珑剔透，透景借花，绿色满园。从芙蓉榭窗向外望，满池荷花尽入眼帘。“佳境宜收，俗尘安到。切忌雕镂门空，应当琢磨窗垣；处处邻虚，方方侧景。”

因此，触目横斜千万朵，赏心只有两三枝。玩味的是景观，也是观景的心境。

苏州拙政园芙蓉榭窗景

杭州西湖我心相印亭

苏轼为官杭州时，立三石于湖中，不得种植菱角，以免淤积，后人感念，设石塔纪念，石塔为球形，中空可以放置油灯，中秋月夜，月亮与灯光映印于湖上，月光、灯光、湖光，加之月影、塔影、云影，流光溢彩，天近山远。江流天地外，山色有无中。

杭州西湖我心相印亭

湖为天下闻名，事为苍生设谋，景为后人感念，境为游客心情。三潭印月北面即为西湖小岛小瀛洲，岛上有我心相印亭，向南望去，透过圆门花窗，三潭印月映入眼帘。

窗门图式

方门合角式

磨砖[1]方门[2]，凭匠俱做券门[3]，砖上过门石，或过门枋[4]者。今之方门，将磨砖用木栓[5]栓住，合角[6]过门于上，再加之过门枋，雅致可观。

1. **磨砖**：将青砖细磨。
2. **方门**：方形的门洞。
3. **券门**：即上部拱券形的门洞。
4. **门枋**：门上方的横梁。
5. **木栓**：用于插栓的类似钉子的木制器物。
6. **合角**：在转角处拼合的成 45° 角的合角榫。

方门合角式

译文

用磨砖砌成方门，以前都随工匠意愿，或者用发券方式砌筑，或在门洞上架设过门石，或在门洞上架设过门枋。现在的方门样式，是在门洞两边用木钉将磨砖镶砌上，在门洞与过门枋两边的结合转角处拼接合角，再在过门枋上镶砌磨砖，显得雅致又美观。

圈门式

凡磨砖门窗，量墙之厚薄，校砖[1]之大小，内空[2]须用满磨[3]，外边只可寸许，不可就砖，边外或石粉或满磨可也。

1. **校砖**：测量青砖的大小薄厚。
2. **内空**：门内的部分，指墙垣的厚度。
3. **满磨**：用清水磨平砖面。

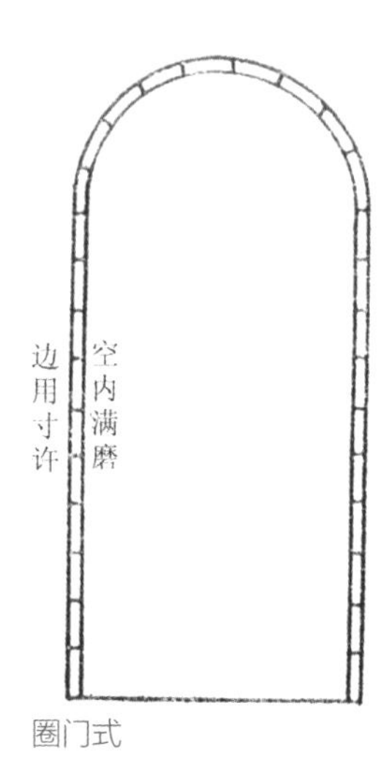

圈门式

译文

凡是用磨砖砌成门窗，要先测量墙体的厚薄，计算磨砖尺寸的大小。门窗洞内墙面必须全部镶砌磨砖，外面露出的边框只可镶砌一寸左右的宽度，门框才有美感，不可迁就磨砖的宽度。边框外的墙面或涂抹灰白粉，或用磨砖镶满即可。

上下圈式

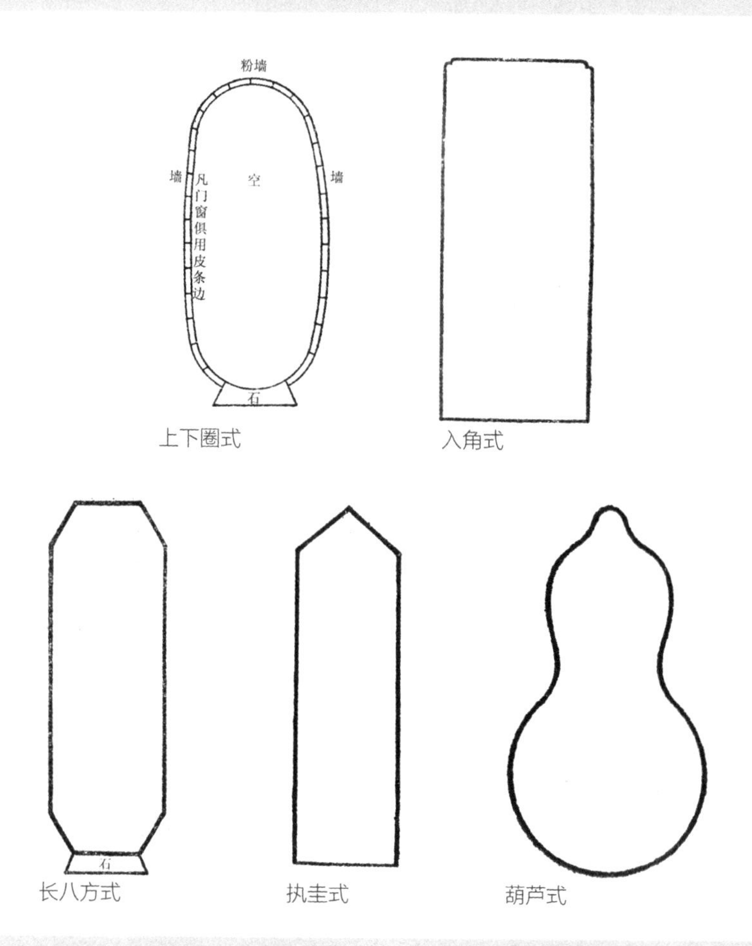

上下圈式　入角式　长八方式　执圭式　葫芦式

莲瓣式、如意式、贝叶式

莲瓣[1]，如意[2]，贝叶[3]，斯三式宜供佛[4]所用。

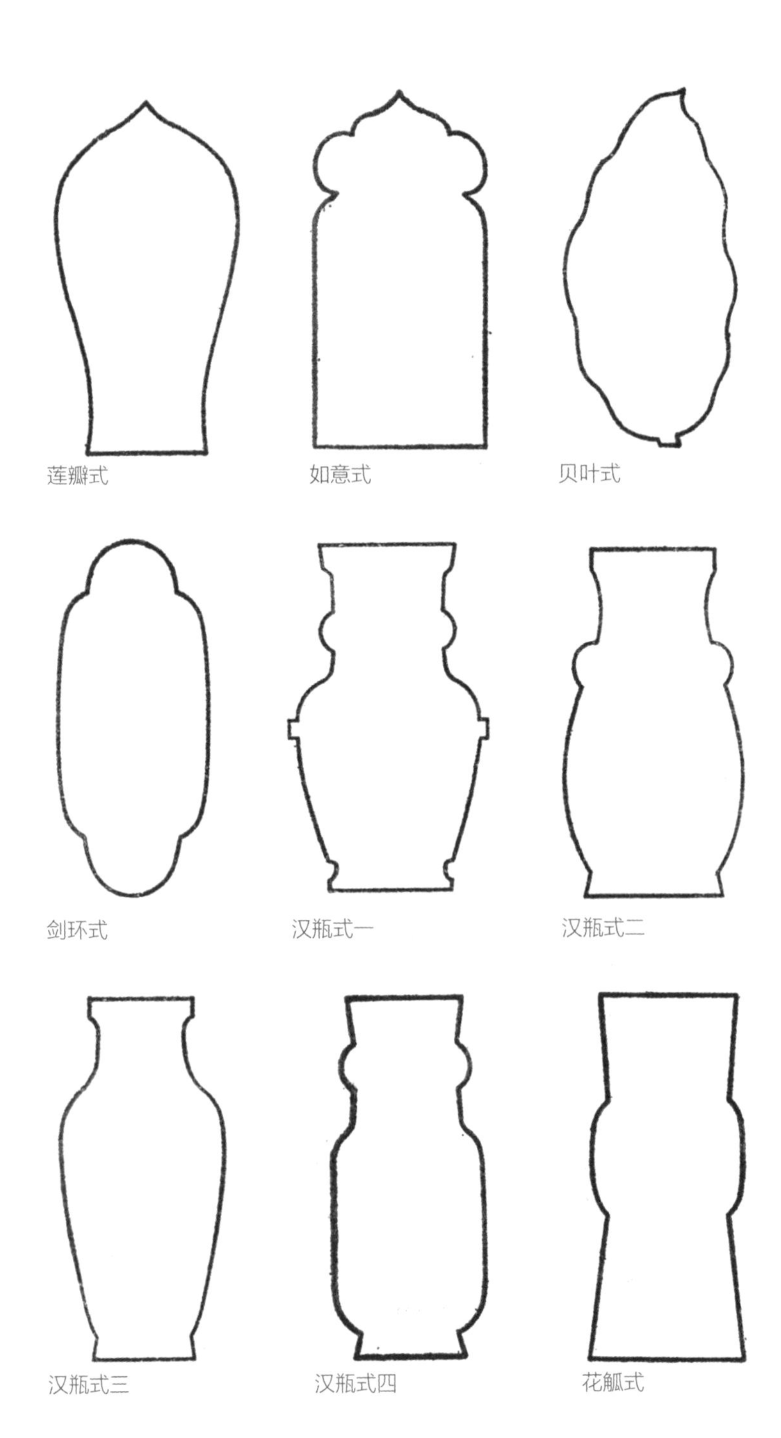
莲瓣式
如意式
贝叶式
剑环式
汉瓶式一
汉瓶式二
汉瓶式三
汉瓶式四
花觚式

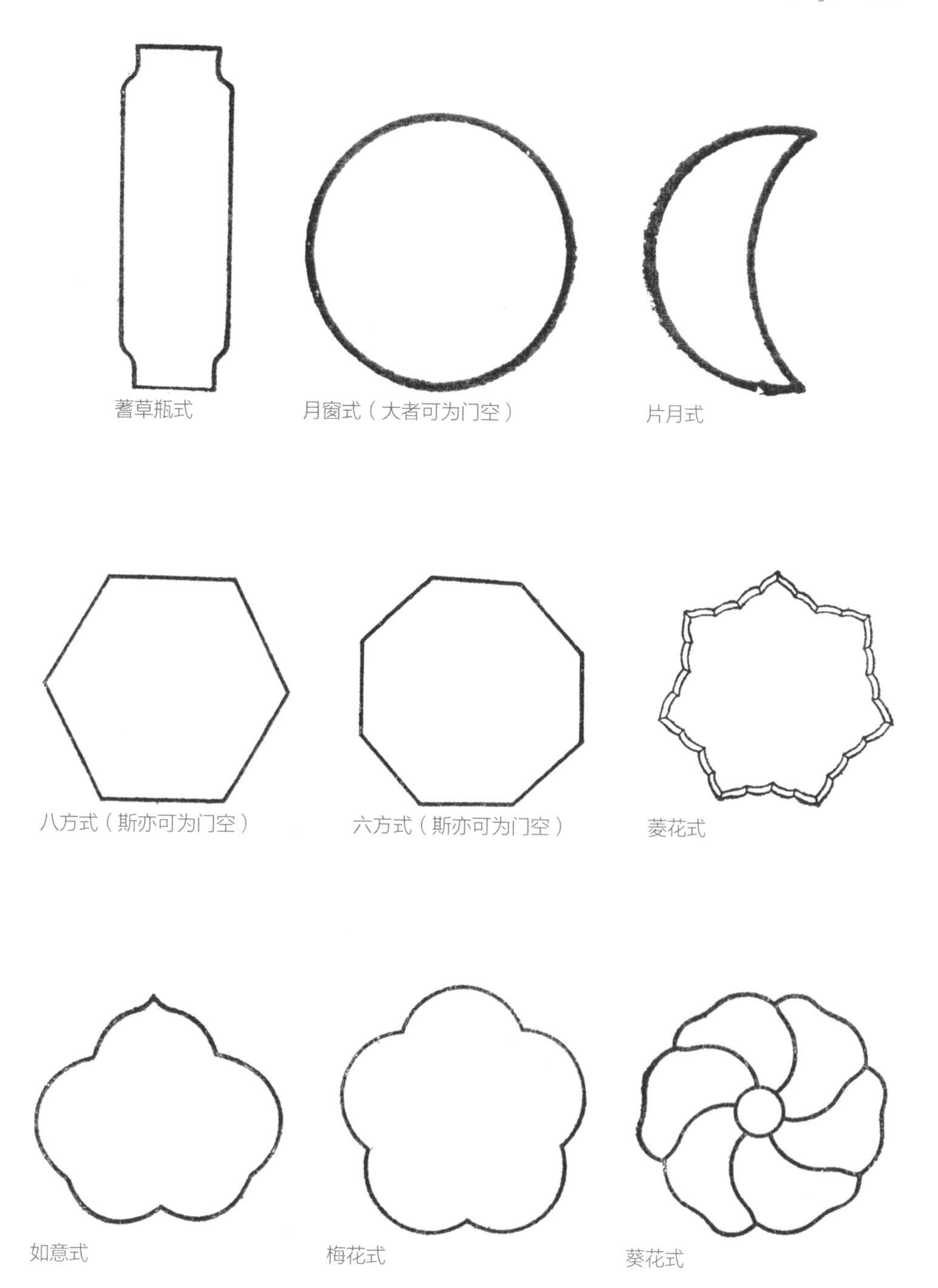
蓍草瓶式
月窗式（大者可为门空）
片月式
八方式（斯亦可为门空）
六方式（斯亦可为门空）
菱花式
如意式
梅花式
葵花式

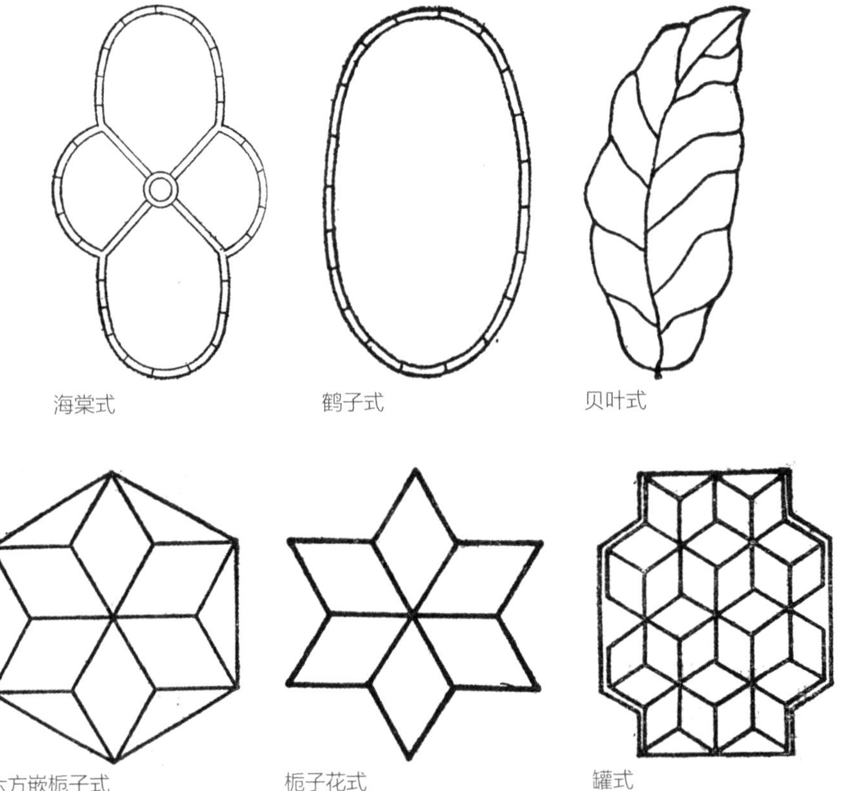

1. **莲瓣：**莲花瓣的样式。
2. **如意：**如意为古代贵族手持的吉祥器具，源出佛教法器，后流传于民间，有云形、灵芝形，长两尺左右。
3. **贝叶：**源出佛教贝叶经。贝叶树为长绿乔木，只开一次花。贝叶树的叶子阔大，用水沤泡后可以抄写经文。制圈门时其形制为树叶状，较为灵活方便。
4. **供佛：**供奉佛陀。意即莲瓣、如意、贝叶形的圈门造型均与佛教有关，可做信佛之家的圈门装饰。

译文

莲花瓣形、如意形、贝叶形，这三种圈门造型皆适合供奉佛像的宅院使用。

洞门 · 雅韵

洞门隔开一方天地，也恰好成为园林的过渡，门前的风景一览无遗，门后却自有一股神秘，隐现的山石和翠竹，诉说着前人的雅韵情趣。

洞门（一）

洞门（二）

洞门（三）

洞门（四）

墙垣

凡园之围墙，多于版筑[1]，或于石砌，或编篱棘[2]。夫编篱斯胜花屏[3]，似多野致，深得山林趣味。如内花端[4]、水次[5]、夹径、环山之垣，或宜石宜砖，宜漏[6]宜磨，各有所制。从雅遵时，令人欣赏，园林之佳境也。历来墙垣[7]，凭匠作雕琢花鸟仙兽，以为巧制，不第林园之不佳，而宅堂前之何可也。雀巢可憎，积草如萝，祛之不尽，扣之则废，无可奈何者。市俗村愚之所为也，高明而慎之。世人兴造，因基之偏侧，任而造之。何不以墙取头阔头狭[8]就屋之端正，斯匠主之莫知也。

1. **版筑：** 指筑墙时用木板、木棍相夹土墙，中间夯土积高成墙，成为板筑的土墙。一般多作外墙使用。
2. **篱棘：** 用带刺的植物编制成篱笆，起到防护与美观的作用。
3. **花屏：** 多以藤类花木组成的屏障。
4. **花端：** 花木前面。
5. **水次：** 水边。
6. **漏：** 设置漏窗的地方。
7. **垣：** 低矮的墙。
8. **头阔头狭：** 指地形的宽窄不一，构园时注意墙垣的变化。

译文

凡是园林的围墙，多用泥土版筑，或用石头垒砌，或用荆棘编织成篱笆。荆棘编织的篱笆胜于花木编织的屏障，似有更多的山野情致，深得山林的自然趣味。在园林内的花间、水边、路旁、环山处筑砌墙垣，有的适宜用石头垒筑，有的适宜用砖块修砌，有的适宜开设漏窗，有的适宜镶砌磨砖，可采用不同的建构方式。但要雅致适时、令人赏心悦目，这才是园林的最高意境。

历来砌墙筑垣，任凭工匠雕刻奇花异草、神仙高士、飞禽走兽，以为这样就是精巧的围墙装饰，但是这些对于园林营造来说，不仅没有创意的美感，而且用于住宅厅堂也不足可取。由于雕刻镂空的地方常常招引鸟雀筑巢，聒噪声令人厌烦，又容易满墙垂挂着枯藤朽萝，难以清除干净，稍用力敲击铲除，就很容易损毁砖雕，真是无可奈何。这些画蛇添足的雕琢是市俗村夫采用的办法，聪明的人士应该谨慎对待。世上的人建造围墙，因为地基的偏斜与不规整，缺乏巧妙构思的处理手法而任意建造。何不采用一头高阔、一头低狭的形式，以保证房屋的方向规整，这种巧妙的规划设计构思，是一般的工匠和园林设计者所不知道的。

漏窗·禅境

竹衍个字，窗生六角，小亭观绿，清气弥生，慧由心出，性因知成。顽石感知点头，朽木不可雕凿，漏窗犹在，岂能不生一点禅心与意境？

漏窗（一）

漏窗（二）

漏窗衍绿气，芭蕉未探头。素墙墨碑，朱栏红柱，游廊回望，凉意顿生。寄畅园回廊有此景观。

漏窗（三）

漏窗（四）

北京颐和园湖边漏窗

颐和园乐寿堂建筑群与昆明湖用隔墙隔开，独立成院。但是，如何将昆明湖的景物引入园中，造园设计者利用在围墙上开设漏窗的方法，借景入院，漏窗采用壶形、扇形、瓶形、菱形、桃形、八角形等形状，变化多端，风光奇丽。从院中看湖上，水光闪烁，波纹涟漪，山色云影，犹如一幅幅不断变化的风景画，其中的岛、桥、船、路因不同的时间和天气，产生出不同的景致来。而夜晚乘船从湖面上看乐寿宫，什锦灯窗中彩灯辉煌，人影穿梭，犹如影戏。

北京颐和园湖边漏窗

北京颐和园佛香阁围墙漏窗

李渔在《闲情偶寄·居室部》中曾设想“开窗莫妙于借景，而借景之法，予能其得三味”。笠翁的方法是“向居西子湖滨，欲购湖舫一只，事事犹人，不求稍异，止以窗格异之”，计划以窗格为构图，制造出不同花饰的窗格，当桨摇船移动时，山景树影也如同活动的图画产生变换，从而使“同一物也，同一事也，此窗未设之前，仅作事物观，一有此窗，则不烦指点，人人俱作画图观矣”。此法是文人遐想，若得实现，还得有一定的经济实力。

颐和园乐寿堂的什锦漏窗，其设计者的构思是否得到了笠翁的启示呢？

无锡寄畅园海棠花漏窗

园林的墙面开窗，有各种形式，或透或漏，或方或圆，一切随机应变，如计成所说：“凡有观眺处筑斯，似避外隐内之义。”这样就形成了一种窗借的样式，驻足观赏，借景生情。

寄畅园海棠花漏窗，以空寓虚，借物寄实，竹影摇曳，风生化形。

无锡华孝子祠祠门漏窗

华孝子祠祠门牌楼八字影壁上的石雕漏窗，两厢对应，增加影壁的变化，近处观望，园中亦别具生机。

无锡寄畅园海棠花漏窗

无锡华孝子祠祠门漏窗

扬州个园春山漏窗

扬州个园以翠竹闻名，青瓦白墙，新篁泛绿，方门漏窗，乍泻春光。漏窗化境，一步三移，云气高翻，俯借环绿，近树远山，极具妙趣。

扬州个园春山漏窗

苏州拙政园中部云墙

清末张氏购得拙政园几近为废墟的西院，邀请画家顾若波进行修缮，命名“补园”，意味深长。同时构筑了“宜两亭”，取意“绿杨宜作两家春”（白居易诗）。登亭东望，只见小桥流水，花树繁密，而中间的云墙，起到了分隔园景的协调作用。

苏州拙政园中部云墙

无锡惠山云墙

文如看山不喜平，而游园读景，常常需要让人感受到别出心裁的景致。云墙为隔离园景的必备，往往园内、园外，一墙之隔而景色迥异。“春色满园关不住，一枝红杏出墙来”（叶绍翁《游园不值》），终是墙外人语。

无锡惠山云墙

无锡惠山云墙以高垣架瓦，犹如龙鳞片片，透迤盘桓，上下飞舞变幻。登高观景，虚实遮露，影影斑斑，高树低草，闲亭花阁，尽收眼底。无锡惠山云墙与园内楼堂高举的飞檐结合，犹如游龙探首，玉凤鸣天。层楼重阁，飞檐高啄。绿荫似幕，席地蔽天，使云墙寓静于动，墙楼交相呼应，本是闲置，无意却成异物。

（一）白粉墙

历来粉墙，用纸筋[1]石灰，有好事取其光腻，用白蜡[2]磨打者。今用江湖中黄沙，并上好石灰少许打底，再加少许石灰盖面，以麻帚[3]轻擦，自然明亮鉴人。倘有污渍，遂可洗去，斯名“镜面墙[4]”也。

1. **纸筋：**旧时粉墙采用白石灰加上粗草纸，搅拌成泥料状，也称纸筋灰。利用粗草纸的纤维质，覆盖粗糙的毛墙，成为粉刷墙面最初的材料和工序。
2. **白蜡：**原料为白蜡虫的分泌物，可以润滑增光。
3. **麻帚：**用麻类的纤维物绑扎的刷子。
4. **镜面墙：**意即墙面如镜子一样光亮，不沾灰尘，而且便于清洗。

译 文

历来制作白粉墙，都是采用纸筋拌石灰浆来粉刷墙面，讲究的人家，为了让墙面光滑细腻，将白蜡涂在墙面上进行抛光磨平。而今则采用江河湖泊的黄沙，加上好石灰来打底，再以少许石灰浆，用麻布扫帚轻轻擦抹，墙面就像镜子一样明亮照人了。假如有污渍浸脏了墙面，还可以洗擦，这种墙面名叫“镜面墙”。

苏州艺圃香草居

计成说：“历来粉墙，用纸筋石灰，有好事取其光腻，用白蜡磨打者。今用江湖中黄沙，并上好石灰少许打底，再加少许石灰盖面，以麻帚轻擦，自然明亮鉴人。”这是一种粉墙的基本的方法。而素墙雅致，清风满壁，使人神清气爽。黑柱白墙，玄素之间，返璞归真，实为居住者的心理昭示。

苏州艺圃的香草居是园中西南方位的小型厅屋，回转自如，舒朗雅韵，书案高椅，是为文风荡漾之地，亦为艺圃的园中妙景，园门遮掩，藤蔓匍墙，水浸秀石，老树高立。其景小中见大，巧中藏拙。春风大雅能容物，秋水文章不染尘。

苏州艺圃香草居

（二）磨砖墙

如隐门[1]照墙、厅堂面墙，皆可用磨成方砖吊角[2]，或方砖裁成八角嵌小方；或小砖一块间半块，破花砌如锦样[3]。封顶[4]用磨挂[5]方飞檐砖几层，雕镂花、鸟、仙、兽不可用，入画意者少。

1. **隐门**：被遮掩的门。
2. **吊角**：即方砖斜立，形成角对角的砌法，丰富墙面的变化。
3. **锦样**：锦绣上的花饰。
4. **封顶**：砌砖墙的顶端。
5. **磨挂**：指水磨的方砖。

译文

如果是大门内的影墙、厅堂前的墙壁，都可用水磨方砖按斜角贴面，或者把方砖磨成八角形，镶嵌在砖与砖之间的空隙里，或者采用一块小砖间夹搭半块，砌成锦缎的花纹样式。墙头封顶采用磨方砖叠砌成层层外挑的飞檐。不需要再雕镂奇花、飞鸟、神仙、走兽，这种装饰做法很少能产生画意美。

（三）漏砖墙

凡有观眺处筑斯，似避外隐内之义。古之瓦砌连钱[1]、叠锭[2]、鱼鳞[3]等类，一概屏之，聊式几于左。

1. **连钱**：如圆铜钱一般连缀不断。
2. **叠锭**：如银锭相叠，成为四方连续的纹饰。
3. **鱼鳞**：如鱼鳞般排列，形成连绵的花纹。

译文

但凡墙外有可观风景的地方，适宜建造有漏窗的墙垣，既能够遮挡墙外视线，又可隐现墙内景色。古时候用瓦修砌连线、叠锭、鱼鳞等样式的漏砖墙，如今一律不用，现将几种雅致时尚的漏砖墙样式绘制于后。

漏砖墙图式

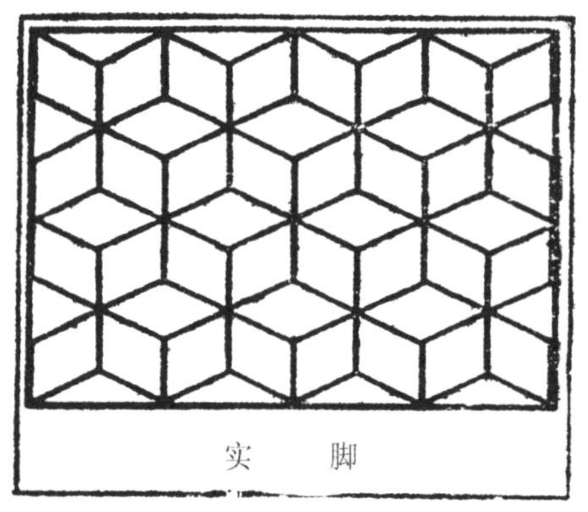

漏砖墙式一（菱花漏墙式）

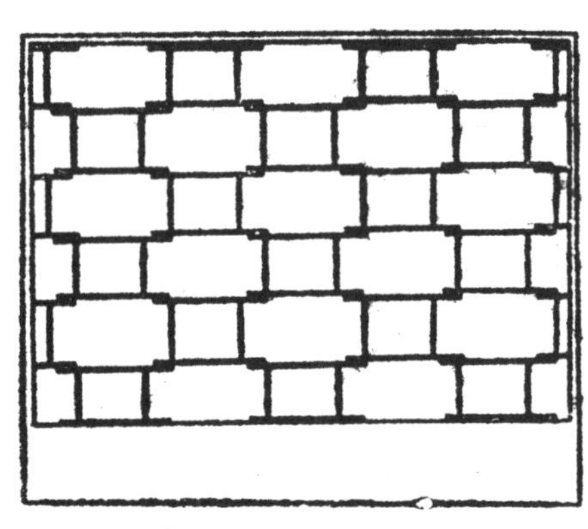

漏砖墙式二（绦环式）

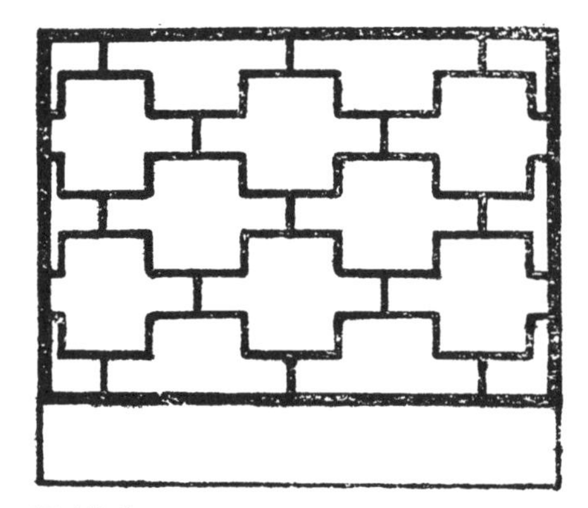

漏砖墙式三

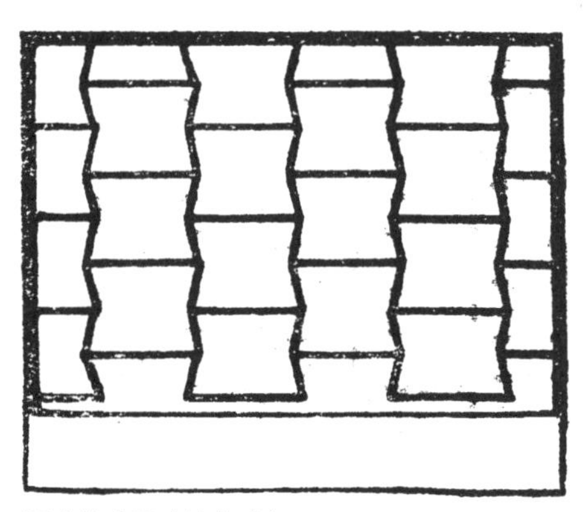

漏砖墙式四（竹节式）

漏砖墙式五（人字式）

漏砖墙式六

漏砖墙式七

漏砖墙式八

漏砖墙式九

漏砖墙式十

漏砖墙式十一

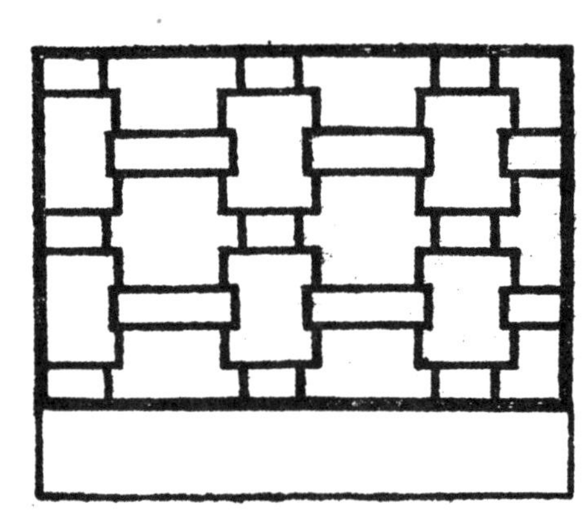
漏砖墙式十二

漏砖墙式十三

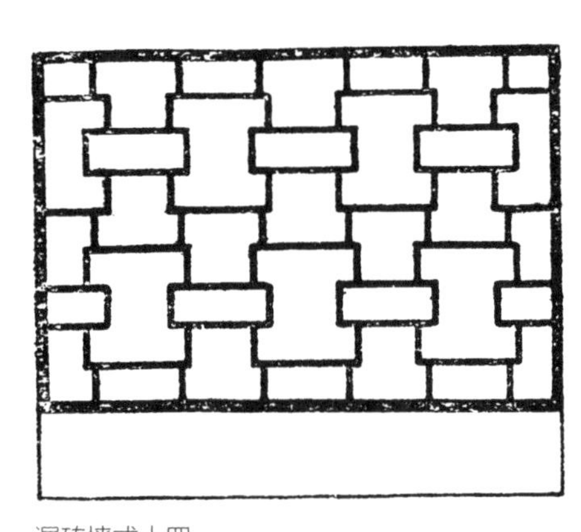
漏砖墙式十四

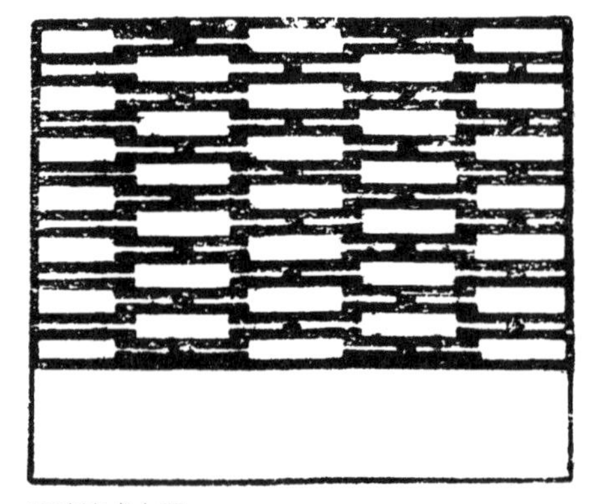
漏砖墙式十五

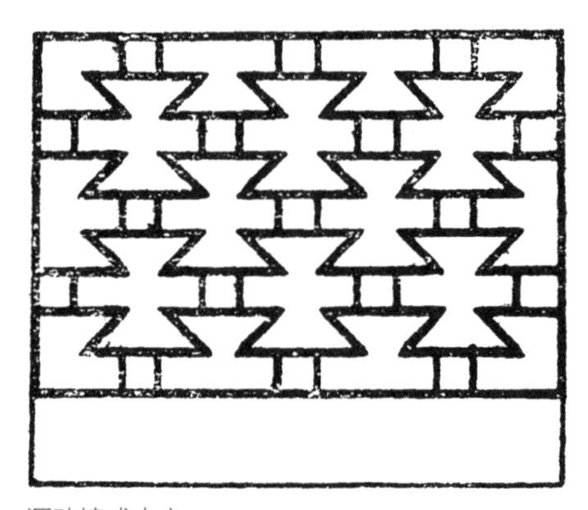
漏砖墙式十六

漏砖墙，凡计一十六式，惟取其坚固。如栏杆式中亦有可摘砌者。意不能尽，犹恐重式[1]，宜用磨砌者佳。

1. **重式：**重复的样式。

译 文

漏砖墙，总计十六种样式，仅是取其坚固耐久的。栏杆中有的图案样式也可以选用。所有能想到的样式无法全部绘制，又怕重复，适合用于磨砖修砌的为最好。

（四）乱石墙

是乱石皆可砌，惟黄石[1]者佳。大小相间，宜杂假山之间，乱青石版用油灰[2]抿缝，斯名“冰裂”也。

1. **黄石：**石质的一种，江南各地均有，为细砂岩，色泽呈黄色，厚重坚硬，沉着质朴，正块山石棱角分明，常常用于园林掇山。
2. **油灰：**旧时常用桐油和石灰调制成油灰腻子，勾抿在石板之间，用来填塞缝隙。

译 文

凡是乱石都可用来修砌此墙，黄石以质地坚硬、纹理古朴而成为最好的选择。大小石块互相交错，适合在假山间修砌。以乱青石块修砌并以桐油石灰勾缝，这种乱石墙又叫“冰裂墙”。

铺 地

大凡砌地铺街[1]，小异花园住宅。惟厅堂广厦中铺，一概磨砖，如路径盘蹊，长砌[2]多般乱石，中庭或宜叠胜[3]，近砌亦可回文。八角嵌方，选鹅子[4]铺成蜀锦[5]；层楼出步，就花梢琢拟秦台[6]。锦线瓦条，台全石版，吟花席地，醉月铺毡。废瓦片也有行时，当湖石削铺[7]，波纹汹涌；破方砖可留大用，绕梅花磨斗，冰裂纷纭。路径寻常，阶除脱俗，莲生[8]袜底，步出个中来；翠拾林深，春从何处是。花环窄路偏宜石，堂迥空庭须用砖。各式方圆，随宜铺砌，磨归瓦作，杂用钩儿[9]。

1. **铺街**：指街道的铺地。
2. **长砌**：顺延着向前或向后铺砌。
3. **叠胜**：胜，中国古代菱形类的几何图案花饰，本为古代妇女的一种首饰，铺地也用胜这种形状，连叠不断。
4. **鹅子**：鹅卵石。
5. **蜀锦**：四川出产的锦缎，质地细腻，花色富丽。
6. **秦台**：秦朝宫殿中的高台。唐代杜牧《阿房宫赋》："歌台暖响，春光融融。"
7. **削铺**：将零碎的湖石削割成适合的材料铺地。
8. **莲生**：如同莲花生长在地上。语出《南史·齐本纪废帝东昏侯》："（东昏侯）又凿金为莲花以贴地，令潘妃行其上，曰：'此步步生莲花也。'"
9. **钩儿**：指构园时的杂工。

译 文

铺设路面和地面，园林与住宅的做法稍有不同。只有广厦和厅堂的地面，须一律采用水磨方砖铺设；如果是回环曲折的园径，因路线长也多半以乱石铺设。庭院中适合用方砖铺设成叠胜的图案，靠台阶的地方也可铺设成回字纹图案。在嵌砌成的八角形图案中，可以选用鹅卵石铺出蜀锦图案；在楼层前出一步的平台上，可临近花木构筑为秦台样式。这样若在花丛中席地而坐、抒情吟诗，就能如坐锦毡；在月光下饮酒，台面石板宛如柔软的地毯。就是废弃的瓦片也有用途，在环绕湖石的地面，立砌成汹涌起伏的波浪图案；破碎的方砖也有利用价值，在栽有梅花的庭院中拼合，镶砌成纷纭的冰裂图纹。路径铺设虽然很平常，但是庭院地面的装饰非常脱俗。地面宛如莲花绽开，行走之间如步步生莲花；林间处捡拾翠羽，满庭间荡漾春风。环绕花间的路径适合用碎石块镶砌，而厅堂四周的庭院必须用方砖铺砌。方圆图案虽然不一，因地制宜，不求一律。虽然铺砌磨砖是泥瓦劳作，辅助杂活还需要杂工来做。

铺地

铺地是对园林路径、地面的一种基本装饰。用碎石、片瓦、鹅卵石、条砖等边料，花饰任意，图案变化，能够达到“长砌多般乱石，中庭或宜叠胜，近砌亦可回文”（计成语）的铺砌效果，即可获得丰富的视觉效果。因为游人漫步、徘徊徜徉，多低头下视，观景赏花、寻找路径，铺地多是过渡陪衬。庭前阶下，花丛香径，或望皓月当空，或叹香瓣飘零，或见秋风扫叶，总是铺地先知。

朱熹诗：“未觉池塘春草梦，阶前梧叶已秋声”，正是触景生情。苏舜钦诗：“树阴满地日当午，梦觉流莺时一声”，感时伤物，并非颓废心境，只觉光阴如梭，忙者日短，但求振作。

铺地成为花径，陋处顿生幽香。计成《园冶》曰“路径寻常，阶除脱俗。莲生袜底，步出个中来；翠拾林深，春从何处是”，也是这个意思。

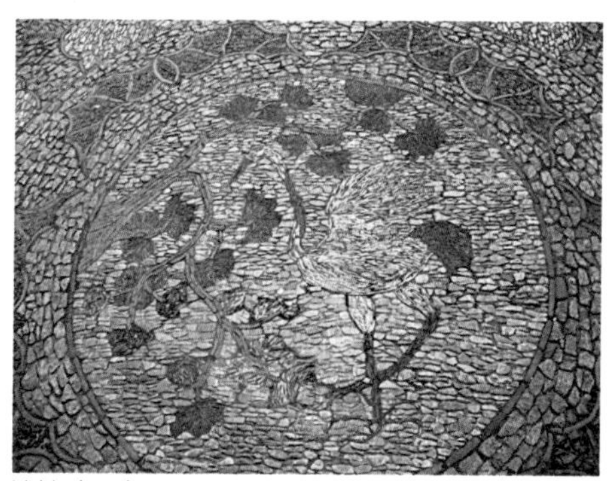
铺地（一）

铺地（二）

铺地（三）

铺地（四）

铺地（五）

铺地（六）

（一）乱石路

园林砌路，堆小乱石砌如榴子[1]者，坚固而雅致，曲折高卑，从山摄壑，惟斯如一。有用鹅子石间花纹砌路，尚且不坚易俗。

1. 榴子：水果中的石榴粒籽，密集晶莹，乱而不散，可为乱石铺地的样式。

译文

铺砌园林的路径，最好是用细小的乱石块铺砌像石榴籽一样的图案，既坚固又雅致，无论路面曲折高低，还是沿山势到沟壑，都可以铺砌。有人采用鹅卵石在路面上镶砌出花纹，既不坚固又显露出庸俗的气息。

（二）鹅子地

鹅子石，宜铺于不常走处，大小间砌者佳；恐匠之不能也。或砖或瓦，嵌成诸锦犹可。如嵌鹤、鹿、狮毬，犹类狗者可笑。

译文

利用鹅卵石铺砌地面，只适合铺在人不常走动的地面，最好是大、小鹅卵石相间铺砌，这恐怕是普通工匠难以做到的。或者采用砖、瓦片砌成图样，然后以鹅卵石镶嵌成如织锦纹图案。如果镶嵌成仙鹤、神鹿、狮子滚绣球之类的样式，就如“画虎不成反类犬”一样可笑了。

（三）冰裂地

乱青版石，斗冰裂纹，宜于山堂、水坡、台端、亭际，见前风窗式，意随人活，砌法似无拘格，破方砖磨铺犹佳。

译文

采用乱青石板铺砌地面，拼合成冰裂纹图样，适合于山上的平地、水边的坡地、楼舍的台面、亭边的空地，样式可参见前面讲到的风窗式。至于冰裂纹的大小疏密，可根据实际环境灵活变化，铺砌方法没有什么限制，将破方砖磨平后，拼缝铺砌最好。

（四）诸砖地

诸砖砌地，室内，或磨、扁铺；庭下，宜仄砌[1]。方胜[2]、叠胜[3]、步步胜[4]者，古之常套也。今之人字、席纹、斗纹[5]，量砖长短合宜可也。有式。

1. **仄砌**：即将青砖侧立砌出铺地。
2. **方胜**：胜为古代妇女的首饰。方胜是斜方连续，成为一种四方连续的铺地图案。
3. **叠胜**：连续不断的胜形铺地。
4. **步步胜**：富于变化而不间断的胜形四方连续的铺地图案。
5. **斗纹**：如斗字状回旋往复的铺地图案。

译 文

采用各种砖块铺砌地面，在房屋内，可采用磨砖平铺；在庭院中，适宜把磨砖竖着铺砌。如方胜图样、叠胜图样、步步胜图样，都是古时候经常采用的俗套。而今多用人字形图纹、苇席图纹、斗方图纹，图纹的比例与砖块的长短尺寸适宜。后面附有图文样式。

砖铺地图式

砖铺地图式

人字式

席纹式

间方式

斗纹式

以上四式用砖仄砌。

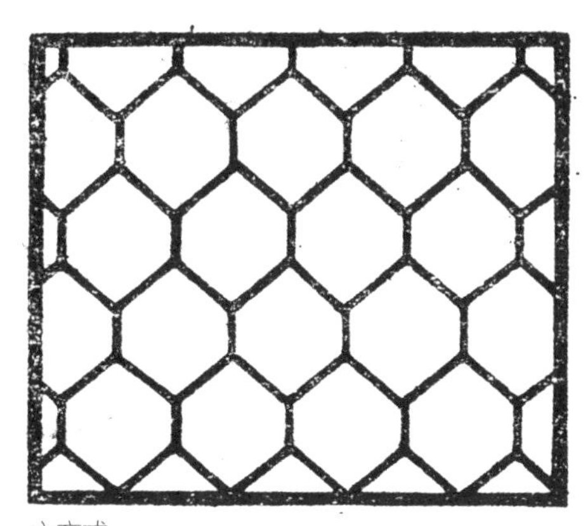
六方式

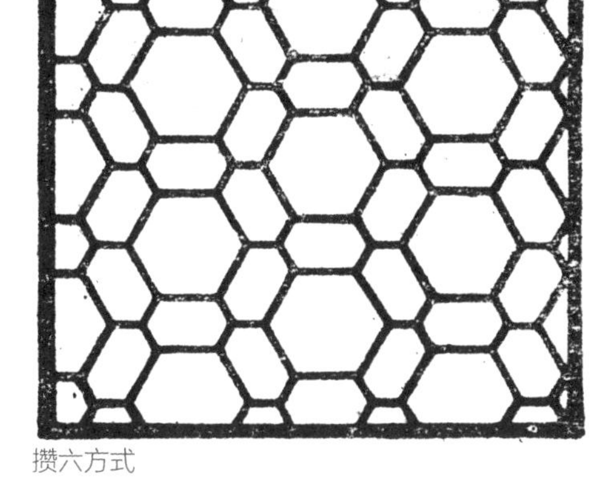
攒六方式

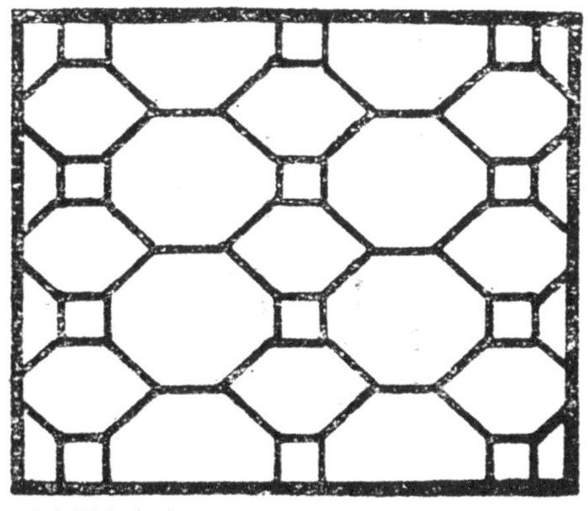
八方间六方式

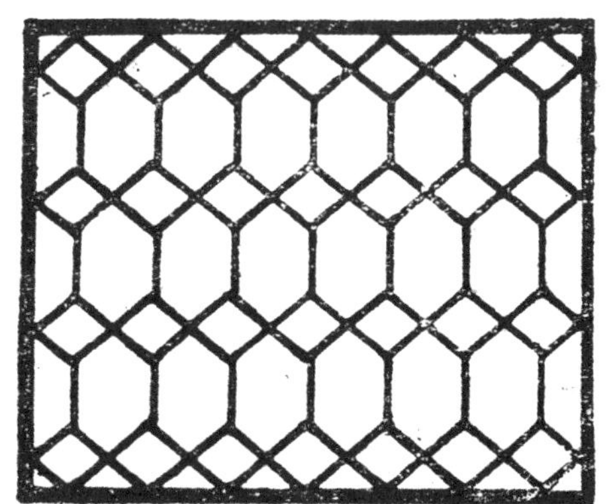
套六方式

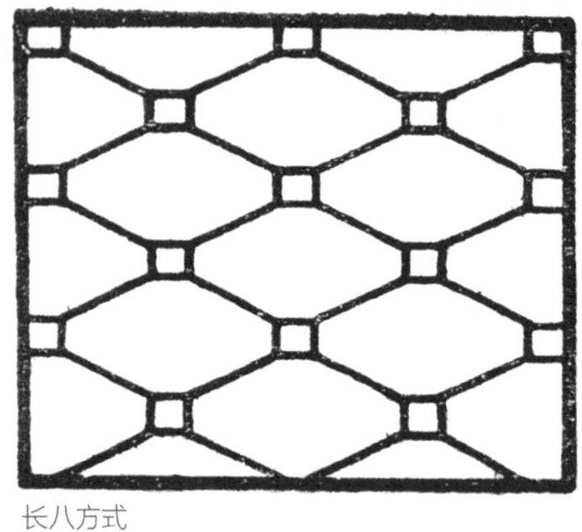

长八方式

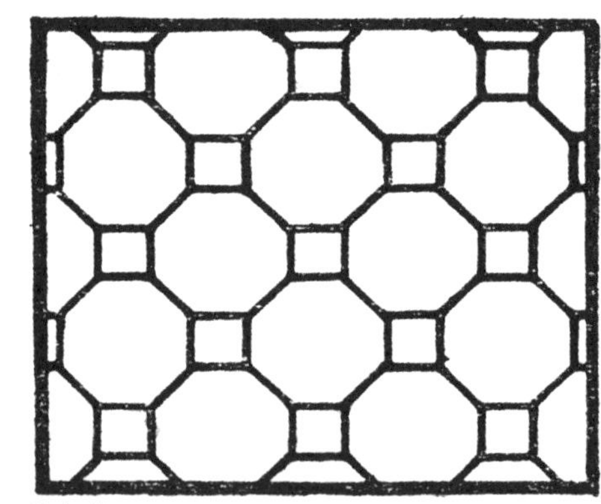

八方式

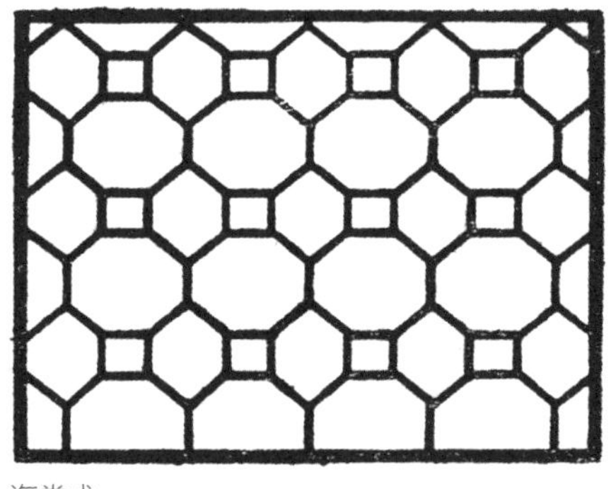

海棠式

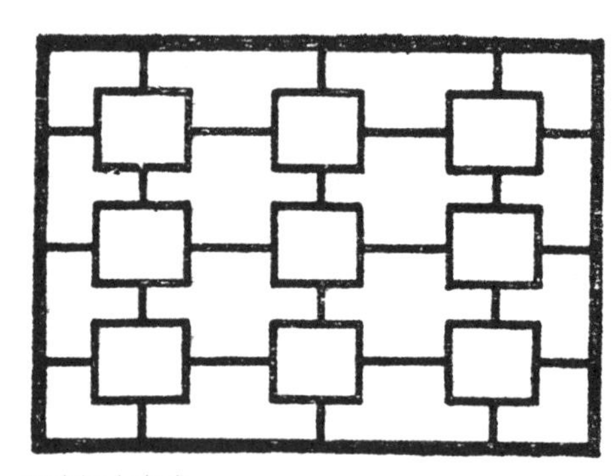

四方间十字式

以上八式用砖嵌鹅子砌。

香草边式

用砖边，瓦砌香草，中或铺砖，或铺鹅子。

香草边式

译 文

香草边式用砖块铺砌而成，用瓦镶砌出香草花纹。内框中或者镶砌砖块，或者镶砌鹅卵石。

球门式

鹅子嵌瓦，只此一式可用。

球门式

译 文

鹅卵石镶嵌于用瓦片砌成的球门中，只此一种样式可以采用。

波纹式

用废瓦检厚薄砌，波头宜厚，波傍宜薄。

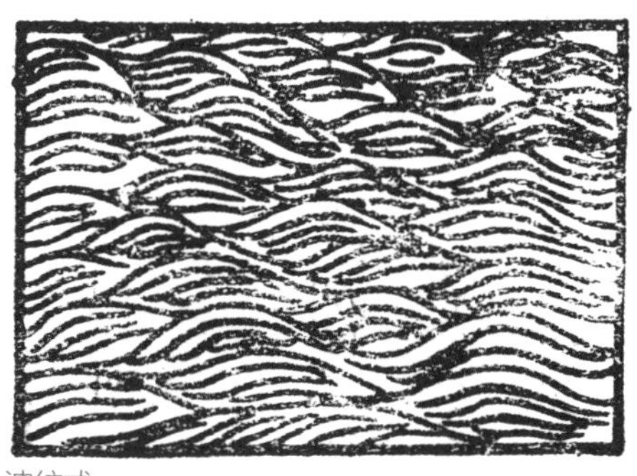

波纹式

译 文

用废瓦片来铺砌，选择厚的或薄的，分别用于不同的地方。波浪适合用厚瓦片铺砌，波涛适合用薄瓦片铺砌。

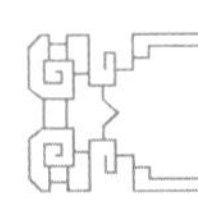

掇山

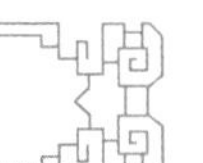

掇山[1]之始，桩木[2]为先，较其短长，察乎虚实。随势挖其麻柱[3]，谅高挂以称竿[4]；绳索坚牢，扛抬稳重。立根[5]铺以粗石，大块满盖桩头[6]；堑里[7]扫于查灰[8]，著潮尽钻山骨[9]。方堆[10]顽夯而起，渐以皴文[11]而加；瘦漏生奇，玲珑安巧。峭壁贵于直立；悬崖使其后坚。岩、峦、洞、穴之莫穷，涧、壑、坡、矶之俨是；信足疑无别境，举头自有深情。蹊径盘且长，峰峦秀而古，多方景胜，咫尺山林，妙在得乎一人，雅从兼于半士[12]。假如一块中竖而为主石，两条傍插而呼劈峰[13]，独立端严，次相辅弼[14]，势如排列[15]，状若趋承。主峰虽忌于居中，宜中者也可；劈峰总较于不用，岂用乎断然。排如炉烛花瓶[16]，列似刀山剑树[17]；峰虚五老[18]，池凿四方；下洞上台，东亭西榭。罅堪窥管中之豹，路类张孩戏之猫[19]；小藉金鱼之缸，大若酆都[20]之境；时宜得致，古式何裁？深意画图，余情丘壑，未山先麓，自然地势之嶙嶒；构土成冈，不在石形之巧拙；宜台宜榭，邀月招云；成径成蹊，寻花问柳。临池驳以石块，粗夯用之有方；结岭挑之（以）土堆，高低观之多致；欲知堆土之奥妙，还拟理石之精微。山林意味深求，花木情缘易逗。有真为假，做假成真；稍动天机，全叨人力；探奇投好，同志[21]须知。

1. **掇山**：亦称叠山，利用石头的不同质感，构筑成不同的山势。有“多方胜景，咫尺山林”的审美意味。
2. **桩木**：木桩，是掇山的基础设施。

3. **麻柱**：搬移石头时使用的大木柱，可以在上面加绑吊竿，犹如古代汲水的“桔槔”。
4. **称竿**：吊竿。用来起吊石头的长竿。
5. **立根**：指掇山的根基，需要用粗重坚硬的石头来巩固山体坚实的基础。
6. **桩头**：指桩木的梢部，需用石头将桩头覆盖。
7. **堑里**：石缝及石头粘连的有坑凹的地方。
8. **查灰**：渣灰。
9. **钻山骨**：将山石深埋聚集。
10. **方堆**：堆砌石头。
11. **皴文**：有纹饰的石头。
12. **半士**：筑园成功的一半还取决于雅士及有修养的园主的意见。
13. **劈峰**：主峰旁边的侧峰，与主峰遥遥相对。
14. **辅弼**：辅助陪衬，指劈峰作为辅助衬托出主体山峰的气势。
15. **排列**：指山石排列的必要性。
16. **炉烛花瓶**：意即排列不当的山石像供桌上的香炉、烛台、花瓶一样整齐。此为掇山的大忌。
17. **刀山剑树**：原为佛教用语。这里意即叠石僵硬的山势宛如刑场中树林一般簇拥的大刀、长剑，森严壁垒，了无生趣。
18. **峰虚五老**：五老指庐山五老峰，山势奇峻，遥相呼应。这里指如若掇山失措，就失去了自然山水的奇异妙趣。
19. **孩戏之猫**：原意为小孩游戏，这里指道路设计不妥，使人如入游戏的迷宫。
20. **酆都**：为重庆丰都鬼城，相传为阎王、鬼伯一类居住的地方。此处意即掇山不当，堆积出的山体像鬼城一样怪异恐怖。
21. **同志**：志同道合的造园爱好者。

译 文

掇叠假山开始之时，先要用桩木打好基础，计算桩木基础的深浅，考察地基的土质。按照假山的高低挖坑，立好起重的麻柱，按照假山的高度，挂好起重的吊杆。一定要把用于起吊的绳索捆绑牢固，起落时务必稳重。修筑假山基要用粗石铺底，再用大石块覆盖桩头；坑中用石灰渣填充，潮湿的地方就全部用石头铺底。从用顽石垒筑假山脚开始，以绘画中的皴法为原则，逐渐根据细石块纹理铺就，这样会自然呈现出“瘦”“漏”的奇妙景观，形态玲珑剔透，都是运用石头的纹理的结果。

掇叠峭壁贵在突兀矗立，垒砌悬崖则一定要在后部坚固牢靠。叠山的岩、峦、洞、穴要显得幽深莫测，涧、壑、坡、矶要显得自然真实。漫游时有“山重水复疑无路”的感受，抬头观赏又有“柳暗花明又一村”的心情。山路盘旋而绵延，峰峦秀丽而苍古。周围美景构成秀丽的画面，咫尺山林尽显自然风貌。园林佳境的构筑虽然得益于设计者的奇妙构思，但一半的成功也源于园林主人的文雅情致。

假如中间竖立一块大石为主峰，两边稍小的石头列插为劈峰，则主峰独立，有威严之势，两边劈峰呈现左右辅佐映衬的神态，排列形式就像君臣一般，劈峰的状态就像臣子。主石虽然一般都不宜独立居中，劈峰也不适合安置。为什么还非得断然采用呢？如今掇山的排列形式，如同神案上的炉烛花瓶，好似地狱中的刀山剑树；山峰排列得像五老峰分立，水池非要挖凿得方方正正；下面如果凿洞，上面必须筑台，东面如果造亭，西面必须建榭；掇叠山峦只求百孔千洞，管中窥豹；不管周围的景致如何，开辟路径只求犬牙交错、歧路横生，如同小孩捉迷藏；小山垒砌得就像金鱼缸里的僵硬的顽石，大山垒砌的如同酆都的阴曹地府。今天的人们将这些判定为风雅，如何效仿古时的园林形式呢？掇山要效法山水画的意境，也如同亲历自然丘壑，得其感染。掇叠假山前，应先根据山麓的自然地势、嶙峋的石骨的特征精心构思；堆土构筑山冈，不在乎石块自身的巧拙形态。适合构筑台则构筑台，适合构筑榭则构筑榭，只有这样才能登台邀明月畅饮，凭榭可招云霞共舞；漫步在人造自然的路径上，寻花问柳。池岸用厚重的石块砌成，是利用顽石的方法得当；挑土堆垒成山岭，高低起伏，变化多端，才有观赏的意味。要知道堆垒土山的奥妙，还在于把握叠山架石的规律。

人造的山林必须有自然山林的意趣，一花一木的胜景才可能令人触景生情。有了自然山水的感情才能建造假的园林山水，而建造园林假的山水则必须有自然真山水的神助。构建假山的形体，是需要设计者的天赋灵性，但最终还得依靠人力的愿望与追求，爱好园林营造的人们必须懂得这其中的道理。

苏州狮子林

苏州狮子林是元代画家倪云林应高僧维则法师邀请，协助构筑的掇山名作。其意是维则法师纪念其师，其师早年修行的天目山狮子岩成为狮子林的原型，亦包含佛陀的狮子座等含义。

于是，凿池堆山，叠石成林，倪云林精心设计，以其高妙的绘画修养，对叠石、湖池、林木巧妙布置，使繁华的城市之中，顿生山林野趣，园中的假山叠石，高低错落，变化多姿，如群狮翻舞。维则法师赞曰："人道我居城市里，我疑身在万山中。"

狮子林以叠石掇山见长，后来多次整修，但是基本上保存了倪云林最初的《狮子林园图》的设计特征。

清代文人黄金台的《游狮子林记》，生动细致地描绘了游园的印象："有境焉，秀夺天巧，奇争鬼工。险凿五丁，雄驱六甲。割将鹫岭，分得龙湫。侧走雷霆，倒垂菡萏。寒蛟跃出，日光不红，孤鹤归来，云气尽绿。烟青朝吐，月白夜吞"，以致意犹未尽，游毕还有"真觉海上三山，近悬眉睫；人间五岳，收入心胸矣"的感召。

苏州狮子林

狮子林后辗转易手多家，时为寺院，时为豪门，在民国初年成为了贝家花园，即著名建筑家贝聿铭的祖宅，而贝聿铭在后来设计北京香山饭店时，有意采取了江南园林的某种风格，深意具焉。

狮子林四周由高大的阁楼环绕，环山曲池，古木参天，怪石林立。其中的“指柏堂”“荷花厅”“小赤壁”等处，均是观赏石林的绝妙景点。

狮子林在其后的漫长岁月中，不断地修复增添，使其格局繁密，山重水复，柳暗花明，池尽山起，水摇石立，具有计成在论述“掇山”时所说的“峭壁贵于直立；悬崖使其后坚。岩、峦、洞、穴之莫穷，涧、壑、坡、矶之俨是；信足疑无别境，举头自有深情。蹊径盘且长，峰峦秀而古，多方景胜，咫尺山林”的雅意。

（一）园山

园中掇山，非士大夫好事者不为也。为者殊有识鉴。缘世无合志，不尽欣赏，而就厅前三峰[1]，楼面一壁而已。是以散漫理之，可得佳境也。

1. 三峰：指群峰或数峰，并非仅掇出三座高山。错落有致，主次分明，引人入胜。

译 文

在园林中垒砌假山，不是士大夫中的园林爱好者是不会干的。能垒砌假山的人，一定都具备丰富的卓识和极高的审美水平。因为世上缺少志同道合的人，不是人人对假山艺术都有欣赏能力，因而在厅堂垒砌三峰，在楼面叠筑一面峭壁观赏而已。掇山，其实只要遵循自然，园山高低错落、分散有致，即可得到幽雅的意境。

扬州片石山房

相传片石山房的大假山是石涛设计构筑的作品。历经岁月沧桑、风雨吹打，片石山房的假山尚保留着石涛叠山的痕迹，成为画家叠山的人间孤本。石涛幼时遇高僧指点，慧根明澈，习书作画，占得天机。晚年定居扬州，所著《石涛和尚话语录》为画学大法。因此，石涛绘画名言“搜尽奇峰打草稿”，是经历万水千山的心言。而石涛曾绘有《题卓然庐图》一卷，与片石山房关系密切，画上题有“四边水色茫无际，别有寻思不在鱼。莫谓池中天地小，卷舒收放卓然庐”的佳句。

片石山房是以池水为主的水院，小桥连接东西，南榭北池，池尽石起绝壁，假山为依墙而立，飞梁石磴，小径达顶，山峰下面藏有石室，即“片石山房”。园中楠木厅中镶刻有“片石山房”四字。

芳池环碧水，彩笔润清辉。

扬州片石山房

（二）厅山

人皆厅前掇山，环堵中耸起高高三峰排列于前，殊为可笑。加之以亭，及登，一无可望，置之何益？更亦可笑。以予见：或有嘉树，稍点玲珑石块；不然，墙中嵌理壁岩，或顶植卉木垂萝，似有深境也。

译 文

人们都爱在厅堂前面掇叠假山，而在四周封闭庭院里高耸起三座假山，整齐地在前面排列着，非常可笑。有的在假山上加建亭子，登上亭子，四周围墙封闭而无景色可望，建造这个亭子有什么用处呢？真是更加可笑了。依我所见，庭院之中有姿态秀美的树木，用一些玲珑的石头稍加点缀，倒有画意。要不然，就在墙上嵌埋一面壁岩，在壁岩顶上种些悬葛垂萝，似有自然山林的幽深意境。

延伸阅读

扬州个园夏山

相传个园假山是依照石涛画稿而叠石成山。笋石挺立，意寓春山；湖石玲珑，象征夏山；黄石坚硬，寄情秋山；宣石洁白，淡如冬山。

扬州个园夏山

宋代郭熙的《林泉高致》中对四季山水做了如下描述："真山水之烟岚，四时不同：春山淡冶而如笑，夏山苍翠而如滴，秋山明净而如妆，冬山惨淡而如睡。"造园者多是爱好山水画的人，所以个园是否采用了石涛的立意，已经不太重要，或许造园者借用了石涛的画意，而巧成四季山水，亦使江南园林丰富多姿，多了一些趣味。

个园的翠竹和叠山相互辉映，体现了园主的智慧和造园者的功力。一园占得四时光阴，游人登临知山色分明，身置幻境而变化时空，大有“吾令羲和弭节兮，望崦嵫而勿迫”（《离骚》）的人生感叹。意思是为太阳赶车的人慢一些吧，不要让太阳走得太快而靠近崦嵫山。

旧联语有：“心有三爱，奇书骏马佳山水；园栽四物，青松翠竹白梅兰。”这是快意平生的物象，以及因四时草木变化而生的感慨，也是人物在岁月磨砺后所生出的一种领悟。“登山则情满于山，观海则意溢于海”（刘勰《文心雕龙》），看山临水，听泉望云，恐怕都是人生积淀之后做出的减法。

（三）楼山

楼面掇山，宜最高，才入妙，高者恐逼于前，不若远之，更有深意。

译文

在楼的对面垒砌假山，最适合掇叠的高度，越高越能引人入胜。但是因为山高而会对楼前空间产生压力感，不如掇叠远一些，更具高深的意境。

苏州留园五峰仙馆庭院假山

楼前掇山，应有一定的距离，不宜靠近楼基。散淡幽远，花开四季，才有意思。苏州留园五峰仙馆庭院假山，起伏跌宕，与楼屋若即若离。五峰仙馆有联语：“读书取正，读易取变，读骚取幽，读庄取达，读汉文取坚，最有味卷中岁月；与菊同野，与梅同疏，与莲同洁，与兰同芳，与海棠同韵，定自称花里神仙”，高义通神，超然不群。

于是，有名联：“白鸟忘机，看天外云舒云卷；青山不老，任庭前花落花开”，畅怀自足，坐忘春风。

苏州留园五峰仙馆庭院假山

（四）阁山

阁皆四敞也，宜于山侧，坦而可上，便于登眺，何必梯[1]之。

1. **梯：**阁楼的梯子。

译文

阁的四面都是开敞的，适合在山旁建造，也可借助平缓的山坡攀登，便于登临远眺，何必在阁内再架设梯子呢？

苏州狮子林卧云室前假山

古木青翠，湖石郁苍，有空室翼然，吞纳云气，云山小桥，幽燕掠过，“虚实相生，无画处皆成妙境”。

计成论述阁山曰："皆四敞也，宜于山侧，坦而可上，便于登眺，何必梯之。"有石蹬盘旋，高路入云，畅阁重山，俱化作雨晴浓淡、烟霭有无的图画。

苏州狮子林卧云室前假山

（五）书房山

凡掇小山，或依嘉树卉木，聚散而理。或悬岩峻壁，各有别致。书房中最宜者，更以山石为池，俯于窗下，似得濠濮间想。

译文

凡在书房庭院中掇叠小假山，或者依托姿态秀美的树木花卉，错落有致、有聚有散，或者叠为悬崖峭壁，显露出不同的情趣。书房中最适合的造景，是用山石围砌成水池，凭窗俯瞰，似能产生寄居山水、临水观鱼的遐想。

延伸阅读

绍兴青藤书屋

绍兴青藤书屋

晚明徐渭，字文长，号青藤，是一位奇崛落魄之人。文学家袁宏道在《徐文长传》中说："文长自负才略，好奇计，谈兵多中。""文长既已不得志于有司，遂乃放浪曲蘖，恣情山水"，意即徐渭才智虽高，却没有适用的地方，既已不能在仕途上进步，乃豪饮无度，游览山水。徐渭在书画、戏剧、诗文方面有着极大的成就。

绍兴青藤书屋为徐渭故居所改建的园林。假山依壁，小径幽石，庭阔门圆，书屋三间，南窗临池，"天汉分源"，西墙有青藤一株，茂密如伞。

计成说："凡掇小山，或依嘉树卉木，聚散而理。或悬岩峻壁，各有别致。书房中最宜者，更以山石为池，俯于窗下，似得濠濮间想。"徐渭凿池临水，不仅仅是"得濠濮间想"，实为"英雄失路，托足无门之悲"（袁宏道语）。

（六）池山

池上理山[1]，园中第一胜也。若大若小，更有妙境。就水点其步石[2]，从颠架[3]以飞梁[4]；洞穴潜藏，穿岩径水；峰峦飘渺，漏月[5]招云；莫言世上无仙，斯住世之瀛壶也。

1. 理山：按照掇山的规律构筑山体。

2. 步石：踏步石。指水池中的汀步。

3. 颠架：山顶高架。

4. 飞梁：横跨两山之间的桥梁。

5. 漏月：透露出月光。

译 文

在水池上掇叠假山，是园林营造的第一胜景。假山或大或小，都更具有奇妙的美景。就水面点石踏步，山顶架桥如飞虹。洞穴潜藏于山中，穿崖涉水；峰峦烟气缥缈，山涧裂隙借天，清辉穿云而过。谁说世间没有仙境，这就是人间佳境。

南京瞻园假山

南京瞻园池南假山为1960年由建筑学家刘敦桢先生整修叠石。水汀石矶，错落别致，水穷山起，草肥树密，有郑板桥诗意“月来满地水，云起一天山”，亦有苏轼诗意“横看成岭侧成峰，远近高低各不同”。从瞻园静妙堂向南望去，山林小构，园池大雅。

南京瞻园假山

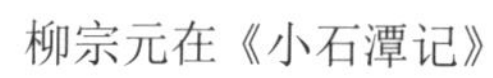

柳宗元在《小石潭记》中曰：“伐竹取道，下见小潭，水尤清冽。全石以为底，近岸，卷石底以出，为坻，为屿，为嵁，为岩。青树翠蔓，蒙络摇缀，参差披拂”，其景清幽寒澈，绿荫如绵，古文今读犹如古园今游。

（七）内室山

内室[1]中掇山，宜坚宜峻，壁立岩悬，令人不可攀。宜坚固者，恐孩戏[2]之预防也。

1. **内室：** 室内。指在宽敞的厅堂中掇山。
2. **孩戏：** 儿童游戏。

译 文

在内室中掇叠假山，适合叠得高峻而坚固，宜于在墙壁上垒立悬崖峭壁，让人高不可攀。因为适宜坚固的原因，要预防孩童嬉戏发生危险而采用一些措施。

眉山三苏祠木假山堂

宋代苏洵、苏轼、苏辙以文名世，在文学史上号称“三苏”。四川眉山是三苏的故乡，建有三苏祠。其中有木假山堂，取意苏洵的名文《木假山记》。

眉山三苏祠木假山堂

“予家有三峰，予每思之，则疑其有数存乎其间。且其孽而不殇，拱而不夭。任为栋梁而不伐，风拔水漂而不破折不腐，不破折不腐而不为人之所材，以及于斧斤之，出于湍沙之间，而不为樵夫野人之所薪，而后得至乎此，则其理似不偶然也。”苏洵借巨木遭遇，叹人世悲哀。其木或早时夭折，或被洪水卷走，或不能成为栋梁而被刀斧砍伐，或成为渔樵者的柴薪，能够成为木假山，实在是不可多得。

“予见中峰，魁岸踞肆，意气端重，若有以服其旁之二峰。二峰者，庄栗刻峭，凛乎不可犯。虽其势服于中峰，而岌然无阿附意。”借景喻理，苏家三峰既是木假山，也是光耀千秋的三苏。

（八）峭壁山

峭壁山者，靠壁[1]理也。借以粉壁[2]为纸，以石为绘[3]也。理者相石皴纹，仿古人笔意，植黄山松柏、古梅、美竹，收之圆窗[4]，宛然镜游也。

1. **靠壁**：依靠墙壁而叠石。
2. **粉壁**：白墙面。
3. **以石为绘**：用石头作为绘画的材料。
4. **圆窗**：圆形的窗户，与下文的“镜游”对应。指如圆镜一般映出松、梅、竹、石的姿态。

译文

所谓峭壁山，就像把白色的墙壁当作画纸，用石头来作画一样。依靠墙壁掇叠而成，掇叠时挑选石头的纹理，用绘画的皴法，模仿古人绘画的笔意，再在峭壁上点缀一些黄山的松柏、古雅的梅花、秀竹，透过圆窗尽收眼底，仿佛在镜中神游。

苏州网师园冷泉亭英石峭壁山

计成言：“峭壁山，靠壁理也。借以粉壁为纸，以石为绘也。”峭壁山多为依墙而立，在园林中的过渡区域转景时，利用叠石与墙面扩大空间范围，使原先单调的格局有所改变。苏州网师园冷泉亭中即有英石峭壁山一座，因亭南有泉水外涌，清寒冷澈，叠石小筑形成了泉池。苏轼的“静故了群动，空故纳万境”，为其至理。

苏州网师园冷泉亭

苏州网师园冷泉亭英石峭壁山

北京故宫堆秀山

每回到故宫去，走到御花园，就看到了高大的堆秀山。不看则已，一看把故宫的好印象全破坏了。臃肿、笨重、烦琐，叠山到如此地步，也只有明清的帝王才能做到。据说，山中有砖砌的券洞，成为登山的通道，半山上还有缸蓄的清水，流水随势而下，从蟠龙的口中喷出。巧是巧了，却无甚乐趣，更无文人的情调，也只有帝王家的财富才能教化出这样愚蠢的本领。堆秀山最早为明代万历年间修筑。清帝喜欢到处乱跑，却把后妃留居御花园中，因而堆秀山上有御景亭，尤其在重阳节，皇帝带着一大群嫔妃，挤挤攘攘地上山观光，坐高台以俯花园，倚宫墙而望景山，了却了许多宫人的望乡

北京故宫堆秀山

之思。只是不远处就是景山，景山的半腰处还有一株明末皇帝上吊的歪脖子槐树，不知当时能看见否。

（九）山石池

山石理池[1]，予始创[2]者。选版薄山石理之，少得窍不能盛水，须知“等分平衡法”可矣。凡理块石，俱将四边或三边压掇[3]，若压两边，恐石平中有损。如压一边，即罅稍有丝缝，水不能注，虽做灰坚固，亦不能止，理当斟酌。

1. **理池：**构筑水池。
2. **始创：**首创。
3. **压掇：**压紧石块。指用石块造水池时的方法。

译文

采用山石砌筑水池是我首创的方法。选用薄似木板的片石砌筑，有少许的裂缝孔洞就无法蓄水，必须懂得池上垒石的“等分平衡法”才好。凡在池边砌筑石板，都应将四边或三边石板牢固压实；如果只压两边，恐怕池底平铺的石板稍有破裂；如果只压一边，接缝处即便稍有一丝缝隙，水就不能蓄入，即使用桐油石灰压实，也无法阻挡池水流失。这是砌筑山石池时应该注意的问题。

苏州艺圃

以池水化作院景，铺桥架石，点缀草木其间，成为匠心独运的佳品。计成治理池水时，有“山石理池，予始创者。选版薄山石理之，少得窍不能盛水”的方法，实际上今日治理园池，有水泥填充，水必不能注入。

园中有池，池中有水，水不在深，而在清澈透亮，花摇叶漂，鱼翔浅底，终有“临水放怀观同异，如风和气叙古今”的感慨。

苏州艺圃响月廊

苏州艺圃乳鱼亭

（十）金鱼缸

如理山石池法，用糙缸[1]一只，或两只，并排作底。或埋、半埋，将山石周围理其上，仍以油灰抿固缸口。如法养鱼，胜缸中小山。

1. **糙缸：** 粗糙的大陶缸。

译文

金鱼缸，可采用修筑山石池的做法，用一只或两只粗缸，并排在一起做底。或将全缸埋入地下，或将全缸的一半埋入地下，然后在缸的四周用山石垒砌，再用桐油石灰将缸口抿封严实。用这样的方法养鱼，胜过在缸中垒砌小山。

杭州西湖花港观鱼

“花家山下流花港，花著鱼身鱼嘬花。”（乾隆诗）花港观鱼是杭州西湖的名胜，也是游人

杭州西湖花港观鱼

漫步西湖的游园活动之一。

花港观鱼在苏堤南段的里湖，一池湖水半池鱼，数万条花鲤，金光闪闪，花瓣飘落湖面，群鱼喧哗跳跃，花即鱼，鱼即花，花海鱼湖，惊呆了游人，也惊动了湖山。湖笑山也笑，鱼乐人亦乐。

（十一）峰

峰石一块者，相形何状，选合峰纹石，令匠凿笋眼[1]为座，理宜上大下小，立之可观。或峰石两块三块拼掇，亦宜上大下小，似有飞舞势。或数块掇成，亦如前式；须得两三大石封顶。须知平衡法，理之无失。稍有欹侧，久则逾欹，其峰必颓[2]，理当慎之。

1. **笋眼**：指连缀峰石的卯眼，与榫相应。
2. **颓**：倾斜倒塌。

译文

一块单独耸立的峰石，应观察它的形状，选择符合峰石纹理的山石，令工匠在石块上刻凿榫眼当成基座，峰石的条理以顶部大而底部小为宜，竖立起来才显出山峰的神韵美感。或者用两三块峰石拼叠成山峰，也以顶部大而底部小为宜，这样才具有飞舞张扬的意味。或者用几块石头掇叠出山峰，也同前面的样式，采用两三块大石头封顶。必须懂得平衡法，掇叠起来才不会有差错。稍微有所倾侧，天长日久就会更加倾斜，峰石必定崩塌，因此掇叠的时候应当谨慎构筑。

苏州留园冠云峰

计成论述峰石时曰：“峰石一块者，相形何状，选合峰纹石，令匠凿笋眼为座，理宜上大下小，立之可观。或峰石两块三块拼掇，亦宜上大下小，似有飞舞势。”

苏州留园中的冠云峰，高约6.5米，相传为北宋花石纲遗物，是一块奇美无比的太湖石，具有瘦、皱、漏、透、清、顽、丑、拙的特点。石后有冠云楼一座，作为冠云峰的背景，而池旁有冠云台等构筑，并且草木的高度有一定的限制，更加突出了冠云峰的俊俏倩影。

池南有鸳鸯厅的林泉耆硕之馆，专门用于观赏此石，花红树绿，天净气清，冠云峰临池入云，一峰独秀。

冠云峰是清末盛宣怀以其孙女的名字命名，冠云楼前还有其他二石为岫云、瑞云。三女影随，朝夕相对，以慰亲老之劳。

我近年多次到留园，冠云峰是必到之地。雨天的冠云峰呈现灰色的安详，晴天的冠云峰表现出银白的雅致。冬天因草木枯黄而宁静，夏季随花繁叶茂而清爽。这种随着气候的变化而表现出的不同效果，使冠云峰的姿态更高贵，气质也更高雅，如同一个白衣的老者，固然衣着朴素，但总是散发出摄人的感召力。

大约是早春时节，我随即登楼饮茶，沏上一杯刚刚上市的碧螺春茶，望着青青的茶叶在水中漂浮，碧如翠玉，曲卷如螺，慢慢地舒展身体，似睡非睡，其袅袅婷婷的样子，正如苏轼的诗句“从来佳茗似佳人”。窗外的冠云峰在薄薄的雨雾中沉稳地伫立，耳边不时传来昆曲的乐声，若梦若幻，而令聆听者思绪飞扬。“原来姹紫嫣红开遍，似这般都付与断井颓垣。良辰美景奈何天，赏心乐事谁家院！朝飞暮卷，云霞翠轩；雨丝风片，烟波画船——锦屏人忒看的这韶光贱！”（《牡丹亭》）

苏州留园冠云峰

无锡惠山介如峰

寄畅园有一奇石，原名为“美人石”，高约 4 米，孤身修长，卓立不凡，如幽女伫立，临池自赏。乾隆游历寄畅园时，以为有阳刚之气，另改名为“介如峰”，取意《周易》中的“介于石，不终日，贞吉”，意为耿介如磐石一样，坚贞中正，随时自守，必将大吉。

宋代《云林石谱》中收集有 116 种石头，提出了“天地至精之气，结而为石，负土而出，状为奇怪”“虽一拳之石，而能蕴千年之秀”的观点，进一步阐明了古人对石头品质的深度认识。

无锡惠山介如峰

（十二）峦

峦，山头高峻也，不可齐，亦不可笔架式，或高或低，随致乱掇，不排比为妙。

译文

山峦，其山峰高耸峻峭，切不可高低一致，也不可采用如笔架般的对称形式。而是高低错落、变化有致，以不对称的形式为宜。

苏州环秀山庄石洞

看似寻常最奇崛，成如容易却艰辛。叠石生山，堆秀成峰，借石造化，成园中丘壑，掇山最终造出奇异的山峦。

山势巍峨，高耸挺秀，主要在于节奏变化，不可整齐单调。计成论峦：“峦，山头高峻也，不可齐，亦不可笔架式，或高或低，随致乱掇，不排比为妙。”其是实际造山的经验，也有艺术规律的限制。一峰挺立，诸峰环绕，高低错落，方有情趣，如双峰平等，对峙相立，只能减弱假山的“势”与“质”。

宋代画家郭熙说：“真山水之川谷，远望之以取其势，近看之以取其质。”既包含了山峦的气象万千，也说明了山地的真实面貌。

苏州环秀山庄石涧

苏州环秀山庄石峦

（十三）岩

如理悬岩，起脚[1]宜小，渐理渐大，及高，使其后坚能悬[2]。斯理法古来罕有，如悬一石，又悬一石，再之不能也。予以平衡法，将前悬分散后坚，仍以长条堑里石压之，能悬数尺，其状可骇[3]，万无一失。

1. **起脚：**开始做假山的根部基础处理，即砌构山体的底层石基。
2. **悬：**悬翘凌空。
3. **可骇：**惊险。

译文

如果掇叠高峻的悬崖，起脚的底部宜小，往上则逐渐加大，到了高处，就要后部加固，使之能悬挑出去。这种垒砌方法，自古就很罕见，一般只悬挑一块石头，最多再悬挑一块，还要悬挑就不行了。我使用平衡法，将前部悬挑石块的重量分散开了，后部用长条石压紧，这样悬挑出数尺，形状仍然使人感到有些恐怖，但却是万无一失，绝对安稳。

环秀山庄临池假山

环秀山庄是叠山的杰作。其涧、其谷、其洞，咫尺山林浓缩了万壑千岩，游人所至，悬壁兀现，峭拔高耸，但见路断岩起，壁立千秋。

环秀山庄临池假山

（十四）洞

理洞法，起脚如造屋，立几柱著实，掇玲珑如窗门透亮，及理上，见前理岩法，合凑收顶[1]，加条石[2]替之，斯千古不朽也。洞宽丈余，可设集[3]者，自古鲜矣！上或堆土植树，或作台，或置亭屋，合宜可也。

1. **收顶：**封顶。
2. **条石：**长石条。
3. **设集：**容纳、聚集。意即可供游人小憩之聚的地方。

译 文

掇叠山洞的方法，砌筑基脚与建造房屋一样，应该架立几根石柱撑起承重，中间用玲珑石块镶嵌成窗门状以透亮采光，上部的掇叠方法与前面掇叠岩石方法相同，在顶端收拢时，加嵌条石压紧，这样千古不会崩坏。山洞可宽至一丈左右，能够设宴聚会，自古以来少见！在山洞上面或者堆土种植树木，或者建造平台，或者建造亭屋，只要适合就好。

苏州环秀山庄石室

石洞在假山中常做一些特殊处理，能够起到穿山渡水的作用。有石洞就有石室，造法略同。先以堆石造屋，顶用石条覆压，成为石洞，再在石屋上造山，修筑石磴山道，盘旋其上，使石室隐藏在山谷之中。既可减少石料，也可扩大山体、增加山势变化，“上或堆土植树，或作台，或置亭屋，合宜可也。”（计成语）

苏州环秀山庄的假山中有石室，在山洞中有石桌、石凳，犹如身在丛岩峭崖的真实山水之中。

苏州环秀山庄石室

（十五）涧

假山依水为妙，倘高阜处不能注水，理涧壑无水，似少深意。

译 文

假山临靠水源是为了生机，景色最佳。如果流水在假山高处不能注下，掇叠石山的涧壑因为无水，似乎就缺少了深意。

无锡惠山八音涧

八音涧是无锡惠山寄畅园的景物，在园中的西北处，借助山岭中的黄石，依势修筑了一条山涧，陡峭曲幽，宛如自然形成。八音涧长 36 米，宽度在 2~3 米之间，泉水从涧底流过，跌落回响，流水落声，山风掠过，水鸣更显山林幽寂。

清代学者俞樾描写杭州灵隐风光有“重重叠叠山，曲曲弯弯路；叮叮咚咚泉，高高下下树”一联，也可形容此涧的特点。

无锡惠山八音涧

（十六）曲水

曲水，古皆凿石槽，上置石龙头喷水者，斯费工类俗，何不以理涧法，上理石泉，口如瀑布，亦可流觞，似得天然之趣。

译 文

古时候修筑曲水，多用开凿石槽的方法，石槽上游用石头雕琢的龙头喷出流水，这种制作既费工又很庸俗。为何不采用理涧方法，在上面构筑石泉，出水处流入瀑布，也可以在流水中泛杯饮酒作乐，得乎天然雅趣。

北京故宫乾隆花园曲水流觞

北京故宫乾隆花园曲水流觞

曲水流觞是王羲之《兰亭集序》中的雅意，被后来的文人高士心慕神往，雅集兴会，吟诗饮酒，唱和行乐。后世以涧引水，“上理石泉，口如瀑布，亦可流觞，似得天然之趣”（计成语）。更有甚者，凿石建亭，开渠引水，成为人造的“曲水”，著名的有乾隆花园的禊赏亭、北京恭王府的流杯亭、新修北京香山饭店的园中曲水流觞等。

本无水源而筑曲渠，只得人工引流。乾隆花园的禊赏亭就无水源，若园主雅兴大发，招人小饮，需令人挑水以水缸蓄之，然后引水入渠，成为曲水流觞的场景。恭王府的流杯亭也是利用井水引流，成为曲水流觞。亦见皇贵达官不愿涉足远行，若附庸风雅的话，实需人力劳作，园丁数身汗，园主几句诗，实在是有趣的很。

兰亭曲水流觞

曲水流觞还是在自然中的好。借山泉而涉清流，抚青石以拂白云。“望秋云神飞扬，临春风思浩荡，虽有金石之乐，圭璋之琛，岂能仿佛之哉！”（王微语）

文人雅集，不在饮酒，而在以酒催诗，欧阳修的《醉翁亭记》有“醉翁之意不在酒，在乎山水之间也”，是文人心境的写照，但是，若无作文赋诗的雅兴，还是在物不在意，在景不在情，只是枉称酒徒。李白“花间一壶酒，独酌无相亲”，是独孤自语；苏轼“明月几时有，把酒问青天”，是人生追问。于是，“暮春之初，会于会稽山之兰亭，修契事也”，不仅是古贤的向往，也是今人的企慕。

旧联语：世上几盘棋，天玄地黄，看纵横于局外；时下一杯酒，风清月白，落谈

笑于樽前。实亦快哉！

无锡惠山天下第二泉

无锡临太湖，山色优美，风光旎丽，其锡惠二山，天造地设，文物名胜丰富，有黄公涧、惠山寺、愚公谷、寄畅园等，其中的“天下第二泉”更是闻名于世。

无锡惠山天下第二泉

相传唐代时无锡县令敬成曾开凿此泉，后被茶圣陆羽品评，定为“天下第二泉”，泉分三池，以上池的水质最为出色，清澈透亮、细爽甘甜。苏轼曾赞叹道：“独携天上小圆月，来试人间第二泉。”因此泉上建有方亭，并有元代赵孟頫书写的“天下第二泉”，端庄秀丽、雅致平和，非常引人注目。泉水从山而出，涓涓细流，会聚成洼，而不择地漫溢，于是成为人们渴饮的甘泉。千百年来，二泉一直为社会人士赞叹与向往，也为四方登临游玩的人们消解干渴，功莫大焉。二胡大师阿炳的一曲《二泉映月》，以心写意，化虚为实，闻名世界。

（十七）瀑布

瀑布如峭壁山理也。先观有高楼檐水，可涧至墙顶作天沟，行壁山顶，留小坑，突出石口，泛漫而下，才如瀑布。不然，随流散漫不成，斯谓“坐雨观泉”之意。

夫理假山，必欲求好，要人说好，片山块石，似有野致。苏州虎丘山，南京凤台门[1]，贩花扎架，处处皆然。

1. **凤台门**：明代南京南门中有一门为凤台门，附近有花神庙及花市。

译 文

修筑瀑布就如同峭壁山的掇叠方法一样，应该观察是否有高楼承接天雨，而引入屋檐流水做水源，也可构筑天沟引流水至墙顶，将流水引至峭壁山顶，引入山顶的蓄水小坑，漫泻流下，就像悬挂在悬崖上的瀑布了，否则随水散流就不能成为瀑布。这样才有“作雨观泉”的意境。

掇叠园林假山，必然要追求最佳意境，令人赞叹，一座山体、一块片石，也应有天然的野趣。如今在苏州虎丘山、南京凤台门，为了迎合世俗，将花木绑扎成鸟兽等各种形态的盆栽出售，矫揉造作，这种风气到处可见。

延伸阅读

峨眉山凉亭

峨眉山凉亭

园林叠山制造飞瀑，有人工导引水势，聚水成洼，择沟流下落水，大、小水口，犹如飞龙。李白诗曰：“飞流直下三千尺，疑是银河落九天。”造园虽无法达到，心中必效仿之。

计成论瀑布：“瀑布如峭壁山理也。先观有高楼檐水，可涧至墙顶作天沟，行壁山顶，留小坑，突出石口，泛漫而下，才如瀑布。”这是园中叠石有意设置，明清时期构筑园林，引水用高楼檐水导流于山顶，成为水源，雨天观景，自有一番趣味。但是毕竟受天气限制，若冬季少雨，枯石耸立，毕竟美中不足。现在有自来水水管，利用水压非常容易地将流水引上山顶，人工瀑布即成园中假山的景致。

若说瀑布，当属自然山水的奇观，山泉跌宕，银珠飞溅，湍流落水，山谷和应，凉风习习扑面，水雾团团弥漫，万壑松声山雨过，一川花气水风生。坐观山景，忘俗遗尘，岂不快哉！

常州红梅公园瀑布

常州红梅公园瀑布

叠石造山，引水长流，从高处跌下，不滞不凝，往复不辍，其力何起，机械之力也。人工瀑布，主要在于流水循环的设计。

常州红梅公园有一人工瀑布，大气宏伟，引人入胜。本意有遮蔽园景的作用，但是，一用瀑布，倒有别出心裁的效果。临潭而立，清风送爽，水气袭人，而流动的水声也隔开了闹市的烦杂，转入平和清雅之境。

选石

夫识石之来由，询山[1]之远近。石无山价，费只人工，跋蹑搜巅，崎岖挖路。便宜出水，虽遥千里何妨；日计在人，就近一肩可矣。取巧不但玲珑，只宜单点[2]；求坚还从古拙，堪用层堆。须先选质无纹，俟后依皴合掇；多纹恐损，无窍当悬。古胜太湖，好事只知花石[3]；时遵图画，匪人焉识黄山[4]。小仿云林[5]，大宗子久。块虽顽夯，峻更嶙峋，是石堪堆，便山可采。石非草木，采后复生，人重利名，近无图远。

1. **询山：**了解山及山石的情况。
2. **单点：**单独点缀。意即石峰玲珑剔透，适宜单独矗立。后来亦称特置或孤置。
3. **花石：**带花纹的石头，亦包含造型别致的湖石。因宋徽宗有花石纲遗事，后人多将花石与花石纲加以联想。此指只拘泥于花石，而忽略了选择其他的石头。
4. **黄山：**一为安徽黄山。此指产黄石之山。

5. **云林**：倪瓒，字元镇，号云林，江苏无锡人，为元代著名的山水画家。

译 文

识别掇山用石，就要查询山石的来源与远近。山石本无价值，耗费的只是人工，开采与运输是主要成本，搜寻奇石要翻越高山险阻，要走许多崎岖道路。如果适宜水路运输，虽然千里路遥又何妨；如果不过一日的徒步路程，就近雇人挑抬最好。挑石时不要仅选取玲珑奇巧的石头，只适合单独布局的峰石，还要搜求古拙坚硬、可用于层层堆叠的山石。必须选用质地好、无裂纹的石头，然后借鉴山水画中的皴法掇叠假山。多有裂纹的石头，容易被损毁，无孔洞的石头可以悬挑。古代认为太湖石是最好的石料，但今天的人只知道花石纲了。今天人们依照绘画皴法作为叠山的手法，不知道绘画的人哪里知道黄石的精妙。掇叠小假山可以仿效倪云林幽远简淡的画本，掇叠大的假山就可以尊崇黄子久雄伟豪壮的笔法。黄石虽然粗笨顽硬，但能掇叠出高峻的山野趣味，这种石料适合垒砌假山，许多山上都可以开采。山石并不是草本，采后不能复生，世人多只看重奇石的名利，最好近处选材，不必到远处搜求。

延伸阅读

纪泰山铭

游历泰山，知其石质为花岗岩，坚硬无比，地久天长，而人如过客匆匆忙忙，遭遇事物不同，境界也有所差异。杜甫诗曰“会当凌绝顶，一览众山小”，也是做人的一种境界。于是，选石也就如同选择生存的方式。《园冶》中虽有“块虽顽夯，峻更嶙峋，是石堪堆，便山可采”的说法，也有“石非草木，采后复生，人重利名，近无图远”的感言，是缘于人生如白驹过隙，名利就是生存的保障。

纪泰山铭

当然，中华民族还有“或重于泰山，或轻于鸿毛”的古训，泰山为五岳之首，与天上北斗比齐。若非造园，选石还当以泰山石。

泰山石敢当

过去的街口拐角处，总会发现有一块立石嵌于墙面或者墙角，有些石头上面还刻有“泰山石敢当”五个字。后来知晓从汉唐以来，以“石”为所向无敌，北地南国的百姓皆借此保障安宁。数千年来，石也渐渐拥有了人化自然的意韵。

泰山石敢当

番禺莲花山石塘

番禺莲花山石塘

众鸟高飞尽，孤云独去闲。未见广东番禺莲花山石塘的采石遗迹时，的确无法想象采石的艰辛和壮阔，“坚如磐石”决非一句空话，但是数百年乃至上千年的石匠用体力对山石的盘剥，竟然掏空了山体，形成了一个个的空洞，回荡着人们的足音。“石无山价，费只人工”，计成的“人工”，是一种经验，也是一种辛酸。此类采石遗留的胜景还有绍兴东湖。

元代倪云林《渔庄秋霁图》

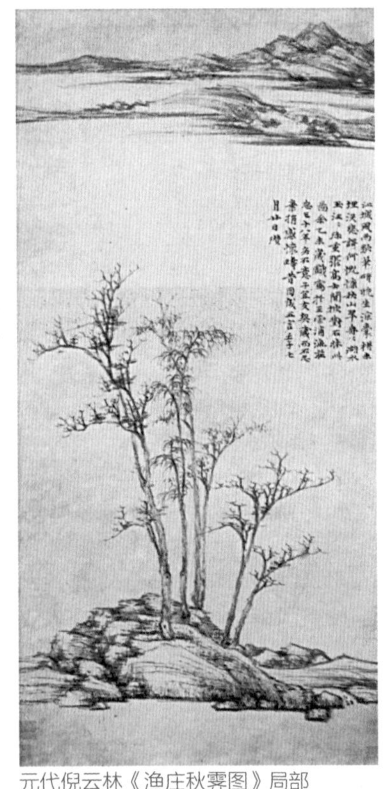

元代倪云林《渔庄秋霁图》局部

倪云林是元代著名的山水画家，名瓒，字元镇，号云林，江苏无锡人，与黄公望、吴镇、王蒙并称为“元四家”。所画山水清幽荒疏，简淡秀雅，多为太湖景物，有《渔庄秋霁图》等多卷作品传世。

倪云林有洁癖，不但住室窗明几净，而且连院中的树也要用水冲洗，心才安宁。本是富贵人家，却散尽家产，游荡漂泊。后来我读元曲时，读到倪氏的《折桂令》：“侯门深何须刺谒，白云自可怡悦。到如今世事难说。天地间不见一个英雄，不见一个豪杰。”知其心境，得道升天，而另辟蹊径。

黄山

黄山古称黟山。相传黄帝在此炼丹修仙，得道升天，后改名为黄山。

晴日的黄山似乎非常少见，偶尔风和日丽，山峦起伏，苍翠欲滴，黄山就成了一卷青绿山水的图画。而一阵清风吹过，云起雾漫，这边的山峦还清晰可辨，那边的山头便是朦朦胧胧，山已不是山，树已不是树，而是融汇一体，雾中的黄山似乎又成了一幅写意的泼墨山水画。人从山转，景随步移，徐徐展开多姿多彩的画面。

“五岳归来不看山，黄山归来不看岳。”（徐霞客语）这不仅仅是古人的感叹。黄山七十二峰，奇松、怪石、云海、温泉，恐怕是任何高明的画家也画不完的素材。黄山的奇松很早就引起了人们的注意，于是就有了“十大名松”的评比，虬松盘旋，高松挺立，风过山峰，引起涛声阵阵。怪石是天地造化的结果，如兽似禽，拟人化物，吸引着无数的文人墨客，为之赞叹！云海是一大奇观，云蒸霞蔚，波涛浮动，山似巨鲸，峦如仙岛，厚厚的云层似乎把天地隔离。于是玉屏楼、天都峰、莲花峰、光明顶、始信峰、白鹅岭等妙处，山孤松奇，云密风劲，景色绝佳。实为“万山拜其下，孤云卧此中”。

如果说园林为人工为之，“巧于因借，精在体宜”，以达到“虽由人作，宛自天开”，那么像黄山这样的山峰，就是自为天开、美不胜收的结果。

黄山

黄山仙桃石

（一）太湖石

苏州府[1]所属洞庭山[2]，石产水涯，惟消夏湾[3]者为最。性坚而润，有嵌空、穿眼、宛转、险怪势。一种色白，一种色青而黑，一种微黑青。其质文理纵横，笼络起隐，于石面遍多坳坎，盖因风浪中冲激而成，谓之“弹子窝[4]”，扣之微有声。采人[5]携独锤錾[6]入深水中，度奇巧取凿，贯以巨索[7]，浮大舟，架而出之。此石以高大为贵，惟宜植立轩堂前，或点乔松奇卉下，装治[8]假山，罗列园林广榭中，颇多伟观也。自古至今，采之已久，今尚鲜矣。

1. **苏州府：** 即今江苏苏州。隋代开皇九年（589 年）改吴州为苏州，取意城西有姑苏山。此后几易其名，宋代改为平江府，明代称为苏州府。
2. **洞庭山：** 指苏州境内的太湖洞庭西山和洞庭东山。这里指洞庭西山。

3. **消夏湾**：在洞庭西山，相传为春秋时期吴王夫差消夏避暑之地。
4. **弹子窝**：指太湖石因风浪击打，石面上如弹子一般，凹凸不平。
5. **采人**：采石的工匠。
6. **锤錾**：铁榔头和凿子等工具。
7. **巨索**：粗壮的绳索。
8. **装治**：装点成假山。

译 文

太湖石产于苏州府所属的洞庭山湖水里，以西山消夏湾的太湖石为最好。太湖石坚硬润泽，有嵌空、穿眼、宛转、险怪等形态。太湖石的颜色有一种为白色，一种为青黑色，一种为微青黑色。太湖石的地质也有纵横复杂的纹理，石头上纹理脉络起伏隐现，表面上遍布凹凸不平的陷坑，都是因为常年风浪的冲击而形成的，称之为“弹子窝”，敲击时略有微弱的响声。采石的人需要携带锤子和錾子潜到太湖水下，选择奇巧的湖石凿切下来，穿上粗大的绳索，用大的浮船架设木绞架，将凿切下来的太湖石绞出水面。太湖石以高大为贵，适合在庭院的轩堂前面安置，也可点缀在松树及花草间，掇叠成假山；如果将太湖石布置在广榭中，就非常壮观。但是从古至今，太湖石已经被开采了很长时间，现在所剩不多了。

上海豫园玉玲珑石

豫园玉玲珑石是一块“宣和花石纲”的遗石，为豫园的镇园之宝。的确玲珑剔透，犹如盛装的富贵女子，气质华美，格调不凡，美丽典雅，为江南三大名石（玉玲珑、瑞云峰、皱云峰）之首，当有“天下第一奇石”的美誉。

上海豫园玉玲珑石

为此，豫园专门修筑了一道照壁，映衬“玉玲珑石”的倩姿，青砖上题刻古篆“寰中大快”四字，使人读想回味。

玉玲珑石为太湖石，兼有“绉、漏、透、瘦”的特点。太湖石出自洞庭西山，以水中生长的为名贵，有“性坚而润，有嵌空、穿眼、宛转、险怪势”的特点，而“其质文理纵横，笼络起隐，于石面遍多坳坎，盖因风浪中冲激而成，谓之‘弹子窝’”，因为太湖石为天下名石，是造园掇石的首选，富贵人家竟相求之，“此石以高大为贵，惟宜植立轩堂前，或点乔松奇卉下，装治假山，罗列园林广榭中，颇多伟观也”。有的气象宏伟，也有的婀娜多姿，但是，采太湖石的确不好玩，常常是“采人携锤錾入深水中，度奇巧取凿，贯以巨索，浮大舟，架而出之”，石无山价，只费人力，读此不免有点惆怅。

上海豫园得意楼

豫园是一座美丽的园子。

中国有上海，上海有黄浦区，黄浦区有城隍庙，熙熙攘攘，人来人往，每日里百货杂陈，交易不歇。但是，紧邻城隍庙的地方却有着豫园这所上海市区最大的古典园林。闹中求静，实里见虚，以楼阁、曲桥、回廊、假山、古木、戏楼、云墙、花石构成了一幅幅画面，也见证了五百余年上海变迁的生活史。

上海豫园得意楼

最初的园主潘允端为明万历年间进士，后仕途未进，返回海上，经营园寓，有“逸豫无期”（《诗经·白驹》语）之意。后在清代成为公共园地，屡坏屡修，直至太平天国时期，法国军队盘踞其中，极尽荒芜。后上海商界联手修缮豫园，至20世纪上半叶，仍然是战乱迭起，毁坏残败，而不断修复，终于令世人看到一座“海上名园”。

常熟沁雪石

常熟沁雪石

沁雪石为太湖石，本色黝黑而遇雨即白如雪，有沁雪之意。原为元代大画家赵子昂的家石，为湖州莲庄的鸥波亭旧石。明代传入常熟，一度归于钱谦益的绛云楼，又归顾氏小石山房，后归常熟公园。

赵孟頫，浙江吴兴人，字子昂，号雪松道人，出身于南宋宗室，在元初应招出仕，后为世人物议。但是，赵子昂在书法、绘画等方面卓有成就，提出“贵有古意”和“书画同源”的艺术观点，承上启下，影响了元四家的艺术。著名画家柯九思曰“国朝名画谁第一，只数吴兴赵翰林”。

湖州莲花庄莲花峰

湖州莲花庄莲花峰

记得那年中秋节，我到湖州一游。是日初到，便兴冲冲地来到莲花庄公园。天气阴沉，卷着微风，多年追慕赵孟頫及吴兴八俊的事迹，终于化作实地的寻访。

公园游人拥挤。湖面上还有许多荷叶迎风荡漾，绿水暗香，也见残花飘零，古色默然。穿过小桥，折进一小院，只见墙边孤孤地立一赵孟頫石像，我心中为之一动。七百年来民族矛盾尖锐时，终须有一些故事新编。赵孟頫与元朝统治者合作的事情便会被尽情地议论一番。于是如今的塑像，也只能瘦瘦地在浓荫下无声地站着。

出了小院圆门，有一卧波飞虹的廊

桥，便见一新修复的高屋，走近一看竟是“松雪斋”。“当年亲见公挥洒，松雪斋中小学生”（黄公望语），作为师生情谊的元季画人，古衣飘拂，雅集云散，笑音遥远，应该弥散在这荷塘的绿叶之中。遗憾的是此处已辟为茶社，喧哗中麻将纸牌翻飞，嬉笑间红男绿女迷离。

唯一欣慰的是在后园中找到了一块“莲花峰”的太湖石，远远望去，肃穆高古，挺拔庄严，自有大家风范。是为赵氏庄园遗物，曾归他人，如今故园变易多番，可寻得那一片风雅沉郁之境吗？

走出莲花庄公园，便见一排湖笔的作坊。选了一间进去，挑选了十余支毛笔，一边等待着坊主刻字，一边回味着赵孟頫的故事，真的是很远了。当夜散步湖边，突然抬头向天空望去，一轮满月从乌云中透出，非常明亮，我仔细地看了许久，许久没有看到这种月亮了。然而很快月亮又被乌云遮蔽了。

（二）昆山石

昆山县[1]马鞍山[2]，石产土中，为赤土积渍。既出土，倍费挑剔洗涤。其质磊块，巉岩透空，无耸拔峰峦势，扣之无声。其色洁白，或植小木，或种溪荪[3]于奇巧处，或置器中，宜点盆景[4]，不成大用也。

1. **昆山县：**江苏昆山。南朝梁时设置，因县内有昆山而得名。明清时期属苏州府管辖。
2. **马鞍山：**为昆山内山名，亦称小昆山。
3. **溪荪：**植物花木名称，又名水菖蒲，花色为紫色和白色，约五月份开花。
4. **盆景：**利用秀石和矮种树木制作的盆栽观赏物，成为一种诗情画意的微缩景观。

译文

昆山县的马鞍山中，山上的土壤里盛产昆山石，被红土长期浸掩。昆山石出土之后，需要费很多人力来挑选洗涤。昆山石质地粗糙，奇特透空，虽没有突兀挺拔的峰峦形态，敲击也不发出声响，但其颜色洁白，可在昆山石的洼陷处栽植小树、栽种溪荪草，或将昆山石放置在器皿中，适宜点缀做盆景，但是没有什么大的用处。

昆山石《瑞云》

昆山石《瑞云》

昆山境内有玉峰山，形如马鞍，也称马鞍山。山中盛产昆山石，其石质洁润晶莹，小有姿态，可入小巧之案几陈设玩石。“其质磊块，巉岩透空，无耸拔峰峦势，扣之无声。”

昆山石是小石头，小不是山石小，而是山石不坚硬。但是如棉如云，祥瑞灵巧。玉树琼花，白色似锦，自有其观赏性。

（三）宜兴石

宜兴县[1]张公洞[2]、善卷寺[3]一带山产石，便于竹林[4]出水，有性坚，穿眼，险怪如太湖者。有一种色黑质粗而黄者，有色白而质嫩者，掇山不可悬，恐不坚也。

1. **宜兴县：**江苏宜兴。秦代设县，宋代改名为宜兴县，以产紫砂壶闻名，境内有张公洞、善卷洞等名胜。
2. **张公洞：**在宜兴县东南盂峰山中，为石灰岩溶洞，有大、小洞穴 72 个，有各式各样的钟乳石景观。因东汉张道陵隐居于此而得名。
3. **善卷寺：**在宜兴县西南螺岩山上，为石灰岩溶洞。有上、中、下、水四洞相连，石笋和钟乳石比比皆是。
4. **竹林：**疑为“祝陵”的误写或谐音词。祝陵，近善卷洞的地名。

译文

宜兴县的张公洞、善卷寺一带的山中盛产宜兴石，在竹林（祝陵）出水的地方最容易找到这种石料。有的宜兴石质地坚硬，形态如穿眼，形态如险怪的太湖石。有一种宜兴石质地较黑粗而且颜色带有黄色，还有一种质地为白色略微细嫩的，这种宜兴石垒砌假山时不可悬空，怕其不够坚硬，容易崩塌。

宜兴善卷洞

善卷洞在宜兴以南的螺岩山。善卷洞一带的石质多为钟乳石，是自然造化千万年形成的奇异景物。明代文学家王世贞有名文《张公洞记》，记叙了张公洞的钟乳石："大者如玉柱，或下垂至地，所不及者尺所；或怒发上，不及者亦尺所；或上下际不接者仅一发。"而计成所说的"有一种色黑质粗而黄者，有色白而质嫩者，掇山不可悬，恐不坚也"，也许是钟乳石一类的石头。

宜兴善卷洞

（四）龙潭石

龙潭[1]金陵[2]下七十余里，沿大江，地名七星观[3]，至山口[4]、仓头[5]一带，皆产石数种；有露土者，有半埋者。一种色青，质坚，透漏，文理如太湖者。一种色微青，性坚，稍觉顽夯，可用起脚压泛。一种色纹古拙，无漏，宜单点。一种色青如核桃纹多皴法者，掇能合皴如画为妙。

1. **龙潭**：江苏句容境内地名，靠近长江。
2. **金陵**：江苏南京。得名于金陵山，金陵山又称钟山，居长江之滨，风景幽丽，草木笼郁，为吴、东晋以及南朝宋、齐、梁、陈六朝古都。初为三国时期吴国的孙权于公元229年立都建业，于西部石头山上建构城池，后称石头城。随后历朝又于玄武湖南、秦淮河北、石头城东、钟山以西，构筑建业城，形成了“钟阜龙蟠、石城虎踞”的帝王之业。明代朱元璋定都金陵，称应天府，因与河南开封府相对，应天府即为南京。

3. **七星观：**龙潭境内的地名。
4. **山口：**龙潭境内的地名。
5. **仓头：**龙潭境内的地名。

译 文

龙潭在金陵东面七十里左右，沿长江有叫七星观的地方，一直到山口、仓头一带，都盛产好几种龙潭石。有的露出土层，有的半埋在地下。其中有一种呈青色，质地坚硬，形态透漏，纹理像太湖石。有一种颜色微青，质地坚硬，有些像顽石，可以用来砌假山的基脚或压盖基脚的桩头。有一种纹理古拙，没有孔洞，适合单独点缀景观。还有一种色青、有纹理，其纹理像核桃纹，掇叠假山时如能合并多种纹饰，获得绘画的皴法效果最妙了。

清代郑板桥《竹石图》

“长歌过闹市，清歌入卷帘。”

清代郑板桥为扬州八怪的著名画家，所画石、竹、兰，有石奇、竹清、兰幽，字如“乱石铺街”的称誉。郑板桥说：“江馆清秋，晨起看竹，烟光日影露气，皆浮动于疏枝密叶之间。胸中勃勃，遂有画意。其实胸中之竹，并不是眼中之竹也。因而磨墨展纸，落笔倏作变相，手中之竹又不是胸中之竹也。”

郑板桥的墨石，做程式化处理，耸肩瘦身，勾勒为主，稍加皴擦，中锋侧用，因而石质有力度而具弹性，与其墨竹、兰草统一呼应，亦为幽石之知己。

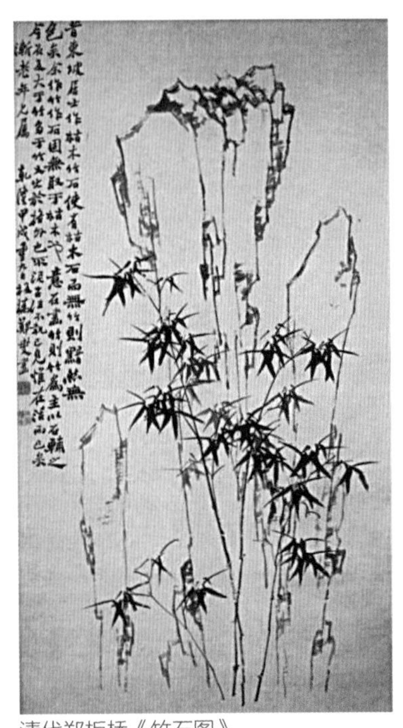
清代郑板桥《竹石图》

（五）青龙山石

金陵青龙山[1]，大圈大孔者，全用匠作凿取，做成峰石，只一面势者。自来俗人以此为太湖主峰，凡花石反呼为“脚石[2]”。掇如炉瓶式，更加以劈峰。俨如刀山剑树者斯也。或点竹树下，不可高掇。

1. **青龙山**：亦称青山，在南京市东南，以出优质石材著称。李白《登金陵冶城西北谢安墩》诗曰：“白鹭映春洲，青龙见朝暾。”
2. **脚石**：做假山基础的石料。

译文

金陵东南面出产的青龙山石，有一类深浅不同的大凹圈或大孔洞的石料，完全由工匠们切凿下来，做成峰石，但是只有一面看上去有“峰”的形态，可以玩赏。历来就有人把这种青龙山石用作太湖石的主峰，而太湖石反而成了“脚石”。垒砌的假山像神案上的炉台花瓶，又在两边加上劈峰，这种掇叠的假山俨然就像真的刀山剑树一般。青龙山石只可用于竹树下的点缀，不能垒砌得过高。

南京明孝陵

“青山依旧在，几度夕阳红。”

明孝陵朱元璋墓在南京中山门外紫金山西麓，山峦起伏，草木葱郁，所遗甬道、墓碑等雕刻尚存。朱氏以草莽出身，历经艰难而心智过人，击败群雄，驱逐胡虏，有开天辟地之功，不料却干尽了鸟尽弓藏的勾当，也无法预料子孙相残、逼宫篡逆的闹剧。孔子说：“积善之家，必有余庆；积不善之家，必有余殃”，本是说常人之事，也可以用在朱元璋的家庭。

南京栖霞石

此石为南京栖霞山所产的栖霞石。南京自古就有石头城的美誉，其钟山苍郁，长江辽阔，山环水绕，风光旖丽，虎踞龙盘，为六朝故都所在地。

栖霞石为观赏石，案几文石，把玩体味，韵致清虚。

南京栖霞石

（六）灵璧石

宿州[1]灵璧县[2]地名“磬山[3]”，石产土中，岁久，穴深数丈。其质为赤泥渍满，土人[4]多以铁刃遍刮，凡三次，既露石色，即以铁丝帚或竹帚兼磁末刷治清润，扣之铿然有声，石底多有渍土不能尽者。石在土中，随其大小具体而生，或成物状，或成峰峦，巉岩透空，其眼少有宛转之势，须借斧凿，修治磨砻[5]，以全其美。或一两面，或三面，若四面全者，即是从土中生起，凡数百之中无一二。有得四面者，择其奇巧处镌治，取其底平，可以顿置几案，亦可以掇小景。有一种扁朴或成云气者，悬之室中为磬，《书》[6]所谓“泗滨浮磬[7]”是也。

1. **宿州：** 安徽宿州。因古宿国得名，唐代置于淮北符离集，明清时期归属凤阳府。
2. **灵璧县：** 安徽灵璧。因境内有磬山出产奇石，名为“灵璧石”。
3. **磬山：** 灵璧境内的山名。
4. **土人：** 当地居民。
5. **磨砻：** 琢磨。
6. **《书》：** 指《尚书》。为夏商周时期的文献，“尚”意为上。为孔子所说的《六经》（《诗》

《书》《礼》《乐》《易》《春秋》）之一，西汉后《尚书》有今文和古文两种版本，《尚书》一直被列为儒家的经典著作。

7. **泗滨浮磬：**《尚书·禹贡》中记载泗水边有石头可以作为磬这种乐器。泗水得源于其间的四条河流，故名泗水。

译文

在宿州的灵璧县有一个叫“磬山”的地方，地下盛产灵璧石，因为长年累月的开采，许多地穴有的已有数丈深了。灵璧石因长期浸埋于红泥土中，积满了淤渍，本地人多采用铁制刀具剔刮石块，剔刮两三遍，才能使石头本色显露出来。然后再用铁丝帚或者竹帚兼用磁末，将其石面清刷干净，敲击石体会有铿锵的回响，但石底还有难以除尽的淤渍。因灵璧石生于土壤中，其大小不一，形态也不相同，有的成为物状，有的生成峰峦状。有的峻峭透空，其孔眼虽有宛转曲折的形态，仍必须借助斧凿，进行打磨修琢，使其形态更加完美。灵璧石本身只有一面或三四面的完美形态，又是在土中自然生成的，在数百块中难以找到一两块。如能得到四面空灵奇巧的完美的灵璧石，选择其奇巧之处进行精雕细琢，将其底部打磨成平底，可以陈放在几案上，也可以雕琢成小景。有一种扁平而古朴、呈云气状的灵璧石，可以悬挂在室内作为磬，《尚书》中记载的“泗滨浮磬”，就是如此。

战国时期曾侯乙石磬

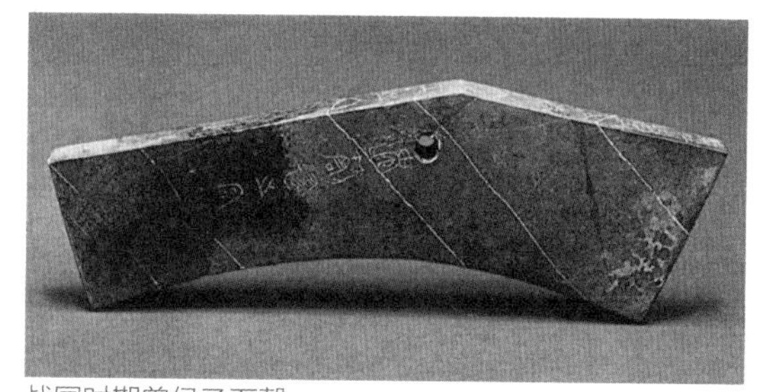
战国时期曾侯乙石磬

中国先秦音乐的发达与人们对乐器的研制有很大的关系。在诸多的乐器中，石磬是直接利用天然的石材进行加工制作的乐器。石磬最早是在河南禹县龙山文化晚期遗址中发现的，此后出土夏、商、周不同时期的石磬，而且在商代出现了编磬。

出土的曾侯乙编磬共有32块，可以发出清越响亮的声音，与编钟配置一起演奏，可以获得丰富的音响效果。

灵璧县的“磬山”之石，既能构筑园林，成为掇山用石，也可以制成石磬，“有一种扁朴或成云气者，为磬”“悬之室中”，灵璧地处安徽北部，自古为文化繁盛之地，所产石磬为人们喜好。《尚书》中有“泗滨浮磬”的记载，是说泗水中浮现制磬的石材。而计成造园采石时，发现“石在土中，随其大小具体而生，或成物状，或成峰峦，巉岩透空，其眼少有宛转之势；须借斧凿，修治磨礲，以全其美”，是亲身实践之后的认识。

灵璧石

灵璧石

安徽灵璧境内的磬山所出产的奇石，名为“灵璧石”。灵璧石得自天地的造化，形成了奇灵秀巧的品质，甚至有“天下第一品”（杜绾语）的赞誉。

但是，灵璧石多为案几把玩之石，亦有象形寓意，其奇巧瑰丽的姿态，如花灵璧石，犹如老树新花，绽放清新。

（七）岘山石

镇江府[1]城南大岘山[2]一带，皆产石。小者全质，大者镌取相连处，奇怪万状。色黄，清润而坚，扣之有声。有色灰青者。石多穿眼相通，可掇假山。

1. **镇江府**：江苏镇江。北宋以润州为镇江府，明代归属南京。
2. **大岘山**：镇江境内山名，在镇江市南，以出产石料闻名。

译文

镇江府城南的大岘山一带，出产岘山石。小的岘山石可以整块取出来，大的岘山石要从与山体的相连处凿断才能取出。岘山石的形态千奇百怪，通常为黄色，清爽润泽而且质地坚硬，敲击能发出响声。岘山石还有一种灰青色的。岘山石多有穿孔，相互通透，用来掇叠假山。

拓展

镇江南山招隐坊

“镇江府城南大岘山一带，皆产石。小者全质，大者镌取相连处，奇怪万状。”在镇江南山有不同的石质，石上穿孔，奇巧多变。

镇江南山招隐坊

黄鹂一声起，百花露珠散。镇江南山招隐坊为山水名胜，许多文人留下了诗文名篇。相传昭明太子曾在此地编选千古流芳的《昭明文选》，成为历代文人的阅读选本。南朝宋戴颙也曾隐居于此。

于是，文逸水也奇，山繁树生密。唐宋以来的诸多文人流连于其山水之间，山林归隐，古木斜晖，实有“看云看石看剑看花，闲看韶光色色；听雨听泉听琴听鸟，静听清籁声声”的雅境。

（八）宣石

宣石[1]产于宁国县[2]所属，其色洁白，多于赤土积渍，须用刷洗，才见其质。或梅雨天[3]瓦沟下水，冲尽土色。惟斯石应旧，逾旧逾白，俨如雪山也。一种名“马牙宣[4]”，可置几案。

1. **宣石：**因地处安徽宣城地区而得名，洁白如雪，为造园用石，扬州个园冬山即用此石。
2. **宁国县：**安徽宁国。在安徽宣城东南。

3. **梅雨天：**江南在每年四、五月份梅子成熟时，连降阴雨，有“梅雨”或“霉雨”的称呼。

4. **马牙宣：**宣石的一种，有马牙状的纹理。

译 文

宣石出产于宁国县境内，质地洁白，多有红土浸积的污渍，必须刷洗，才能看到洁白的石质，要么就在梅雨季节，将石放置于屋檐瓦沟让雨水冲洗，才能把土色的污渍冲洗干净。这种宣石要陈旧，越陈旧越洁白，俨然像雪山一般。一种叫“马牙宣”的宣石，可陈放在几案上欣赏。

扬州个园冬山

“青山原不动，白云自去来。”

扬州个园冬山即为宣石所掇。白石皑皑，少置草木，以显示绵绵起伏山势。而计成说宣石“惟斯石应旧，逾旧逾白，俨如雪山也”，是对宣石作为掇山石材充分利用之后的经验之谈。宣石以白色著称，玉润洁白，坚硬如磐，掇山可以成为冬景，也的确是一种奇观。

扬州个园冬山

（九）湖口石

江州湖口[1]，石有数种，或产水中，或产水际。一种色青，浑然成峰、峦、岩、壑，或类诸物。一种扁薄嵌空，穿眼通透，几若木版，似利刃剜刻之状，石理如刷丝，色亦微润，扣之有声。东坡[2]称赏，目之为：“壶中九华[3]”有“百金归买碧玲珑”之语。

1. **江州湖口**：江西湖口，在长江南岸，西滨鄱阳湖，汉代为彭泽县，南唐设湖口县。境内有石钟山。
2. **东坡**：苏轼，字子瞻，号东坡居士。四川眉山人，北宋著名的文学家、书画家、政治家。与其父苏洵、其弟苏辙并称“三苏”，为散文“唐宋八大家”（韩愈、柳宗元、欧阳修、苏洵、苏轼、苏辙、王安石、曾巩）之一，其文学艺术思想对后世产生了极大的影响，并有大量的文学和书画作品传世。
3. **壶中九华**：苏轼《壶中九华诗并引》诗中有“五岭莫愁千嶂外，九华今在一壶中”“念我仇池太孤绝，百金归买碧玲珑”等句。苏轼本有“仇池石”，意欲买此“壶中九华石”配对。

译文

江州的湖口地区，盛产许多石料，或者产于湖水之中，或者产于湖岸边。一种呈青色的湖口石，自然形成峰、峦、岩、壑的形态，或者类似的各种物态。一种扁薄的嵌有空洞的湖口石，其穿眼通透，几乎像木板一样薄，宛如用快刀剜凿雕刻而成。湖口石的纹理就像刷子刷出的丝痕，颜色稍微润泽，敲击可发出声响。苏轼曾赞赏湖口石，把它视为“壶中九华”，并吟咏“百金归买碧玲珑”的诗句。

张大千《庐山图》

张大千一生喜好游历名山，青袍布履，长髯龙杖，游览天下名山十之八九，而轻履仙登，是为最近的“古人”。凭借绘画中的写意花鸟、工笔人物，以及青绿山水的诸多实践，获得“五百年来一大千”（徐悲鸿语）的称誉。中年后更是环游五洲，凭海临风，交往名流，视野开阔。晚年的张

张大千《庐山图》局部

大千定居台北“摩耶精舍”，演绎出“大泼墨”一法，瞬时山海云动，色墨意生。然而张大千尚有未尽心思，没有上过庐山。更为撩人情思的是，有人委托他画一张巨幅的《庐山图》，问题是张大千一生游履天下，偏偏没有去过庐山。此时如果不画，也不影响他的画名，或者增寿几多，笑看人生。但是张大千执意要画，要画出前无古人之作，于是烈士暮年，壮心不已，不顾老迈之身，准备材料，观摩资料，甚至拆柱修房，扩大画室，制作画案，足足画了一年半，挥毫泼洒，上下起伏，点染江山，终于完成了巨幅《庐山图》（180 厘米 ×1080 厘米），心愿满足而精神高迈，虽是力气耗尽，也见张大千的豪迈精神。

《庐山图》是张大千山水画的著名代表作，画中山体横涂竖抹，笔触隐隐可见。山势宏伟，云气相接，既实又虚，颇具灵动通透之气。

（十）英石

英州[1]含光[2]、真阳[3]县之间，石产溪水中，有数种：一微青色，间有通白脉笼络；一微灰黑，一浅绿，各有峰、峦，嵌空穿眼，宛转相通。其质稍润，扣之微有声。可置几案，亦可点盆[4]，亦可掇小景。有一种色白，四面峰峦耸拔，多棱角，稍莹彻，而面有光，可鉴物，扣之无声。采人就水中度奇巧处凿取，只可置几案。

1. **英州**：广东英德。五代南汉时期设置英州，南宋为英德府。明代为英德县，归韶州府。英州所产名石，为掇山的石料，著名的有杭州“皱云峰”。
2. **含光**：为英德境内地名。
3. **真阳**：为英德境内地名。
4. **点盆**：成为盆中的装饰。

译文

在英州的含光县与真阳县之间，其溪水中盛产几种英石。一种呈微青色，上面夹杂白色纹理；一种呈微灰黑色；一种呈浅绿色。英石各有不同的峰、峦，嵌有石眼、穿孔，曲折相通。质地略显润泽，敲击能发出声响。英石可陈放在几案上，也可以点缀盆景，还可以垒砌成小假山，有一种白色的英石，四面峰峦突出，有较多棱角，质地也晶莹透彻，面面有光泽，能够反映出物像，敲击无声。开采的人在水中奇巧地凿取，只可摆放在几案上作欣赏之用。

杭州皱云峰

杭州皱云峰为天下奇石，为岭南英德地区所产的怪石，有英石之最的说法，因为其中包含了一段奇特的故事。

杭州皱云峰

清初学者查伊璜在杭州救过一位青年乞丐，管吃管喝，并送盘缠资助。后来乞丐随军立功，渐积渐升，成为了广东提督吴六奇。为报旧恩，吴提督邀请查先生游玩广东，查伊璜见提督府花园中的皱云峰，流连忘返，喜爱无比，吴六奇慷慨相赠，并千里送石于浙江海宁查家，名士与名石，一下子引起了社会各界的好奇，清代的诸多文人更是传为美谈，撰文咏叹。而查、吴之间的故事在《聊斋志异》中成为神异的传说，在《鹿鼎记》中成为了江湖武侠的引线。

郑板桥说："米元章论石，曰瘦、曰皱、曰漏、曰透，可谓尽曰之妙矣。"苏轼又曰："'石文而丑'，一'丑'字则石之千态万状，皆从此出。"皱云峰，石文而丑，千态万状，如古松挺立，傲岸自如。先存于查家，后移至杭州花圃保存。

（十一）散兵石

"散兵[1]"者，汉张子房[2]楚歌[3]散兵处也，故名。其地在巢湖[4]之南，其石若大若小，形状百类，浮露于山。其质坚，其色青黑，有如太湖者，有古拙皴纹者，土人采而装出贩卖，维扬[5]好事，专买其石。有最大巧妙透漏如太湖峰，更佳者，未尝采也。

1. **散兵**：在安徽巢湖以南，为西汉张良用兵作战的地方。后来散兵石为掇山的一种布局方法，以散落有致、形散神聚而独具特色。
2. **张子房**：张良，字子房，相传为河南宝丰人，早年反秦抗暴，后投靠刘邦，“运筹帷幄之中，决胜千里之外”（《史记·高祖本纪》），击败了项羽，建立汉朝，被封为留侯。
3. **楚歌**：楚地的民谣。
4. **巢湖**：在安徽中部，为断层陷落造成的淡水湖，湖水东流入长江。巢湖因湖面呈鸟巢形得名。
5. **维扬**：扬州的别称，因《尚书·禹贡》中有“淮海惟扬州”一句，惟、维相通。北朝文学家庾信在《哀江南赋》中曰“淮海维扬，三千余里”。朱元璋曾设维扬府，后改为扬州府。

译 文

“散兵”是汉代张良用楚歌大破项羽的地方。该石产自巢湖的南面，所产散兵石有大有小，形态千奇百怪，裸露于山地的表层。散兵石质地坚硬，颜色青黑，也有像太湖石的，有古拙如山水皴法的纹理。当地的人开采并且装运出来贩卖，扬州一带的好石者专门购买散兵石。现有最大的散兵石巧妙透漏，像太湖峰石，但是比这更好的，还未曾开采出来。

扬州片石山房

李渔有论石名言“言山石之美者，俱在透、漏、瘦三字。此通于彼，彼通于此，若有道路可行，所谓透也。石上有眼，四面玲珑，所谓漏也。壁立当空，孤峙无倚，所谓瘦也”，多说的是太湖石，但是，太湖石采集已乏，上佳者

扬州片石山房

寥寥，于是，“在巢湖之南，其石若大若小，形状百类，浮露于山。其质坚，其色青黑，有如太湖者，有古拙皴纹者”，在计成当年，就有“维扬好事，专买其石”的情况。

湖石为激浪穿孔，累月积年，天地造化，形成了千奇百怪的形状，为后来的造园者留意。然而，园林愈多，上佳的太湖石就会越少，加之运输的损坏、战乱的破坏，后人得石，有替代物者，巢湖之南的山地有如太湖石者，也多可替代太湖石。而湖石玲珑，有异水奇山之地，便见湖石，如北京房山所产为“北太湖石”。太湖石就成为了名称，而非太湖一地之物。

（十二）黄石

黄石是处皆产，其质坚，不入斧凿，其文古拙。如常州[1]黄山[2]，苏州尧峰山[3]，镇江圌山[4]，沿大江直至采石[5]之上皆产。俗人只知顽夯，而不知奇妙也。

1. **常州：** 江苏常州。隋开皇九年设置，明代改为常州府，隶属南京。
2. **黄山：** 此为常州武进县境内的山名。
3. **尧峰山：** 苏州市西南的山名，相传为远古尧时人们躲避洪水之地。
4. **圌山：** 镇江东北的山名。
5. **采石：** 安徽马鞍山市西南牛渚山深入长江的采石矶。为古代长江南北的通津要道。

译 文

黄石到处都有，其质地坚硬，斧凿难开，纹理古拙。如常州的黄山、苏州的尧峰山、镇江的圌山，沿长江直至采石矶以上都出产黄石。世人只知道它是顽劣之石，却不知道黄石的奇妙。

苏州天平山一线天

黄石是造园的基本石材，黄石在江南的许多省份都有出产，“沿大江直至采石之上皆产”，以常州、苏州、镇江等地为胜。其质坚硬，其文古拙，坚挺峭拔，大气磅礴，不入斧凿，有壁立千仞，无欲则刚的气质，与湖石的玲珑剔透比较，黄石的硬朗形成了直线的美感，除了色泽的厚重之外，还有造型的力度，而“俗人只知顽夯，而不知奇妙也”。

苏州天平山有“怪石、清泉、红枫”三绝的赞誉，石质坚硬，多为黄石。明代高启《游天平山记》中说“山多怪石，若卧若立，若博若噬，蟠拏撑柱，不可名状”，实是吴中名胜。

苏州天平山

苏州天平山一线天

（十三）旧石

世之好事，慕闻虚名，钻求旧石，某名园某峰石，某名人题咏，某代传至于今，斯真太湖石也，今废，欲待价而沽，不惜多金，售为古玩[1]还可。又有惟闻旧石，重价买者。夫太湖石者，自古至今，好事采多，似鲜矣。如别山有未开取者，择其透漏、青骨、坚质采之，未尝亚太湖也。斯亘古露风，何为新耶？何为旧耶？凡采石惟盘驳、人工装载之费，到园殊费几何？予闻一石名“百米峰”，询之费百米[2]所得，故名。今欲易百米，再盘[3]百米，复名“二百米峰”也。凡石露风则旧，搜土则新，虽有土色，未几雨露，亦成旧矣。

1. 古玩：指有观赏价值的旧物，多为人收藏交流。
2. 百米：此百米为一百石大米。
3. 盘：搬运。

译文

世上附庸风雅的人，徒慕虚名，寻求旧石。某个名园中有某种峰石，经某个名人题咏过诗文，由某个朝代流传至今，是真正的太湖石，如今这个园林已经荒废，其峰石待价出售，为此不惜重金买下，收藏为古玩尚还可以。但也有人只要听说是旧石，就花重金去购买。真正的太湖石，从古至今，因好石者开采得过多，存量已经很少了。如果有别的山峦还没有被开采，选择形态透漏、石色泛青、质地坚硬的石料开采，未必就比太湖石差。历经千万年的风雨侵蚀的石头，什么标准是新，什么标准是旧？凡开采石料只有水陆运输、人工装载的花费，搬运到园林还要花费多少银两？我听说一块名叫“百米峰”的奇石，详细询问后，才知道这块石料是花费了一百担米的价钱才得到的，所以得此名。假如现在买石要花费一百担米的价钱，运输要花费一百担米的价钱，也就可以叫“二百米峰”了。凡是石头暴露在光天化日之下就要变旧，刚从地下挖出来的则是新的，虽然带有泥土的颜色，但经过日晒雨淋，必然变为旧石。

开封大相国寺北宋艮岳遗石

旧石如同旧物，计成说：“太湖石者，自古至今，好事采多，似鲜矣。如别山有未开取者，择其透漏、青骨、坚质采之，未尝亚太湖也。斯亘古露风，何为新耶？何为旧耶？”

新旧之物，有不同的认识角度。园不一定新，石却不一定旧，只是不一味地搜旧而弃新。而开发新的石材，因地制宜，才是造园的上策。

明代米万钟爱石成癖，因石败家。相传米氏在房

开封大相国寺北宋艮岳遗石

山发现了“青芝岫石”和“青云片”，倾家荡产也未能运回京城住宅。

北宋艮岳遗石为旧石翻新，但是给人的痛感多于美感吧。

吴县司徒庙“古、怪、清、奇”

“古调虽自爱，今人多不弹”（刘长卿诗），旧物自有旧物的价值。实际上，旧物包括了旧物的故事，也给后人以诸多的启示。

吴县司徒庙的四株古松“古、怪、清、奇”，如同旧石一般，有着奇异的观赏价值。

吴县司徒庙“古、怪、清、奇”

清人沈复在《浮生六记·卷四》中说：“邓尉山一名元墓，西背太湖，东对锦峰，丹崖翠阁，望如图画。居人种梅为业，花开数十里，一望如积雪，故名‘香雪海’。山之左有古柏四树，名之曰‘清、奇、古、怪’，清者一株挺直，茂如翠盖；奇者卧地三曲，形同之字；古者秃顶扁阔，半朽如掌；怪者体似旋螺，枝干皆然；相似汉以前物也。”

“岁寒知松柏之后凋也”，四株古松，清者位于中央，高大伟岸；奇者在左，峭拔俊奇；古者在右，古朴苍雄；而怪者卧地，如同豪饮之后睡酣。一草一木，清奇古怪，可比拟人生的不同境况。

（十四）锦川石

斯石宜旧。有五色[1]者，有纯绿者，纹如画松皮，高丈余，阔盈尺者贵，丈内者多。近宜兴山有石如锦川[2]，其纹眼嵌石子，色亦不佳。旧者纹眼嵌空，色质清润，可以花间树下，插立可观。如理假山，犹类劈峰。

1. **五色**：泛指色彩斑斓。

2. **锦川**：相传产锦川石的地方有两处，一为辽宁锦州城西小凌河，一为四川成都。

译 文

锦川石以古旧的为好。有的是五彩相间，有的呈纯绿色，纹理像画中的松树皮，以高约一丈、宽约一尺的最为名贵，但一般高一丈之内的为多。最近宜兴出产的石头有的像锦川石，但其纹理孔眼中嵌有石子，颜色也不是很好。旧的锦川石纹眼透空，色泽清润，插立在花间树下，可以欣赏。如果用锦川石掇叠假山，适宜做劈峰。

任熊《范湖草堂画卷》

任熊《范湖草堂画卷》局部

锦川石产地不一，一说在四川，一说在辽宁。锦川石花纹似锦，美观可人，但是石材产地不一，利用也有所不同。

雅画秀色可餐，湖石水草，曲桥敞轩，在画意中成为了一种散漫的造境。任熊为海上三任之首，是任颐的师傅，当年任颐小小年纪，初出茅庐，造假任熊作品，不巧又遇上任熊，而任熊不但不怪，却调教出了青胜于蓝的任伯年。

当然，任熊的艺术也有过人之处，延续了陈老莲清奇古怪的画风，别出心裁，承上衔接古贤，启下传薪后来。

成都花鲤鱼

成都花鲤鱼

成都是天府之国，本为李冰父子开造都江堰，引岷江水浇灌了川西平原，发展农业和航运。李冰于公元前256年起，利用六年时间，烧山凿石，兴建了都江水利。李冰将岷江中的沙洲修筑成鱼嘴形用于分流，并在沙洲尾部与离堆构筑“飞沙堰”体，将一部分岷江之水引入宝瓶口，形成内外江，这是世界上历史最长的无坝引水工程。为了长期治理，保障都江堰的使用，李冰总结出“深掏滩，低作堰”“水竭不见足，盛不没肩”等经验，被后人加以继承，因此，都江堰千百年来灌溉良田，使成都平原成为“天府之国”。

隋唐时期就有“天下之都，扬一益二”的说法，“扬”是扬州，“益”就是成都，西南偏安之地，富贵天上人家。于是成都处处是鸟语花香，空气湿润，景物丰富，山清水秀。甚至连水中的花鲤鱼也养得好，聚而不密，疏而不散。

北京清华大学近春园

北京清华大学近春园

少年时读朱自清的文章，印象最深的就是《荷塘月色》，“什么都可以想，什么都可以不想”，于是衍生出些许少年的惆怅。渐渐地长大了，惆怅虽然少了，压力却多了起来，便少了些自我，说话做事需要看别人的脸色，已经不觉“是个自由的人”。这一回来此处开会，朱自清的荷塘一下子离得这样近，只是没有了月光，而且我来得晚，深秋的荷塘已经没有了荷叶，只剩下瘦瘦的荷梗，斜斜歪歪地伏在水面，画出许多不规矩的影子，再就是游鸭，欢快地嬉戏追逐着。这里原来是圆明园的一部分，路边遗石还留存着残酷的记忆。

我漫步在湖中的岛上，也看见了荷塘，看见了杨柳，还有三三两两的闲人。树荫处有朱自清的石雕坐像，安静而祥和，这几年有时翻看《经典常读》，知道民国时期的学人，有着超人的天赋、丰厚的学养、宽厚的道德，于是也想起在此处做学问的王国维、陈寅恪等人，甚是感慨。天仍然是蓝天，水仍然是碧水，只是临水的廊榭，似乎有些疲惫，木柱上的油漆也散散地剥落，投落到水中的倒影昭示着一段段难忘的文章。记得岛上有一新建的高亭，似乎是清华校友集资捐赠的，一道螺旋形的铁制楼梯硬硬地将人送上了高处，待到登高四望，四周却是空荡荡的，只能看见茂密的树梢，再就是远处的青山了。

（十五）花石纲

宋“花石纲[1]”，河南[2]所属，边近山东[3]，随处便有，是运之所遗者。其石巧妙者多，缘陆路颇艰，有好事者，少取块石置园中，生色多矣。

1. **花石纲：**花石纲即名贵的太湖石和奇花异草。宋徽宗赵佶听信道士的建议，改造皇宫内的地势，在汴京皇城内的东北角修了一座名曰“艮岳”的皇家园林。于是从江南通过大运河运输了许多湖石，其中有许多在半路遗弃。北宋灭亡后，金人也从汴京城中运出了不少。因此，在山东、河南一带遗留了不少湖石。
2. **河南：**指豫东靠大运河一带的地方。
3. **山东：**指鲁西南与河南接近的地方。后山东境内私家园林广置湖石，与花石纲的遗石有极大的关系。

译文

宋代的“花石纲”，在河南所属靠近山东一带，随处都可以找到，是当年运输途中遗弃的。花石纲形状巧妙的较多，因为陆地运输艰难，有些好石者寻找到少许花石纲便放置在园林中，为园林的景致增色不少。

宋徽宗《祥龙石图》

北宋的国事在宋徽宗赵佶手中，玩了一把全盘皆输的游戏，成为了一段悲哀的历史故事，起因之一就是“花石纲”。赵佶听信了道士的点拨，因风水原因改造地势，在汴京皇城内的东北角

宋徽宗《祥龙石图》局部

修了一座皇家园林，名曰“艮岳”。据说原为了子嗣的繁衍，但是，赵佶也久有造园意图，罗列珍宝奇物、名花异卉，供其写生绘画。得其小失其大，激起民怨，而酿成外患内乱。

金人窥视跃马边墙，方腊、宋江南北揭竿，宋徽宗的乐趣就架在了干柴烈火之上，艺术人生毕竟不是政治人生。

采办花石的是苏州人氏朱勔，狐假虎威，使尽了种种手段，“士民家一石一木稍堪玩，即领健卒直入其家，用黄封表识，未即取，使护视之，微不谨，即被以大不恭罪。及发行，必彻屋抉墙以出”，《宋史》的这段文字，撰写得非常生动，搜罗奇花异石到了“彻屋抉墙”的地步，大宋王朝也快灭亡了。花石纲即名贵的太湖石和奇花异草，集天地之精华，聚人间之财富，只能炫耀一时。

赵佶生于富贵，享于安乐，死于惨淡。虽有图画和书法令人流连，但是代价还是太大。北宋姓赵，北宋没有了，还有南宋，但是，北宋的人民在金人铁蹄之下的哀痛喘息，是无法从历史的记忆中抹去的。

恭王府萃锦园

那天走进恭王府萃锦园的时候，先看见一道城墙，然后是西洋式的拱券门。

恭王府萃锦园

由此入内，一块飞来石如壁如影，成为园口的遮蔽。作为皇室建筑格局，仍然有着中轴线的意识，加之蝠池居中，安善堂连接东西抄手游廊，气势上是胜了一点，气韵上却差了一些。随后是湖石堆积的滴翠岩，有些凌乱，下设秘云石洞，内藏康熙所书的“福”碑。点点滴滴地从山上流出水来，积出洞前的水池，真是有些积翠墨绿。岩上有平台，推想是邀月吟啸，并筑有“绿天小隐”，作为全园的制高点。环顾四周，尚有些空旷，便继续向北，就是蝠厅，有趣的是廊柱多绘成竹枝，远望如竹屋。于是，“蝠池”“福碑”“蝠厅”连成一线，想必是寓意多子多福。

东部是垂花门，穿过花园，便是一座大戏楼。西部堆土叠山，起伏连绵，设景“榆关”，意喻长城，随后是水池，池中建岛，岛上建亭，方便观鱼赏荷。全园规划规矩多了一些，趣味少了一点。全不像《红楼梦》大观园内的活泼自然，也许是后人想象力贫乏，错将东施作西施，无缘地牵扯罢了。唯一有趣的是沁秋亭中有一“曲水流觞”，想必是园主作诗的地方。

相传恭王府萃锦园园主几经变迁，先是和珅，后是庆王，再是奕䜣，最后是载滢。1929年被辅仁大学购买，随后长期作为办公场所使用。可谓是铅华洗尽，只剩风雨。倒是恭王府出了一位画家溥心畬，天赋过人，技艺超俗，1949年渡海台湾，一时“洛阳纸贵”，不料老婆管得太严，不仅不许随便给人画画，连题字都限制，印章也被收起来。江山变异，本无庸议。家室应为安居之处，此时竟无藏身之地。据说溥心畬年幼时在西太后怀里坐过，最初算是帝种的预选之一。然而，遭此无奈，末代王孙，何福之有？

（十六）六合石子

六合县[1]灵居岩[2]，沙土中及水际，产玛瑙石[3]子，颇细碎。有大如拳、纯白、五色者，有纯五色者；其温润莹彻，择纹彩斑斓取之，铺地如锦。或置涧壑及流水处，自然清目。

1. **六合县：**江苏六合。隋开皇四年（584年）设置，因境内有六合山而得名，明代属南京应天府。
2. **灵居岩：**六合县境内的山名，也称灵岩山。
3. **玛瑙石：**像玛瑙一样的石头。玛瑙是一种矿物质，与玉石同类。玛瑙石为色彩艳丽的石头。

译文

在六合县的灵居岩，当地的沙土中和水岸边，盛产玛瑙石子，一般都很细小。也有像拳头般大的，纯白色间杂五彩花纹，还有纯五彩花纹的。光泽玉润，晶莹剔透，选取纹理色彩斑斓的六合石来铺地就像锦缎一样。或放置在涧壑及流水边，能彰显其自然清新可爱。

夫葺园圃假山，处处有好事，处处有石块，但不得其人。欲询出石之所，到地有山，似当有石，虽不得巧妙者，随其顽夯，但有文理可也。曾见宋杜绾《石谱》[1]，何处无石？予少用过石处，聊记于右[2]，余未见不录。

1. **杜绾《石谱》：**杜绾，字季阳，号云林居士，为南宋文人，名臣杜衍之子。所著《云林石谱》三卷，记载了116种石头，较为详细地分析了石头的材质、形状、色泽等，并在题识中有“故虽一拳之石，而能蕴千年之秀”的议论。
2. **于右：**原文为竖排方式，右为上或前。

译 文

修筑园林假山，到处都有爱好的人，到处都能找到能用的石材，但真正懂得掇叠假山的人却极少。要问何处出产石材，到处都有山峦，有山峦则应有石材，虽然找不到巧妙的石材，哪怕就是顽劣的石块，只要有纹理脉络也可以掇叠成山。我读过南宋杜绾的著作《云林石谱》，可见何处没有石材呢？我所用过的石材种类不多，出产地比较少，记录于上，我没有见过的石材就不收录了。

雨花石

这是一种什么样的石头？如此五彩缤纷，花一样娇润，琴一样清脆，造化的功力培育出这样的石头花色，培育出这样的石头灵性。置于案头水盂，养几尾花鲤，便见人生的清淡消去了昔日的嘶鸣。

六合石子是花色的石头，属石英类的玛瑙质矿石，“其温润

雨花石

莹彻，择纹彩斑斓取之，铺地如锦。或置涧壑及流水处，自然清目”，绝色人间，的确赏心悦目。六合石子就是雨花石，多产于六合等地，而集散于南京，于是多数人以为是南京城里出产的雨花石。

南京燕子矶

南京燕子矶是长江三大名矶（燕子矶、采石矶、城陵矶）之首，有“万里长江第一矶”的称号。凭借长江天险，登高远眺，滚滚长江东逝，气势磅礴，颇为震撼。

南京燕子矶

燕子矶在过去常常是落魄失意之人轻生的地方，当时附近晓庄师范学校的陶行知先生知情善行，特在燕子矶上竖一石碑：“想一想，死不得。”是将最后的一个善念，告之轻生者，苦海无边，回头是岸。是为大善。

燕子矶常年惊涛拍岸，蚀空了山脚的岩石，于是形成了许多空洞，成为了燕子栖息的地方，加之石质赤红，每到傍晚，夕阳斜照，玄燕归巢，一时间浪起水涌，晚霞映照，赤壁耸立，水天一色，成为蔚然景观。然而此回是上午赴访，云沉天低，空旷寂静，无甚游人，只看到了陶先生的题词，听到管理人员绘声绘色地介绍，思绪也为之神往。

燕子矶飞峙大江，草木茂盛，上面布满了赤石，形成了一所公园，亦是附近居民练气功吊嗓子的好地方。相传此为达摩大师躲离南朝梁武帝的纠缠，而一苇北渡长江之处；也有李白饮酒大醉而酒杯化为酒缸的神话。最惨烈的事情是1937年南京大屠杀时，数万无辜民众被日军枪杀后在此处推入长江，一时江塞山崩，天昏地暗，古今多少事，唯此事最不可忘怀。

借景

构园无格[1]，借景有因[2]。切要四时[3]，何关八宅[4]。林皋[5]延竚，相缘竹树萧森，城市喧卑[6]，必择居邻闲逸。高原极望，远岫环屏，堂开湫气侵人，门引春流到泽。嫣红艳紫，欣逢花里神仙；乐圣[7]称贤，足并山中宰相。《闲居》[8]曾赋，芳草应怜；扫径护兰芽，分香幽室；卷帘邀燕子，闲剪轻风。片片飞花，丝丝眠柳；寒生料峭，高架秋千[9]，兴适清偏，怡情丘壑。顿开尘外想，拟入画中行。林阴初出莺歌，山曲忽闻樵[10]唱，风生林樾[11]，境入羲皇[12]。幽人[13]既韵于松寮[14]；逸士弹琴于篁里。红衣[15]新浴；碧玉[16]轻敲。看竹溪湾，观鱼濠上。山容蔼蔼，行云故落凭栏；水面鳞鳞，爽气觉来欹枕。南轩寄傲，北牖虚阴，半窗碧隐蕉桐，环堵翠延萝薜。俯流玩月；坐石品泉。苎衣[17]不耐凉新，池荷香绾；梧叶忽惊秋落，虫草鸣幽。湖平无际之浮光，山媚可餐之秀色。寓目一行白鹭，醉颜几阵丹枫。眺远高台，搔首青天那可问；凭虚敞阁，举杯明月自相邀。冉冉天香，悠悠桂子。但觉篱残菊晓，应探岭暖梅先。少系杖头，招携邻曲[18]；恍来林月美人，却卧雪庐高士。云幂黯黯，木叶萧萧；风鸦几树夕阳，寒雁数声残月。书窗梦醒，孤影遥吟；锦幛偎红，六花[19]呈瑞。棹兴若过剡曲[20]，扫烹果胜党家[21]。冷韵堪赓，清名可并；花殊不谢，景摘偏新。因借无由，触情俱是。

1. **构园无格**：意即构筑园林没有固定的方法。

2. **借景有因**：意即借景要有一定的根据。

3. **四时**：指春暖、夏暑、秋凉、冬寒四季气候。

4. **八宅**：四方四隅的住宅。按风水原理及八卦的方位所确定的宅居。

5. **林皋**：皋，水边的高地。指在水边的林中高地伫立。

6. **喧卑**：喧闹。

7. **乐圣**：为饮酒作乐。源出唐代李适之《罢相》：“避贤初罢相，乐圣且衔杯”，意即不喝浊酒。杜甫《饮中八仙歌》：“饮如长鲸吸百川，衔杯乐圣称避贤”，即对李适之的赞誉。乐圣多指避贤辞官隐退之意。

8. **《闲居》**：即《闲居赋》，为西晋文学家潘岳的赋文。潘岳，字安仁，河南中牟人，少有奇才，姿容优美，性情浮躁，与石崇等人交好，热衷于仕途。《闲居赋》中“灌园鬻蔬，以供朝夕之膳，是亦拙者之为政也”，为苏州拙政园造园寓意。

9. 秋千：用绳索和木板制成，固定在高架上摆动的游艺娱乐器具。

10. 闻樵：指山中的樵夫歌声。

11. 林樾：樾，树荫。指幽林中。

12. 羲皇：伏羲，传说中中华民族的人文始祖。此处羲皇泛指上古先民无忧无虑的生活，源出东晋陶渊明《与子俨等疏》：“少学琴书，偶爱闲静，开卷有得，便欣然忘食。见树木交荫，时鸟变声，亦复欢然有喜。常言五六月中，北窗下卧，遇凉风暂至，自谓是羲皇上人。”

13. 幽人：雅致、充满情趣的隐士。

14. 松寮：林中小屋。

15. 红衣：荷花。

16. 碧玉：侍女。

17. 苎衣：苎麻之衣，多为夏季衣服材料。

18. 邻曲：邻居。

19. 六花：雪花。呈六瓣花形。

20. 剡曲：源出《世说新语·任诞》，说王徽之在山阴居住时，大雪夜中饮酒赋诗，想起了友人戴安道，戴安道住在剡溪，于是乘船前往，经过一夜的行船，天亮到达了戴家门口，却掉头而回，别人都很奇怪，王徽之说：“乘兴而行，兴尽而返，何必见戴！”亦见晋人豪迈不拘的风气。

21. 党家：指宋代陶穀家事，家姬雪水煮茶时，评价陶氏的情趣胜过党太尉。

译 文

造园虽没有固定的方法，借景却有一定的依据。造园要随一年四季的气候变化，至于风水八宅的说法，多半是一些无稽之谈。林间水边适宜休憩，可借竹树的幽境；城市嘈杂喧嚣，可借偏僻清静的四邻。高原极目可眺望，远山环立如翠屏。厅堂轩敞，扑面和风令人清爽；园门临溪，导引春水入池塘。在姹紫嫣红的花园中，也许会遇到百花仙子；醉归林下时，可堪比山中宰相陶弘景一样逍遥。春暖时，可效潘岳之咏《闲居赋》，感慨屈原的《芳草》。打扫花径，爱护兰芽，幽室内外分享馨香；卷帘以待喜迎燕子，飞往复来如剪春风。片片落花飞舞，丝丝弱柳垂枝。春寒料峭侵入肌肤，寒食高架闲荡秋千。适性心远地虽偏，怡情丘壑寄悠然。心旷尘世外，境幽画中行。夏暑时，林荫才出流莺宛转，山歌忽起樵子高声。凉风从林中吹来，似乎进入远古寂静的空间。幽人在松寮隐僻处吟诗言志；逸士在疏篁深处弹琴寄思。出水芙蓉，宛如丽人新浴；修竹疏雨，有如妙女清歌。溪弯处可赏竹林，水清澈以观鱼儿。山色空濛，自然清沁，凭栏远望，浮云飘拂；水波荡漾，气爽抚枕。南轩寄傲，立志高言，北窗开敞，纳入凉风。半掩的窗外隐现出芭蕉、桐树的绿荫，围墙上布满翠色的萝蔓。伫立在池边鉴赏月影，盘坐于石上品茗尝泉。秋天时，夏衣难耐不胜秋凉，荷塘的芳香令人不忍归去；梧桐忽惊秋叶渐落下，草虫幽处悲声寂鸣中。平静的湖水浮光逐波，娇媚的山容如同秀色可餐。遥望白鹭一行上青天，近看丹枫几株娇容醉。登台眺远，搔首问青天，凭栏高瞻，举杯邀明月。桂子无奈落，天香有意来。冬天时，篱边菊花叶凋残，岭上梅枝向阳开。取些沽酒杖头钱，招来乡邻共酣饮。月下雪影梅花移香，疑似美人恍若飘来；大雪纷飞覆盖茅庐，悠然高士困卧梦酣。冻云黯淡，树叶萧萧。夕阳西下，晚风吹得几树昏鸦；残月更深，寒云惊起数声寒雁。书斋夜梦忽醒，孤灯影影；暖阁围坐赏雪，炉火初燃。月雪兴致访老友，一叶扁舟到剡溪。煮茗自酌，美姬扫雪，数杯茶味胜党家。岁寒有不尽之韵事，此谓高士名流之市隐。园中四季虽有不谢之花，借景并无一定的定式，赏景还须应时而新，触情生景皆可成为佳境。

夫借景，林园之最要者也。如远借[1]，邻借[2]，仰借[3]，俯借[4]，应时而借[5]。然物情所逗，目寄心期，似意在笔先[6]，庶几描写之尽哉。

1. **远借：**将远处的景致纳入自家的园中。如北京颐和园中借玉泉山塔的景致入园。
2. **邻借：**将邻居园中的景物借入自己的视野中，如苏州拙政园西部的“宜两亭”。
3. **仰借：**将高处的景物作为衬景，在自家园中仰观欣赏，如无锡寄畅园的知鱼槛借景龙光塔。
4. **俯借：**将低处的景物纳入自己的视线，成为自己园中的景物。如苏州沧浪亭大门外的清流，被借景成为了沧浪亭的景致。
5. **应时而借：**指因不同的时间、气候、光线的条件，如赏月、踏雪、听雨、观云、望虹、探梅等。
6. **意在笔先：**原为文人写意画的语言，即未动笔之前，胸有成竹，此意为造园借景需要观察周围环境，早做构思和打算。

译文

借景是造园的关键思想。借景的方法：有远借，借远处而眺望；邻借，借邻家而包纳；仰借，由下望上；俯借，由上向下；应时而借，随着空间景观时序的变化。触物生情，目有所见，心有所思，借景胸有丘壑而意在笔先，才能充分地描绘蓝图。

无锡寄畅园

寄畅园原名“凤谷行窝”，是明代南京刑部尚书秦金退养之地，秦氏后人扩修，增有二十景，并改名“寄畅园”，取意王羲之诗句“取欢仁智乐，寄畅山水阴”，成为江南名园。康熙七次南巡，乾隆六下江南，兴致勃勃，临园小憩，题字赋诗。“鸣湍空尘意，列岫澹烟光。”（乾隆诗）寄畅园也随之阔拓整修，享誉南北。

无锡寄畅园

寄畅园地处惠山脚下，依山傍水，可仰借惠山塔的风致，有计成所述“夫借景，林园之最要者也。如远借，邻借，仰皆，俯借，应时而借”的因素，而惠山寺有“天下第二泉”，湍流飞下，水流石鸣，竹摇风动，聚汇为锦汇漪，知鱼槛、七星桥、嘉树堂、鹤步滩等景致环列其中，实名园、名泉之双璧。

乾隆饱游逍遥，仍不满足，带领画工，收罗江南名园，荟萃北京。颐和园中的谐趣园就仿寄畅园知鱼槛的格局，最初称为“惠山园”。而颐和园鱼藻轩借西山之景，又何尝不是从这里得到的启发呢？

寄畅园立于奇山名水之间，后来的“二泉映月”的凄凉故事，留下了一曲绝唱，弥漫于锡惠山水之间的仙乐，传遍了人间。

散步听鸟语，闲心沁禅风。

苏州拙政园小飞虹

苏州拙政园小飞虹

有诗人说，人站在桥上看风景，也就成为了别人的风景。当年文徵明设计拙政园时，小飞虹还是简朴率真的，犹如山村小姑；而后来复修的小飞虹温雅别致，已经成为一个楚楚动人的闺秀。微风衔雨，无言伫立，从四面看去，还是觉得远望胜于近游。计成《园冶》中有“红衣新浴；碧玉轻敲。看竹溪湾，观鱼濠上。山容蔼蔼，行云故落凭栏；水面鳞鳞，爽气觉来欹枕。南轩寄傲，北牖虚阴，半窗碧隐蕉桐，环堵翠延萝薜。俯流玩月；坐石品泉”的佳句，恐怕是对小飞虹式构筑景致的一种幻想，后人读后亦觉余香满唇。

小飞虹是朱栏跨水小桥，桥上为青瓦卷檐，如飞虹斜舞。小飞虹的对面就是小沧浪，水斋舒展开阔，对景可以相互观赏，就有了诗意，也有了一点水乡的韵致。

苏州拙政园与谁同坐轩

苏州拙政园与谁同坐轩

吟风雅颂，歌归去来。苏州拙政园的与谁同坐轩，取意于苏轼的《点绛唇》词中的“与谁同坐？明月，清风，我”。

园林虽好，但是还有个人心境的问题，与谁同坐？苏轼在另一篇短文中说：“庭下如积水空明，水中藻荇交横，盖竹柏影也。何夜无月，何处无竹柏，但少闲人如吾两人者耳。”（《记承天寺夜游》）事物纷繁，花木凋零，个人的生命亦与春夏秋冬的变化息息关联，亦是人生磨砺后的觉醒。苏轼是一位先觉者，用其诗文书画，感召后来人。“惟江上之清风，与山间之明月，耳得之而为声，目遇之而成色，取之无禁，用之不竭，是造物者之无尽藏也。”（《前赤壁赋》）酒逢知己，花对美人，名文复读，玩味怅然。

知其然，也知其所以然，才好同坐。

华山下棋亭

这年秋天，还没有冷下来，我上了一次华山。上次来的时候还是青年，手脚并用，连奔带跑地上来了。这一回心事沉重，气喘吁吁地一走三停，来到了下棋亭，已经没有力气再攀“鹞子翻身”了，只好坐在岩石上望着下棋亭。

当年宋太祖赵匡胤未得势时，与道士陈抟下棋，棋输了，华山也丢了，也不在意，等到黄袍加身后才知道老道的厉害，华山就成为了道教的禁地。于是后人就在华山之巅修建了一座下棋亭，聊作纪念。其实在哪儿下棋已经不重要了，重要的是智慧的较量，未雨绸缪，陈道士是先胜了一招。身无分文而豪气赌山，赵皇帝也不失英雄本色。

华山下棋亭

华山的无限风光都在险峰，东峰如掌，有华岳仙掌的形象，只手便推得黄河拐了弯，无奈地向东流去。西峰如盛开的莲花，石大如屋，松虬似龙，一阵清风过后，呼啦啦地像打雷一般的吼声，就是高亢嘹亮的秦腔呵。南峰最高，有落雁之名。据说宋代寇准登临后，感叹道：“只有天在上，更无山与齐，举头红日尽，俯首白云低。”那天我站在南峰聚仙坪的钟亭中，用力撞钟三声，一时间阳光灿烂，音鸣山谷，当为平生快事哉！

四季日月，斗转星移。下棋亭就在东峰旁的一独立山峰上，下临深谷，对视三公山，而悠然自得，以白云朵朵衬托出一局永远下不完的棋。临近岩石上的一副对联引起我的注意：“得天下宁失一山，逐山鹿功亏半步”，意思是做大事就不能计较小的利益得失，而做小事必须尽力为之，否则只会耗费精力。我将此语多与友人语，许多人深以为然。

北京颐和园鱼藻轩

北京颐和园鱼藻轩是临湖长廊中凸出的敞轩，远借玉泉山胜景，叠叠层层，只见满园风情，远山如画，烟波弥漫，碧丝纤长。雕梁画栋，玉柱赤栏，斜阳西下之中，光影婆娑，还是勃勃生机。

北京颐和园鱼藻轩

悠悠往事，回顾平生，待细把江山图画，倚栏远眺，浊酒相逢，也是换了人间的一篇篇文章。

杭州西湖春色

“西湖烟水茫茫，百顷风潭，十里荷香。宜雨宜晴，宜西施淡抹浓妆。尾尾相衔画舫，尽欢声无日不笙簧。春暖花香，岁稔时康。真乃‘上有天堂，下有苏杭’。”这是元代奥敦周卿的《折桂令》词，嵌入了柳永的名句“三秋桂子，十里荷香”，也嵌入了苏轼的“欲把西湖比西子，淡妆浓抹总相宜”。词本无新奇，但是，作者提出了后人耳熟能详的“上有天堂，下有苏杭”的名句，也是佳词。

杭州西湖春色

杭通航，本为渡船。而杭州地处钱塘江杭州湾，是京杭大运河的最南端。杭州以西湖闻名天下，从隋唐时期开始细心经营，名臣李泌开凿六井，后有白居易、苏轼治湖修筑的白堤和苏堤，流芳千古，衍生出一片玉润雅致的人文山水。

辛弃疾《水龙吟》词：“落日楼头，断鸿声里，江南游子，把吴钩看了，栏杆拍遍，无人会，登临意”，原是登临建康赏心亭的感慨，其实好词亦可用于异地，杭州也可当之。

杭州西湖放鹤亭

西湖之美是无法言说的。隋唐以后中国人怎么找到这样一个地方来安居乐业，以致成为了富贵丰娆的佳处。北方还没有暖起来，龙井的明前茶就被友人用特快专递寄了过来。那一片一片的翠色，不屈不挠地立在水杯中，一片光泽泛出，是思念的绿色发出了心芽。

杭州西湖放鹤亭

春天的西湖，杨柳枝如美人腰，懒散地弯曲着，划出了多少诱人的弧线；嫩黄的柳叶牙，泛出稚拙的天真，欣喜地打量着尘世的热闹；妖娆的桃花也不甘寂寞地绽放出了笑脸，一簇簇地挤着抱着；绿叶也真成了陪衬的丫鬟，浅浅地、涩涩地等在一旁。

那天我走到西泠桥时，就见桥边的苏小小墓，人山人海，摩肩接踵。于是我加快了步伐，绕过了印学博物馆，顺孤山北麓向东慢慢地走去，绿茸茸的草地，绿茵茵的树木，缓缓地与湖水相融合。前面突然有一灰衣老妇做着鹤翔的姿态奔跑着，也进入了忘却年龄的境地，这正是西湖的融化力量，而我却仿佛看到了南宋的隐者潇洒的魂魄。那放飞的不仅是鹤，更是自由与适意，一种被许多人遗忘的潇洒悠然。

终于看到了放鹤亭，方方正正地立在孤山的背阴处。亭后有林隐士的墓，高大的墓冢已与孤山连接在一起，蔓延的是青草，是树木，蕴涵着朝露夕岚的轻盈与沉重。

对面是保俶山的尖塔，远远的犹如一个春笋，昭示着西湖诱人的春色。我在石阶上稍坐了一会，打量着湖面的白鹤，正猜测哪一只应是林公子的遗孤，不料水面上呼啦啦地掠起一片白色。

自识

崇祯甲戌[1]岁，予年五十有三，历尽风尘[2]，业游已倦，少[3]有林下风趣，逃名丘壑中，久资林园，似与世故觉远，惟闻时事纷纷，隐心皆然，愧无买山力，甘为桃源溪口人[4]也。自叹生人之时也，不遇时也；武侯[5]三国之师，梁公[6]女王之相，古之贤豪之时也，大不遇时也！何况草野疏愚，涉身丘壑，暇著斯“冶”，欲示二儿长生、长吉，但觅梨栗[7]而已。故梓行[8]，合为世便。

时崇祯辛未之秋杪否道人暇于扈冶堂中题。

1. **崇祯甲戌：**即明崇祯七年（1634年）。
2. **风尘：**指人世间的磨砺和辛劳。
3. **少：**早年。
4. **桃源溪口人：**桃源为陶渊明《桃花源记》中描写的景致。此意即成为桃花源中的一名隐士，但是文中语气尚有凄凉的味道，“溪口人”指仅仅在溪口徘徊，无法真正成为桃花源中的隐者，因为“愧无买山力”罢了。
5. **武侯：**三国蜀丞相诸葛亮，字孔明，山东临沂人，著名的政治家、军事家、文学家。少有大志，隐居隆中，出山辅佐刘备，成就了三国鼎立之势。死后被谥为忠武侯。
6. **梁公：**指唐代狄仁杰，字怀英，山西太原人，著名的政治家。为人正直，功绩卓著，死后被追封为梁国公。
7. **梨栗：**指幼年的儿子。语出陶渊明《责子》诗：“通子垂九龄，但觅梨与栗。”
8. **梓行：**梓本为木，后延伸为木制、木匠。这里是刻版印刷的意思。

译 文

崇祯七年，我53岁。半生历尽艰辛，虽已厌倦为了衣食而奔波的生活，但我自小有园林营造的理想，逃名于林泉，向往自然的境界。长期从事造园艺术，似觉与人情世故已经疏远。听说时局战乱纷纷，人们都有隐居、躲避战乱的意图，我却愧无避世闲居的能力，只有甘为桃源溪口之人了！自叹生不逢时，正可施展抱负才华的年龄，却又遇到战乱。诸葛亮位至蜀汉丞相，封武乡侯；狄仁杰为相则天之朝，封梁国公，是古之时势造英雄时代。这是古代豪杰的际遇，但是，武侯仍未成恢复中原之志向，梁公难以展示辅佐朝政之能力！何况我这闲散草民，以造园为业的人呢？暇时著成此书“冶”，本想传授给我的儿长生、长吉，能有一技之长借以谋生食。现刻版印行出来，也为方便世人。

跋语

《图文新解园冶》至此，还有一些文献资料无法利用，如明代文学家吴廷翰取意《庄子》中的故事，修筑了自家的“瓮园”，并作《一笑亭记》等妙文，自得其乐，一笑了之。像这种有趣的园林文字，还有明代刘士龙的《乌有园记》、清代戴南山的《意园记》等，文转意显，妙语迭出，尤其是李渔在《闲情偶寄·居室部》中提出“贫士之家，有好石之心而无其力者，不必定作假山。一卷特立，安置有情，时时坐卧其旁，即可慰泉石膏肓之癖”的建议，读后甚为感念。如今大多数士人对造园只好做点妄想，无法有身体力行的可能。

翻检资料，无意中找到一篇拙文，因数年前古城拆迁，百年旧屋在劫难逃，吾当时携妻挈子于校园中暂得安歇之处，困顿之中常常翻阅园林册，信手涂写，后来渐积渐多，竟入书不见。今写作此书时却常常跳出，实为奇妙。现检抄如下，作为本书的结束之语：

“乙亥（1995年）秋日，吾弃故园而南奔十余里，客吉祥村一舍。此地楼高梯陡，廊曲道狭，音躁人稠，炊烟近厕。水常断灯常灭，风时起尘时飘。无以为悦，摹印抄卷，读画习书。望天地之寥廓，知人生之渺茫。哀世风之衰败，察民生之惨淡。蓦然回首，多痛感家故而身历文革，失教复学，困思长安。知每遇关键国事就是家事，亦叹棋琴书画终依柴米油盐。

“忽一日舍午觉而临陋窗，观杂景以品新茗，虚幻有一园赏心悦目。复醒粲然，身既无寄，何以园生？须臾友人携来园林册相奉，欲止渴无奈只得雀之望梅。

“身困而心驰，居陋则意纵。于是天下雅园云集目前，游心骋怀，无分东西，不舍南北。一山、一水、一石、一木、一池、一桥、一亭、一堂、一榭、一楼、一书屋、一山庄，纷至沓来，阅天下名物，如行山阴道上，自相映发，目不暇接。手持名园而神思太虚，安得广厦，既舍于人也舍于吾。

“呜呼！环顾四周，经营惨淡，亦知构筑雅园遥遥无期，只得意驭图画。时读宋人李格非‘放乎以一己之私自为，而忘天下之治忽，欲退享此乐，得乎’，身无所置，心却肃然。遂御杂物于目外，敬鬼神而远之，守静湛于内中。窥天高知云淡，聆古音察幽义，境炼禅思，气养浩然。遂有‘乐、忍、刚、闲’四字箴；亦有‘读古今书，抒噫吁之气；论天地事，做散淡的人’联语自勉。知吾辈须去浮躁之气，追溯古今之变，潜心学理之道。身体力行，自觉于民生，待有生之涯，穷无尽之思，成上下之行。而吾园竟生发焉。

“环顾吾园，尚存五把旧椅，亦有‘五椅居’名，意有朋远来，坐而论道；曾拾河山素石数枚，亦有‘素石斋’名，意即澹泊宁静，锲而不舍；友人赠汉之出土锈剑一柄，亦有‘风物长宜之轩’名，意为铁物尚锈，何况人乎？境出高意，卷舒自如。吾园数名，其实一舍也。禅心寂如铁，道德弘似云。吾园在手，亦在心，何以复求？时在丙子（1996年）春日。”

旧文今录，承蒙不弃，以好天下无园之士。

赵农

2018年于西安